复杂难选铁矿石深度还原-磁选分离原理与技术

李艳军　高　鹏　魏　国　等　编著

科学出版社

北　京

内 容 简 介

本书以复杂难选铁矿资源的高效开发利用为基本出发点,系统介绍了我国复杂难选铁矿资源及开发利用现状,重点论述了复杂难选矿石深度还原-磁选的基本概念、基本原理及工艺特点,对深度还原-磁选工艺、装备及产品处理和应用也进行了详细的介绍;最后介绍了几种典型的复杂难选铁矿石深度还原-磁选工艺研究与实践情况。

本书可供从事矿物加工和冶金工程等领域的技术人员参考,也可作为高等院校相关专业本科生、研究生和教师的参考书。

图书在版编目(CIP)数据

复杂难选铁矿石深度还原-磁选分离原理与技术/李艳军,高鹏,魏国等编著. —北京:科学出版社,2015.10
ISBN 978-7-03-045934-3

Ⅰ.①复… Ⅱ.①李… ②高… ③魏… Ⅲ.①铁矿物-磁力选矿
Ⅳ.①TD 951.1

中国版本图书馆 CIP 数据核字(2015)第 240199 号

责任编辑:张 析 / 责任校对:何艳萍
责任印制:肖 兴 / 封面设计:东方人华

科学出版社 出版
北京东黄城根北街 16 号
邮政编码:100717
http://www.sciencep.com
新科印刷有限公司 印刷
科学出版社发行 各地新华书店经销
*
2015 年 10 月第 一 版 开本:787×1092 1/16
2015 年 10 月第一次印刷 印张:16
字数:380 000
定价:98.00 元
(如有印装质量问题,我社负责调换)

前　言

我国铁矿资源总储量超过 700 亿 t,但复杂难选,甚至目前尚无适宜工艺分选的铁矿资源超过 200 亿 t,如湖南-湖北及河北省境内的鲕状赤铁矿、辽宁凌源的微细粒铁矿石等。采用创新工艺实施复杂难选铁矿资源的开发与利用具有重要的战略意义。

近年来,东北大学针对复杂难选铁矿资源的高效开发与利用开展了大量的基础研究和科技开发工作,先后获得国家自然科学基金重点及面上项目、科技部科技支撑和“863”计划项目的支持,经过系统的基础理论研究与实践探索,形成了复杂难选铁矿石的深度还原-磁选技术,为我国复杂难选铁矿石的高效开发与利用开辟了新途径。深度还原是指将不能直接作为高炉原料的复杂难选铁矿石在比磁化焙烧更高的温度和更强的还原气氛下,使铁矿石中的铁矿物还原为金属铁,并使金属铁生长为一定粒度铁颗粒的过程,然后通过磁选分离获得可作为炼钢原料的深度还原铁粉产品。采用深度还原-磁选技术可以使复杂难选铁矿石得到有效的利用,同时因采用非焦煤作为还原剂可减少钢铁工业对焦煤资源的依赖。深度还原-磁选工艺获得的磁性产品为铁品位大于 85%、回收率大于 90% 的金属铁粉,该金属铁粉经适当处理后可以代替废钢直接用于炼钢。

本书共分为六章,第一章系统介绍我国复杂难选铁矿石的资源及开发概况,论述复杂难选铁矿石深度还原-磁选分离技术的特点;第二章系统地论述深度还原-磁选分离技术的基本原理;第三章介绍复杂难选铁矿石深度还原工艺装备;第四章介绍还原物料分选工艺与装备;第五章介绍深度还原-磁选分离产品的处理及应用;第六章介绍典型难选铁矿石深度还原-磁选分离技术的研究与生产实例。

本书由东北大学李艳军、魏国、高鹏、刘杰、赵庆杰等共同编著。第一章由李艳军撰写;第二章和第三章由魏国撰写;第四章由刘杰撰写;第五章由李艳军撰写;第六章由高鹏、吕振福撰写。东北大学韩跃新和赵庆杰两位教授对全书的撰写给予了指导,李文博对书中的图表进行了完善,李艳军负责统一校阅和定稿。

由于编著者水平所限,书中不妥之处在所难免,敬请读者批评指正。

作　者

2015 年 6 月于沈阳

目　　录

第一章 绪 论

第一节 我国复杂难选铁矿石资源概况

在众多的矿产资源中,铁矿资源无疑是最为重要的战略资源,是钢铁工业的命脉。世界铁矿资源丰富,分布特点为南半球国家富铁矿床多,如巴西、澳大利亚、南非等国;北半球国家贫铁矿床多,如苏联地区、美国、加拿大、中国等。我国铁矿石富矿少、贫矿多,97%以上为34%以下的低品位铁矿石。国土资源部的资料显示,全国铁矿石平均品位仅有31.95%,比世界平均品位低11%。同时我国铁矿石组成成分复杂,多组分、共生、伴生铁矿储量比例高(邵安林,2012)。

由于我国优质铁矿资源匮乏、复杂难选铁矿石利用率低以及国内铁矿生产企业产能瓶颈等一系列重大战略问题,国内铁矿石市场呈现严重的供不应求状态,国内多数大型钢铁企业不得不大量进口澳大利亚、巴西、印度等国的铁矿石。

近年来,我国铁矿石对外依存度持续升高,集中度也不断提高。数据显示,我国铁矿石需求增长促使进口铁矿石数量在14年间增长了8.3倍,对外依存度从2001年的39.7%升高到2014年的78.5%。事实证明,进口铁矿石已呈现无法取代并有继续增加的趋势。而近几年,来自巴西和澳大利亚的铁矿石占中国进口总量的比例一直保持上升的趋势,其中2014年所占比例为77%,达到近14年来的最高值,供应来源集中度不断提高。进口铁矿石数量的增加直接导致我国铁矿石进口成本的大幅增加,这不仅对我国钢铁产业造成了严重影响,还对我国国民经济的健康持续发展构成了巨大威胁。因此从战略的角度看,加强复杂难选铁矿石综合利用技术研究,建设一批新的大型铁矿资源基地,增加我国铁矿石的自给能力,具有重要的经济意义和社会意义。

我国复杂难选铁矿石的种类较多,目前已发现的铁矿物和含铁矿物有300余种,其中常见的有170余种。但在目前的技术条件下,具有工业利用价值的主要是磁铁矿、赤铁矿、褐铁矿和菱铁矿,其中褐铁矿、菱铁矿等弱磁性含铁矿石为较难选别的铁矿石,弱磁性铁矿物的物理化学性质见表1.1,其伴生的主要脉石矿物的物理化学性质见表1.2。我国各类难选铁矿石的储量见表1.3(王运敏,2008)。

表 1.1　弱磁性铁矿物物理化学性质

种类	矿物名称	成分	含铁量/%	密度/(g·cm⁻³)	比磁化系数/(cm³·g⁻¹)	比导电度	莫氏硬度
无水赤铁矿	赤铁矿	Fe_2O_3	70.1	4.8~5.3	$(40\sim200)\times10^{-6}$	2.23	5.5~6.5
	镜铁矿	Fe_2O_3	70.1	4.8~5.3	$(200\sim300)\times10^{-6}$		5.5~6.5
	假象赤铁矿	Fe_2O_3	70.0	4.8~5.3	$(500\sim1000)\times10^{-6}$		
含水赤铁矿	水赤铁矿	$2Fe_2O_3 \cdot H_2O$	66.1	4.0~5.0	$(20\sim80)\times10^{-6}$	3.06	1~5.5
	针铁矿	$Fe_2O_3 \cdot H_2O$	62.9	4.0~4.5			
	水针铁矿	$3Fe_2O_3 \cdot 4H_2O$	60.9	3.0~4.4			
	褐铁矿	$2Fe_2O_3 \cdot 3H_2O$	60.0	3.0~4.2			
	黄针铁矿	$Fe_2O_3 \cdot 2H_2O$	57.2	3.0~4.0			
	黄赫石	$Fe_2O_3 \cdot 3H_2O$	52.2	2.5~4.0			
	菱铁矿	$FeCO_3$	48.2	3.8~3.9	$(40\sim100)\times10^{-6}$	2.56	3.5~4.5

表 1.2　脉石矿物的物理化学性质

矿物名称	成分	含铁量/%	密度/(g·cm⁻³)	比磁化系数/(cm³·g⁻¹)	比导电度	莫氏硬度
石英	SiO_2		2.65	10×10^{-6}	3.0~3.5	7
黑云母	$K(Mg,Fe)_3[AlSi_2O_{10}](OH,F)_2$	20.00	2.71~3.1	40×10^{-6}	1.73	2.5~3.0
石榴子石	$(Ca,Mg,Fe,Mn)_3(Al,Fe,Mn,Cr,Ti)_2(SiO_4)_3$	22.00	3.4~4.3	63×10^{-6}	6.48	6.5~7.0
辉石	$Ca(Mg,Fe,Al)_2[(Si,Al)_2O_6]$	41.00	3.2~3.6		2.17	5~6
角闪石	$(Ca,Mg,Al,Fe,Mn,Na_2,K_2)SiO_3$	24.00	2.9~3.4		2.51	5~6
阳起石	$Ca_2(Mg,Fe)_3[Si_4O_{11}]_2(OH)_2$	28.80	33.2			5~6
绿帘石	$Ca_2(Al,Fe)Al_2[SiO_4][Si_2O_7]O(OH)$	15.00	3.25~3.45			6~7
橄榄石	$(Mg,Fe)_2SiO_4$	44.50	3.3		3.28	6.5~7
方解石	$CaCO_3$		2.7		3.90	3
白云石	$(Ca,Mg)CO_3$		2.8~2.9		2.95	3.5~4
磷灰石	$Ca_5(PO_4)_3(F,Cl,OH)$		3.2	18×10^{-6}	4.18	5

表 1.3　我国各类难选铁矿石的储量

矿石类型	累计探明储量		保有储量		采出储量		利用率/%
	亿 t	%	亿 t	%	亿 t	%	
赤铁矿	95.93	72.55	89.91	72.10	6.02	79.98	6.27
菱铁矿	18.35	13.88	18.25	14.64	0.10	1.33	0.55
褐铁矿	12.30	9.30	10.90	8.74	1.40	18.60	11.39
镜铁矿	5.63	4.27	5.64	4.52	0.007	0.09	0.12
合计	132.21	100.00	124.7	100.00	7.527	100.00	18.33

　　从表 1.3 看出菱铁矿储量占难选矿总储量比例达到 13.88%,但利用率较低,只有 0.55%。

第二节　我国复杂难选铁矿石资源开发利用状况

一、鲕状赤铁矿

　　鲕状赤铁矿是我国储量最大的难选铁矿石,占我国铁矿资源的 1/9 左右,以其结构呈鲕粒状而得名。鲕状赤铁矿常形成大型铁矿,如我国北方的宣龙式铁矿、南方的宁乡式铁矿,在已探明的超过 100 亿 t(以金属铁计)的难选铁矿资源中,鲕状赤铁矿所占的比例最大。宁乡式铁矿是我国分布最广、储量最多的沉积型鲕状赤铁矿矿床,广泛分布于湖南、湖北、江西、四川、云南、贵州、广西及甘肃南部地区,现已探明该类铁矿在我国储量达 37 亿 t(含表外矿),占全国沉积铁矿储量的 70% 以上,其中鄂西鲕状赤铁矿储量约 22 亿 t。国内 14 个主要矿区的矿物组成见表 1.4(刘亚川,2012)。

表 1.4　14 个矿区的矿物成分表

矿区	矿物组成
六市	菱铁矿 58.86%,磁铁矿 27.18%,赤铁矿 12.29%,黄铁矿 1.47%,绿泥石、石英、碳酸盐少量
官店	赤铁矿 58%,石英 24%,胶磷矿 7%,方解石 6%,白云石 2%,绿泥石 2%,其他 1%
十八格	赤铁矿 69%~79%,鲕绿泥石 2%~3%,石英 5%~7%,泥质物 20%
火烧坪	赤铁矿 65%,方解石 13.16%,白云石 12.15%,胶磷矿 5.33%,石英 3.47%,其他 0.44%
海洋	铁白云石 31%,鲕绿泥石 35%,菱铁矿 20%,绿泥石 3%,赤铁矿 2%,磁铁矿 2.5%,菱铁矿 2%,胶磷矿及细晶磷灰石 3%,石英 1%,电气石、锆石<1%
大石桥	铁矿物 36.1%,菱铁矿 0.6%,磷矿物 2.9%,碳酸盐 32.9%,绿泥石 18%,石英 6.5%,黏土矿物 3%
松术坪	赤铁矿 80%~90%,胶磷矿 5%,石英 3%,玉髓 5%~7%,海绿石、鲕绿泥石少见,碳酸盐少见
阮家河	砂质鲕状赤铁矿:赤铁矿 45%~50%,绿泥石 20%,石英 30%,褐铁矿 15%~20% 菱铁矿质鲕绿泥石矿石:褐铁矿 50%~80%,石英 5%~40%,硬锰矿 10%~15%,绿泥石 10%
碧鸡山	47F 样:赤铁矿 25%~30%,菱铁矿 15%~17%,磁铁矿 5%~8%,褐铁矿 10%~15%,石英 8%~16%,绿泥石 26%~30% 48F 样:赤铁矿 25%~30%,菱铁矿 21%~24%,磁铁矿<1%,褐铁矿 8%~9%,石英 26%~30%,绿泥石 33%~35%
鱼子甸	赤铁矿 60%~70%,菱铁矿 20%~50%,鲕绿泥石 5%(混合矿石中 30%~50%),褐铁矿、磁铁矿、菱铁矿 0%~5%(局部 5%~10%),石英 5%~10%,黏土矿物、水云母、方解石、白云石 5%~10%
菜园子	赤铁矿型矿石:赤铁矿 50%~80%,菱铁矿 10%~30%,褐铁矿 0%~8%,鲕绿泥石 1%~5%,绿泥石 5%,黏土 2%,石英 1%~5%,白云石 0.2%,方解石 0.2%,有机质 0.6%,黄铁矿 1% 菱铁矿型矿石:赤铁矿 5%~15%,菱铁矿 40%~66%,褐铁矿 0%~7%,鲕绿泥石 5%~40%,绿泥石 5%~30%,黏土 0.27%,石英 1%~10%,白云石 0%~5%,方解石 0%~8%,有机质 0%~8%,黄铁矿 0.2%~3%

矿区	矿物组成
杨家坊	赤铁矿 65%，石英 34%，泥质物、绿泥石 1%
利泌溪	块状赤铁矿：赤铁矿 30%～55%，褐铁矿 5%～20%，黏土 20%～30%，石英 1%～2%，绿泥石 5%～10%
	角砾状赤铁矿矿石：赤铁矿 50%～60%，褐铁矿 0%～20%，黏土 25%～35%，石英 3%，绿泥石 15%
鸟石山	赤铁矿 64.8%，褐铁矿 26%，绿泥石 5%，石英 0.2%，方解石 4%

（一）宁乡式铁矿资源特性

1. 矿石性质

矿石中金属矿物主要有赤铁矿、菱铁矿、褐铁矿等；非金属矿物主要有石英、绿泥石、胶磷矿和黏土矿物等。含铁品位一般为 30%～45%，含磷通常偏高，介于 0.4%～1.1%之间，有的甚至更高，磷的含量通常与矿床所在的地理位置有关。由于鲕状赤铁矿嵌布粒度极细，且常与菱铁矿、褐铁矿、鲕绿泥石、黏土和含磷矿物共生、胶结或相互包裹，因此采用常规选矿方法很难达到富铁低磷的指标，所以宁乡式鲕状赤铁矿也被公认为最难选的铁矿石类型之一。由于"铁贫难富，高磷难降"，我国宁乡式铁矿至今尚未大规模工业开发利用，特别是鄂西高磷鲕状赤铁矿石。

2. 不同矿区性质差异及利用分析

现已探明储量的 37 亿 t 宁乡式铁矿，不同地区矿石性质差异较大，矿物组成也不相同。根据姚敬劬提供的宁乡式铁矿 14 个主要矿区矿物组成分析可以看出（表 1.4），宁乡式铁矿属于低硫高磷贫铁矿石。根据矿区矿物组成的不同，如六市矿区铁矿中磁铁矿含量较高，碧鸡山矿区菱铁矿含量较高，阮家河矿区褐铁矿含量相对较多，官店和十八格则为典型的宁乡式铁矿，海洋矿区主要是铁白云石等，认为宁乡式铁矿基本可以归纳为磁铁矿型矿石、赤铁矿型高磷酸性矿石、赤铁矿型低磷矿石、菱铁矿型矿石、褐铁矿型矿石、铁白云石型矿石以及碱性自熔性矿石 7 种工艺类型。针对不同工艺类型，结合矿区矿石具体性质，研究适合其资源特性的选冶工艺技术，是整体开发利用我国宁乡式铁矿资源的正确途径。

（二）宁乡式铁矿利用技术的发展

1. 我国宁乡式铁矿开发利用历史进程

早在 1959 年原冶金部钢铁研究所用长阳火烧坪铁矿的样品在重庆钢铁公司 2 号高炉炼铁、用转炉炼钢获得成功，实现利用原矿、不经选矿和烧结等流程，直接入高炉炼得高磷生铁（含磷 2.1%），在转炉中炼钢脱磷获得钢渣和钢渣磷肥。20 世纪 60 年代，原冶金部在宜昌成立了鄂西铁矿厂筹备处，准备开发宜昌官店铁矿，还专门修建了到矿区的铁路专用线（鸦官铁路）。90 年代，原国家计划委员会批准了由宜昌八一钢厂筹建鄂西宁乡式高磷铁矿开发利用工业性实验基地的可行性研究报告。项目设计年产高磷生铁 6.4 万 t，钢锭 6 万 t，钢渣磷肥 1 万 t。但最终由于设备缺乏、指标不理想、成本较高等原因，项目均未能实施。目前,国内部分钢铁企业仅将鄂西铁矿作为钢铁冶炼配矿使用。

2. 我国宁乡式铁矿技术发展

针对宁乡式铁矿提铁降磷,实验室研究较多的工艺有磁化焙烧-磁选-反浮选、重选脱泥-反浮选、直接还原-磁选、解胶浸矿等。其中磁化焙烧-磁选-反浮选和脱泥-反浮选是比较有发展前景的工艺。

1) 磁化焙烧-磁选-反浮选工艺

磁化焙烧技术是采用磁化焙烧的方式改变鲕状赤铁矿的磁性,将赤铁矿转变为磁铁矿,为选别创造条件。磁化焙烧工艺能简化选别流程,获得较高的铁精矿品位和回收率指标,具有焙烧精矿易于烧结、易于脱水和过滤等优点。但磁化焙烧基建投资和生产费用较高,为此,研发新型焙烧设备,节能降耗,是该工艺工业化应用的前提。

长沙矿冶研究院以余永富院士为首的科研团队,经过多年潜心研究,开发出新型多级悬浮预热器和闪速反应炉等具有自主知识产权的装置,形成了闪速磁化焙烧技术。闪速磁化焙烧具有工艺参数操作范围较宽、控制方便、单位产能高、矿石还原速率快、时间短、能耗低等优点,能在数秒或数十秒内完成,是处理 1 mm 以下粉矿的理想工艺。"磁化焙烧-磁选-反浮选"工艺过程是,原矿经闪速炉磁化焙烧后,采用弱磁选获得粗精矿,然后采用反浮选脱磷脱硅,进一步提高精矿品质,其最佳试验指标为:最终磨矿细度－0.037 mm 95.83%,铁精矿品位 TFe(全铁) 60.17%,P 0.24%,TFe 回收率 81.99%。

2) 重选脱泥-反浮选工艺

中国地质科学院矿产综合利用研究所从 2006 年开始对宁乡式高磷铁矿开发利用技术进行试验研究,先后开展了单一重选、强磁-解胶脱磷、磁选-反浮选脱磷、原矿磨矿-重选脱泥-反浮选脱磷脱硅等工艺的探索。由于焙烧磁选工艺存在成本高、焙烧设备尚未成型等问题,反浮选成为主攻方向。另外,鲕状赤铁矿由于嵌布粒度极细,且硬度低,在磨矿过程中容易产生大量矿泥,矿泥在微细粒矿物表面形成罩盖,严重恶化浮选效果,且部分细泥进入精矿,还将造成精矿质量降低。预先脱泥可以消除矿泥在浮选中的不良影响,确保浮选顺利进行,有利于提高最终铁精矿质量。

重选脱泥-反浮选工艺的技术关键是新型、高效反浮选药剂的开发。经过几年的不懈努力,中国地质科学院矿产综合利用研究所已成功研制出高效脱磷系列捕收剂 EM-501 和新型脱硅捕收剂 EM-508。新药剂能较好地脱除物料中的部分硅、磷矿物,为反浮选脱磷脱硅提铁工艺的实施奠定了良好的药剂基础。

对原矿 TFe 含量为 48.55%,含 P 1.14% 的湖北官店鲕状赤铁矿,完成了重选脱泥-反浮选工艺的扩大连续试验。原矿细磨至－0.075 mm 92.50% 左右,经重选脱泥后,采用反浮选工艺,配以自主研发的浮选药剂,取得了铁精矿 TFe 品位 57.32%,P 0.28%,TFe 回收率 80.7% 的优良指标。

重选脱泥-反浮选工艺处理鄂西鲕状赤铁矿经济、合理、可行,用于处理脉石矿物以石英为主的酸性鲕状赤铁矿矿石效果较好。与磁化焙烧-磁选-反浮选工艺相比,重选脱泥-反浮选具有流程结构简单,选矿成本较低、效率高,易于工业实施等优势,但由于脱泥,部分铁矿物不可避免损失于矿泥中,从而导致铁的回收率较磁化焙烧-磁选-反浮选工艺略低。

3）其他工艺

酸浸是以硝酸、盐酸或硫酸对矿石进行酸浸脱磷，从技术上说是一种较为有效的脱磷方法，矿石中的磷矿物无须完全单体解离，只要暴露出来与浸出液接触就可达到降磷的目的。缺点是脱磷耗酸量大、成本高，易导致矿石中可溶性铁矿物溶解，造成铁的损失。

二、褐铁矿

我国探明褐铁矿储量 12.3 亿 t，占全国探明储量的 2.3%，主要分布于云南、广东、广西、山东、贵州、江西、新疆和福建等地。褐铁矿矿石含铁 35%～40%，高者可达 50%，有害杂质 S、P 通常较高。由于褐铁矿中富含结晶水，因此采用物理选矿方法，铁精矿品位很难达到 60%，但与菱铁矿类似，焙烧后因烧失较大而大幅度提高铁精矿品位。褐铁矿在磨矿过程中极易泥化，难以获得较高的金属回收率。近年来，随着新型高梯度强磁选机和新型高效反浮选药剂的研制成功，强磁选、反浮选、正浮选、焙烧-磁选联合流程等都取得了明显进展。

王毓华等（2005）针对广东某褐铁矿矿石共生关系简单的特点，采用强化矿浆分散阳离子反浮选脱硅工艺，即采用 1250 g·t^{-1} 碳酸钠和 600 g·t^{-1} 水玻璃实现矿浆的强化分散，在磨矿细度为 -0.074 mm 占 80%、十二胺用量 200 g·t^{-1}、浮选时间 18 min 的条件下，选别该褐铁矿矿石，获得铁精矿铁品位为 59.25%、全铁回收率为 83.42% 的指标。另外，王毓华等（2004）还针对某褐铁矿性质相对简单的特点，采用单一反浮选工艺选别褐铁矿，研究了脱泥、单一阳离子及阴阳离子捕收剂联合等技术方案对反浮选指标的影响。试验结果表明，采用新型 DTL 阳离子表面活性剂脱泥、氧化钙活化含硅矿物、淀粉抑制铁矿物、油酸及十二胺联合使用的新工艺方案，取得了良好的分选指标，经重选脱泥和反浮选后，得到含铁品位为 57.18%、铁回收率 74.90% 的褐铁矿精矿。

铁坑铁矿采用强磁-正浮选工艺流程处理褐铁矿矿石，获得总精矿品位大于 50%、回收率大于 60% 的指标，后又进行了强磁选-正浮选-强磁选和强磁-反浮选两种分选工艺的试验，分别获得精矿品位 52.09% 和 54.48%、回收率 75.29% 和 70.78% 的试验指标（谢富良，1996）。

近年来，随着新型高梯度强磁选机及新型高效反浮选药剂的研制成功，中钢集团马鞍山矿山研究院对铁坑铁矿褐铁矿进行了大量研究工作。其中强磁选-反浮选-焙烧联合工艺试验研究结果表明，反浮选精矿铁品位可达到 57.00%、SiO$_2$ 含量降至 5.00% 左右，经焙烧后产品的铁品位可达到 64.00% 以上。与焙烧-磁选-反浮选联合工艺相比，生产成本大幅度下降，使该类型铁矿石具有了经济开发利用价值。

李永聪等（2002）针对新疆某含褐铁矿和含铁硅酸盐矿物的铁矿石，采用浮选、重选、磁选和焙烧磁选等选矿方法进行试验研究。试验结果表明，在原矿品位 46.50% 的情况下，焙烧磁选工艺可获得铁精矿品位 59.20%、回收率 92.90% 的技术指标。其不同选矿方法的选别指标见表 1.5。从经济方面考虑，建议采用弱磁选-强磁选-正浮选工艺或分级-重选-细粒级浮选工艺联合流程比较适宜。

表 1.5 新疆某铁矿选矿方法比较			单位:%
选别方法	精矿产率	精矿品位	回收率
正浮选(闭路)	50.65	56.74	62.08
反浮选(开路)	48.18	52.20	54.54
摇床重选	43.42	57.90	54.32
弱磁-强磁选	68.87	52.71	78.26
焙烧磁选	67.22	59.24	92.90

陈雯(2003)采用絮凝-强磁选回收某易泥化褐铁矿,在铁精矿品位保持不变的前提下,可大幅度提高金属回收率。研究结果表明,与直接强磁选相比,絮凝-强磁选工艺可将某含大量易泥化褐铁矿铁矿石的金属回收率提高10%～15%,认为提高絮凝-强磁选作业分选效率的关键在于正确把握分散、絮凝过程。

张桂兰等(1999)对山东威海某低品位(原矿品位 TFe 25.34%)褐铁矿石进行了选矿研究,比较了 6 种不同选矿工艺的选矿指标,见表 1.6。

表 1.6 山东某地铁矿选矿工艺与选矿指标对比			单位:%
选别方法	精矿产率	精矿品位	回收率
二段强磁选	38.90	47.17	71.93
焙烧-弱磁选	36.33	61.10	87.91
单一弱碱性浮选	53.04	36.92	76.17
单一弱酸性浮选	54.00	41.55	87.58
强磁选-弱碱性浮选	42.04	46.36	79.7
强磁选-弱酸性浮选	38.50	48.42	73.07

周岳远等(2002)针对云南化念褐铁矿,采用粗细颗粒分级入选的生产流程,选用CRIMM 型稀土永磁辊式强磁选机作为精选设备。当原矿品位为46%左右时,经过一次选别可得到总精矿品位大于50%、精矿回收率大于80%的生产指标,见表1.7。

表 1.7 云南化念褐铁矿生产指标				单位:%
项目名称	指标	粗粒级	细粒级	合计
给矿	产率	38.77	61.23	100.00
	原矿品位	43.76	47.37	45.97
	分布率	36.91	63.09	100.00
精矿	产率	27.15	47.08	74.23
	精矿品位	51.05	50.74	50.85
	回收率	31.68	50.43	82.11
尾矿	产率	11.62	14.15	25.77
	尾矿品位	26.73	36.16	31.91
	回收率	5.23	12.66	17.89

三、含菱铁矿铁矿石

(一) 菱铁矿资源现状

菱铁矿是一种广泛存在于自然界的低品位铁矿石,我国菱铁矿资源丰富,储量居世界前列。现已探明总储量达 18.34 亿 t,占铁矿石探明储量的 3.4%,另有保有储量 18.21 亿 t。到目前为止,在我国的湖北、湖南、四川、云南、贵州、新疆、陕西、山西、广西、山东、吉林、重庆等省市都发现了菱铁矿矿床,其中大、中、小矿床或矿点均有,特别是贵州、陕西、甘肃和青海等省,菱铁矿矿床是主要铁矿类型,其菱铁矿的储量一般占全省铁矿石总储量的 50% 以上。在新疆、云南、湖南、西藏、广西等省区的铁矿资源中,菱铁矿矿床也占有重要位置,例如,昆钢王家滩菱铁矿保有储量有 1360 多万 t,平均含铁量为 30.81%,至今未得到很好的利用。值得注意的是,这些省区大部分是缺铁省份,有的近年来把菱铁矿作为重点找矿对象,取得了令人鼓舞的成果。例如,在湘中和湘南,突破了铁帽关,找到了厚而富的原生菱铁矿体。而我国最大的菱铁矿床是位于陕西省柞水县大西沟,储量达到 3.02 亿 t。

菱铁矿多以碎屑颗粒或以胶结物的形式广泛分布于不同环境沉积岩中,特别是在湖泊和海相沉积物中十分常见。从成因类型,可初步划分为沉积型、沉积-热液改造型、受变质沉积型和接触交代-热液型矿床。表 1.8 是我国菱铁矿资源的基本特征。

表 1.8　我国菱铁矿资源的基本特征

成因类型	含矿岩系	矿体形态产状	矿物组合		化学成分特征	矿床实例
			矿石矿物	伴生矿物		
沉积矿床	陆相碎屑岩-泥质岩-有机岩系	层状、透镜状、似层状,与围岩整合产出	菱铁矿、针铁矿、褐铁矿、鲕绿泥石、磁赤铁矿、磁铁矿	石英、黏土矿物、方解石、黄铁矿、磷灰石	含铁品位中等,SiO$_2$ 含量一般较高,磷含量偏高	利周、綦江、万源庙沟
沉积-热液改造矿床	碎屑岩-泥质岩-碳酸盐岩系,以产在碳酸盐层中的居多	层状、透镜状、似层状,常伴有交错矿脉	菱铁矿、赤铁矿、褐铁矿、磁铁矿	铁白云石、方解石、石英、重晶石、铜矿、闪锌矿、方铅矿等	含铁普遍较高,SiO$_2$ 含量较低,常<10%,锰含量 2% 左右,硫较低	黔西地区、黄梅
受变质矿床	轻微至中等区域变质的碎屑岩-泥质岩-碳酸盐系	层状、似层状、透镜状、不规则状	菱铁矿、赤铁矿、褐铁矿、镜铁矿、磁铁矿、鲕绿泥石	石英、绢云母、绿泥石、方解石、铁白云石、黄铁矿、黄铜矿	含铁和 SiO$_2$ 变化大,产在变质碎屑岩系中品位较低,产在碳酸盐岩中品位高,锰含量高	大西沟,鲁奎山,切列其克

成因类型	含矿岩系	矿体形态产状	矿物组合		化学成分特征	矿床实例
			矿石矿物	伴生矿物		
受变质矿床	轻微区域变质的火山-沉积岩系	层状、似层状	菱铁矿、镜铁矿、磁铁矿、褐铁矿	碧玉、燧石、重晶石、方解石、云母、绿泥石	含铁中等或较高,SiO$_2$含量变化大	桦树沟
接触交代-热液矿床	产在中酸性及中性侵入体与碳酸盐岩石的接触带或附近	层状,似层状,透镜状,脉状,束状	磁铁矿、赤铁矿、菱铁矿	矽卡岩矿物、方解石、石英、白云石、黄铁矿、黄铜矿、方铅矿	含铁品位一般较高,SiO$_2$含量较低,铜、钴含量较高,硫含量普遍高或很高	大冶铁山,银家沟

表1.8显示我国菱铁矿矿石主要赋存于沉积型和部分接触交代-热液型铁矿床中,平均含铁品位30%～35%,矿石采、选、冶均较困难,造成其利用率很低,陕西大西沟利用的菱铁矿不足总储量的10%。从目前来看,我国的菱铁矿资源仍主要用于冶炼钢铁,其他方面的应用很少。

由于菱铁矿的理论铁品位较低,且经常与钙、镁、锰呈类质同象共生,因此采用物理选矿方法,铁精矿品位很难达到45%以上。但焙烧后因烧损较大,而大幅度提高铁精矿品位。比较经济的选矿方法是重选、强磁选,但难以有效地降低铁精矿中的杂质含量。强磁选-浮选联合工艺能有效地降低铁精矿中的杂质含量,铁精矿焙烧后仍不失为一种优质炼铁原料(袁致涛等,2007)。

(二)菱铁矿开发利用技术

菱铁矿在自然界中广泛存在,主要成分为碳酸亚铁,化学式为$FeCO_3$,属于方解石族的矿物,铁的理论品位仅为48.2%,其中FeO为62.01%,CO_2为37.99%,晶体为三方晶系,常见菱面体,晶面常弯曲。由于Mn^{2+}、Mg^{2+}、Ca^{2+}与Fe^{2+}的离子半径相近,于是Fe^{2+}经常被这些离子替代,形成锰菱铁矿、镁菱铁矿等变种。菱铁矿通常呈现晶粒状或隐晶质致密块状(呈隐晶质球粒状的称为球菱铁矿;隐晶质凝胶状的称为胶菱铁矿)。菱铁矿一般呈灰白或黄白色,风化后呈褐色、褐黑色。莫氏硬度为4。密度为3.7～4.0 g·cm^{-3},随成分中Mn和Mg含量的升高而降低。热液成因的菱铁矿常见于金属矿脉中;沉积成因的菱铁矿常见于页岩层、黏土层和煤层中,在氧化带易水解成褐铁矿,形成铁帽。菱铁矿大量聚集且硫、磷等有害杂质的含量小于0.04%时,可作为铁矿石开采。采用物理方法很难使铁精矿品位达到45%以上,但是菱铁矿自身具有自熔性和烧损性,矿石经600～700℃的高温焙烧后放出CO_2,铁的品位一般可提高10%～20%;焙烧后,菱铁矿转为磁铁矿,具有强磁性,经弱磁选即可富集,铁品位会进一步提高,一般品位会提高10%以上,满足了钢铁冶炼对铁精矿的要求。因此焙烧-磁选是处理菱铁矿石最为常见的选矿方法。近几年关于菱铁矿处理技术的发展主要表现在以下几个方面。

1. 焙烧-磁选技术

磁化焙烧是物料或矿石加热到一定的温度后在相应的气氛中进行物理化学反应的过

程。菱铁矿是铁的碳酸盐,经中性或弱还原气氛焙烧后,二氧化碳从矿石中分解出来,矿石品位立即得以提高,而且铁矿物的磁性显著增强,脉石矿物磁性则变化不大,从而可利用高效的弱磁选将物料分离。所以,菱铁矿通过磁化焙烧后是很易富集的矿石。酒钢镜铁山铁矿、水钢观音山铁矿就是用焙烧-磁选工艺处理含(镁)菱铁矿的复合氧化铁矿。例如,酒钢的块矿竖炉磁化焙烧-磁选工艺,从 1972 年投产,至今已有 40 多年的历史;四川省威远、湖南省新化等地的菱铁矿生产,因储量不多,规模不大;而我国菱铁矿储量最大的陕西省大西沟菱铁矿已建成两条回转窑焙烧(以煤为燃料)-磁选-浮选的生产线,为低品位复杂菱铁矿的工业应用奠定了坚实的技术基础。目前该矿着手进行年产 800 万 t 菱铁矿焙烧磁选生产线的建设。

按照菱铁矿磁化焙烧的反应气氛与化学过程,影响菱铁矿磁化焙烧的因素主要有焙烧方法、焙烧工艺与焙烧炉、焙烧燃料与还原剂、焙烧温度和还原时间等,适于菱铁矿磁化焙烧的生产操作条件见表 1.9,各条件的控制是相互依存,紧密相关的。物料的焙烧粒度与磁化焙烧炉对焙烧时间影响最大。例如,酒钢选矿厂对镜铁山铁矿用 100 m³ 鞍山式竖炉焙烧 15～50 mm 的块矿,用焦炉和高炉混合煤气作燃料和还原剂,焙烧时间需 8～10 h;用 $\phi 2.4\ m \times 50\ m$ 回转窑处理 0～15 mm 的粉矿,用褐煤作燃料和还原剂,焙烧时间为 2～4 h;而中国科学院过程工程研究所对酒钢菱铁矿用煤气作还原剂的流态化焙烧炉扩大试验表明,焙烧时间只要 10 min 左右。菱铁矿块度较大时,热分解存在分层现象,外层形成红褐色的 γ-Fe_2O_3,内层形成黑色的 Fe_3O_4,内外层的厚度与热处理的温度、焙烧保温时间及焙烧气氛密切相关。对水资源缺乏的地区,罗立群等对焙烧矿采用干式冷却排矿方式,研究表明从焙烧温度至 400 ℃ 的高温区冷却时,焙烧矿需在无氧条件下进行冷却;在 300～400 ℃ 以下可在空气中冷却,磁选作业不受影响。在工业生产中,炽热的焙烧矿(700 ℃ 左右)用圆筒冷却机可实现冷却,解决了缺水地区的菱铁矿应用问题。此外,菱铁矿焙烧磁选后有利于改善铁精矿的烧结性能,提高烧结矿的成品率和机械强度。

表 1.9　影响菱铁矿磁化焙烧的主要因素及其生产操作条件

磁化焙烧主要因素	适于菱铁矿磁化焙烧的生产操作条件
焙烧方法	还原焙烧、中性焙烧、氧化还原焙烧、γ-磁化焙烧等
焙烧工艺与焙烧炉	竖炉块矿焙烧(15～75 mm)、回转窑粉矿焙烧(0～15 mm)、多膛炉和沸腾炉粉矿焙烧(0～5 mm)、流态化焙烧炉(0～3 mm)
焙烧燃料与还原剂	固、液、气态还原剂均可,如褐煤、泥煤、重油、煤气、高炉煤气
焙烧温度	一般控制在 650～900 ℃
焙烧时间	长则 6～8 h,短则 10～15 min

文光远等(1999)在实验室对威远菱铁矿进行了焙烧、选矿、烧结和冶金性能的试验研究,提出了威远菱铁矿各种可供选择的利用流程与方法。威远菱铁矿铁含量高,硫、磷含量较低,实际上是赤铁矿和菱铁矿的复合矿,而不是单一的菱铁矿。威远菱铁矿二氧化硅含量高达 26% 左右,是该种矿石的最大缺陷。研究表明,该矿氧化焙烧后,用水洗选矿法可以获得铁含量高而二氧化硅含量低的精矿;若全部破碎到 <6 mm,经过水洗、干燥、筛

去小于 0.8 mm 部分,可获得铁含量 50% 左右、二氧化硅含量小于 20% 的精矿,回收率可达 70%;还原焙烧-磁选可获得铁含量为 58% 左右、二氧化硅含量约 10% 的精矿,回收率可达 35%~40%;6~30 mm 氧化焙烧矿的还原性特别好,还原度可接近 100%;威远菱铁矿的氧化焙烧矿的烧结性能好,在 8% 燃料配比条件下,烧结矿的成品率高,机械强度高,冶金性能好。

罗立群等(2004)对陕西大西沟菱铁矿矿石进行了试验研究。试验结果表明,应用中性磁化焙烧-干式自然冷却-异地磁选技术,将在 700 ℃ 下焙烧 70 min 的焙烧矿先封闭冷却至 400~300 ℃,再排入空气中冷却至室温,可形成强磁性的磁铁矿和 γ-Fe$_2$O$_3$;焙烧矿的磁选流程试验获得了铁精矿品位 59.37%~59.56%、铁回收率达 72.03%~73.72% 的良好指标,为水资源缺乏的西部地区丰富的菱铁矿资源找到了新的开发利用途径。

刘宁斌等(2005)介绍了王家滩菱铁矿焙烧磁选实验室的试验情况。试验结果表明,菱铁矿经焙烧后有较大部分可变为强磁性矿物,采用弱磁选可以得到精矿品位 56.07%~57.83% 的铁精矿。700 ℃ 焙烧磁选的分选指标较好,精矿品位 57.83%,产率 58.88%,回收率为 91.19%。焙烧矿中二氧化硅的含量较高,在 31.00% 以上,经过分选可降到 5.08% 以下;焙烧矿中硫的含量最低为 0.190%,经过分选以后,在精矿中对应的含量最低降到 0.068%。

中性还原磁化焙烧-弱磁选是最原始且可靠的菱铁矿选矿技术,虽然加工成本较高,但随着铁矿资源紧缺和价值的升高,该技术的研究和应用逐渐趋于升温。块状铁矿石 (15~75 mm) 采用竖炉焙烧已具有长期成功的生产实践,而对于粉状铁矿石的焙烧,虽然进行过包括沸腾炉、回转窑焙烧等大量技术研究,但至今尚未有大规模的生产实践。余永富院士组织攻关组,对富含菱铁矿的难选贫铁矿资源实施闪速磁化焙烧技术,在数以秒计的时间内,实现了难选贫铁矿资源的磁化焙烧过程。

余永富教授对富含菱铁矿的难选贫铁矿资源(包括原矿和中矿),实施闪速磁化焙烧技术,在数以秒计的时间内,实现了难选贫铁矿资源的磁化焙烧过程。闪速磁化焙烧技术的实现,有利于大大提高难选弱磁性矿物的铁回收率,缩短现有工业生产的工艺流程,降低能源消耗,提高我国铁矿资源的利用率。刘小银等采用自主研发的闪速磁化焙烧中试装置,对铁品位为 21.21% 的大西沟菱铁矿-1 mm 粉矿进行闪速磁化焙烧-弱磁选试验研究,最终获得了铁精矿产率为 38%~40%,铁品位 >56%,回收率 >80% 的良好试验指标,为难选弱磁性铁矿石的高效利用开辟了新的工艺路线。罗立群(2006)对酒钢公司粒度 <0.30 mm 的富含镜铁矿、褐铁矿和镁(锰)菱铁矿难选铁粉料,采用闪速磁化焙烧技术,在弱还原气氛和 740~800 ℃ 下,经 60 s 闪速焙烧处理,可获得铁品位为 55.51%~55.35% 的弱磁选铁精矿,并对焙烧后的铁矿物的微观相变特征进行了研究。

2. 强磁选及其相关分选技术

菱铁矿或镁菱铁矿具有弱磁性,比磁化率为 $(35~150) \times 10^{-9}$ m^3 · kg^{-1},平均达到 116×10^{-9} m^3 · kg^{-1},见表 1.10。虽然矿石品位低、矿物组成复杂,随着强磁选工艺技术的发展和装备水平的提高,用强磁选技术可以成功分选包含(镁)菱铁矿在内的赤铁矿、镜铁矿、褐铁矿等弱磁性铁矿物,且获得了令人鼓舞的成就。20 世纪 80 年代,最早在工业上应用的 Shp 系列湿式强磁选机用于选别富含菱铁矿的酒钢粉矿,使酒钢上千万吨粉矿得以应用,至今已有 20 多年的生产实践;90 年代,长沙矿冶研究院对大西沟菱铁矿的扩大试验表明,将弱磁选后的菱铁矿用 SLon 强磁选机抛尾,铁品位由 23.17% 提高到 28.77%,且抛去总产率为 24.70%、铁品位 8.37% 的尾矿;球团后焙烧的总精矿铁品位达 59.18%,铁回收率为 81.95%。乌克兰对巴卡尔菱铁矿的 0~10 mm 粉矿应用超导磁系的强磁选机分选,在磁感应强度为 1.5~2.5 T、原矿含铁 29.53% 时,干式强磁选的尾矿品位降至 9.40%~14.90%,铁精矿品位提高 3.57%~4.07%,显示了较好的分选应用潜力。

表 1.10　菱铁矿及其他铁矿物的比磁化率

铁矿物名称	比磁化率/($\times 10^{-9}$ m^3·kg^{-1})	铁矿物名称	比磁化率/($\times 10^{-9}$ m^3·kg^{-1})
菱铁矿	35~150	磁铁矿	$(25\sim100)\times10^3$
赤铁矿	50~250	假象赤铁矿	$(0.2\sim10)\times10^3$
镜铁矿	6.5~82.69	钛(磁)铁矿	$(0.2\sim32)\times10^3$
褐铁矿	25~200	磁黄铁矿	$(4\sim8)\times10^3$

近年来,对矿浆具有脉动作用的 SLon 高梯度强磁选机在工业上的成功应用,有效地提高了包含菱铁矿在内的弱磁性氧化铁矿物的分选指标。针对 SLon 系列强磁选回收率低的状况,采用流膜磁分离技术对强磁选机进行改进,对富含菱铁矿的酒钢粉矿,在适宜的选别条件下,成功地提高了铁回收率 4.82%~5.88%,而且工业改造易于进行、改造费用低。Л.А.洛莫夫采夫等采用超导磁系分选了巴卡尔的粒度为 0~10 mm 的菱铁矿石,当磁场感应强度由 1.5 T 增至 2.5 T 时,选矿尾矿中的含铁量由 14.9% 减至 9.4%(按质量分数计),铁的回收率由 89.0% 上升到 95.20%。艾永亮在实现了对褐铁矿磁化的基础上,对菱铁矿在酸性体系中溶解产生铁离子特性,只调节矿浆 pH,实现了对细粒菱铁矿的自磁化,并提出温度是影响菱铁矿自磁化的主要因素,在 90℃时,背景磁场强度为 0.4 T 下,菱铁矿产率由 53.8% 提高到 94.6%,且对含菱铁矿的梅山铁尾矿进行了试验研究,磁选产率提高了 20%。

3. 浮选及联合分选技术

从菱铁矿资源的成因来看,因单独的菱铁矿资源很少,且菱铁矿本身含铁较低,工业上应用弱磁性铁矿物的浮选分离大多指包含菱铁矿在内的赤铁矿、褐铁矿、镜铁矿等含铁矿物。对菱铁矿等弱磁性矿物的浮选,主要有正浮选富集铁和反浮选脱硅两种浮选工艺。目前工业生产上菱铁矿的浮选,主要为含菱铁矿的混合铁矿物的浮选,总体工艺以含弱磁性铁矿物的选别为目标。菱铁矿的复合分选技术及其表面化学性质、疏水絮凝和表面吸附特征的研究相当活跃。何廷树等采用高模数水玻璃($m=3.1$)作分散剂,阴离子聚丙烯酰胺作絮凝剂,同时用六偏磷酸钠消除 Ca^{2+}、Mg^{2+} 的影响,采用选择性-脱泥工艺,能有效地回收细粒菱铁矿石。孙炳泉等研究了从峨口铁尾矿中回收碳酸铁,采用预选-弱酸性介质中正浮选工艺,最后可获得 TFe 品位 35% 以上(烧后 TFe 品位 52% 以上)的铁精矿。东北大学针对东鞍山含碳酸盐(菱铁矿含量 5% 左右)铁矿石,系统研究了在油酸钠体系中以淀粉和氧化钙为调整剂时主要矿物赤铁矿、菱铁矿、磁铁矿、石英等矿物的可浮性以及人工混合矿和实际矿石的浮选分离特性,研究发现在中性条件下,菱铁矿的可浮性较好,可以实现与赤铁矿、石英和磁铁矿的浮选分离。在淀粉用量 800 g·t^{-1}、RA715 用量 100 g·t^{-1} 时,有 55% 左右的菱铁矿可以被浮选分离,从而改善赤铁矿的浮选。

4. 预还原技术

由于高炉对铁原料要求的提高、电弧炉炼钢的增长以及非高炉炼铁技术的发展,以 $FeCO_3$ 形式存在的菱铁矿显然不能适应钢铁工业发展的需要。因此,开展以菱铁矿为原料的预还原技术生产高炉冶炼原料与海绵铁的研究具有重要的实际意义,重庆大学对这方面进行了较多的研究工作。对含铁 37.00% 的菱铁矿精矿,煤基回转窑预还原的结果表明,预还原后矿石品位提高到 55.00% 左右,金属化率达到 60%,将预还原矿配矿后在 18.6 m^3 高炉冶炼,高炉顺行,产量增加 5%~7%,焦比大幅度降低。采用固定床罐式法的还原结果表明,能够得到含铁 55.00%,金属化率大于 90% 的还原矿,经选别后,可得到 TFe 品位大于 80.00%,SiO_2 含量为 6.00% 左右的海绵铁,可望为菱铁矿的有效利用开辟新的途径。

5. 微波焙烧技术

随着微波技术的发展,出现了微波焙烧处理新技术。微波焙烧具有提高加热速率、选择性加热、从物料的内部先加热、安全与自动化水平高等优点,被用来辅助焙烧。斯洛伐克 Znamenácková 等用微波焙烧法详细研究了菱铁矿的磁性能变化特征,矿样取自斯洛伐克 NiznáSlan 矿山,含铁 25.10%、SiO_2 为 9.60%,试验粒度为 0.5~1.0 mm。通过比磁化率的测定、化学分析和 X 射线衍射分析,用微波焙烧处理 10 min 后,菱铁矿的磁性发生了本质变化;处理 15 min 后,比磁化率迅速增加且菱铁矿剧烈分解,此时易于分选,最大磁场为 0.17 T 时,铁回收率高达 97.60%;而当微波处理 40 min 后,由于物料熔化形成粉体烧结物,EDX 分析表明,物料中包含金属铁及其铁的复杂氧化物而显示氧化相的特性,其中 TFe 品位 45.40%、金属铁含量为 7.10%,SiO_2 的含量则升至 15.50%。虽然微波焙烧在矿物加工及其预处理中显示出极大的潜力,但目前尚处于研发阶段,仍有诸如微波发射装置的工业化和过程控制装备与工艺等一系列问题需要研究解决。

四、吉林羚羊铁矿石

吉林羚羊铁矿石(简称羚羊铁矿石)即为吉林大栗子临江市原生铁锰矿,主要分布在吉林省临江市大栗子镇地区。矿石全铁品位在 30%~40% 之间,属中低品位酸性铁矿石。工艺矿物学研究表明,吉林羚羊铁矿石主要铁矿物为磁铁矿、褐铁矿、赤铁矿,另有一定量的黑锰矿、硅酸铁矿物,矿石构造呈浸染状、角砾状、网脉状、蜂窝状和胶状,铁矿物颗粒粗细不均。矿石中含有少量的硫化物,主要为黄铁矿、黄铜矿和磁黄铁矿;次生硫化物为斑铜矿、铜蓝。另外,矿石中还含有很少量的钴硫砷铁矿。脉石矿物主要为石英,硅酸铁矿物如绿泥石等次之;次要矿物还有磷灰石、独居石、高岭石和金红石等。

吉林羚羊铁矿中的铁赋存于多种铁矿物之中,包括磁铁矿、褐铁矿、菱铁矿、赤铁矿、磁黄铁矿,原矿中的铁在各种铁矿物中的分布情况见表 1.11(李艳军,2012)。

表 1.11　铁在铁矿物中的分布

铁矿物	褐铁矿、赤铁矿	磁铁矿	菱铁矿	磁黄铁矿	黄铁矿	含铁硅酸盐
Fe 金属分布/%	16.10	9.99	5.50	4.12	0.011	0.22

磁铁矿物晶形相对较好,呈细粒或粗粒嵌布,粒度较适中,但磁铁矿细粒集合体中含有褐铁矿、赤铁矿,并与石英关系密切。褐铁矿嵌布粒度粗细不均,结构构造较复杂。有些褐铁矿中含有 Al、Mg、Ca、Si、Mn 等杂质,褐铁矿中所含的锰矿物为黑锰矿。脉石矿物以石英为主,石英与磁铁矿特别是与褐铁矿紧密共生。石英与磁铁矿及褐铁矿通常相互包裹,相互掺杂,并且浸染粒度粗细不均。该类矿石由于选矿难度较大,到目前为止还没有建成选矿厂。

五、白云鄂博氧化矿石

白云鄂博氧化矿石占整个矿床储量的 50%,在 20 世纪 90 年代占 60% 以上。由于该矿石品位低、矿物成分复杂、共生关系密切、矿物嵌布粒度细而不均、有用矿物价值与脉石矿物可选性差异小,可利用的有价成分多等原因,该矿的选矿问题一直是一个世界级的难题。自 1957 年以来,国内外有关科研单位逐步开展了从白云鄂博矿主东矿中综合回收铁、稀土、铌和萤石的选矿试验研究,其中主要是铁和稀土的回收研究。

20 世纪 50 年代,赤铁矿的浮选药剂及强磁选机尚处于研究阶段,还原焙烧磁选法在工业生产中一直被广泛采用。因此,苏联为包钢选矿厂设计采用磁化焙烧-反浮选工艺处理白云鄂博氧化矿石。而工业生产实践证明,一方面由于白云鄂博氧化矿石含硅低、含萤石较高、结构致密,需延长焙烧时间,造成了该工艺能耗高;另一方面由于焙烧矿矫顽力大,剩磁较多,磁团聚现象严重,给磨矿分级和提高精矿质量带来困难,从而造成铁精矿品位较低,杂质含量高。此外,焙烧过程中,氟硅酸盐矿物中的氟部分进入大气,造成环境污染;稀土矿物的表面产生相变、污染,降低了其可浮性,给稀土矿物的回收造成了困难。60 年代末,包钢选矿厂开发出弱磁-浮选-强磁流程,工业试验指标为:铁精矿品位 55% 左右,铁回收率 65% 左右,含氟 2.64%;稀土粗精矿(REO)14%~18%,回收率 20%~30%。该流程由于关键强磁设备的分选箱堵塞严重,强磁选作业处于半停产状态,造成铁精矿品位低、杂质含量高、铁回收率仅 50% 左右,稀土实际回收率只有 4%~5%,因而该流程也在生产过程中逐步被淘汰。

20 世纪 70 年代末期,借鉴国内外絮凝工艺,包钢选矿厂进行了浮选-选择性絮凝的工艺研究,工业试验结果为:铁精矿品位 61.38%,含氟 0.46%,铁理论回收率 80.83%;稀土精矿品位 60.49%,稀土理论回收率 22.13%;稀土次精矿品位 37.29%,稀土理论回收率 26.31%。但是铁、稀土精矿、稀土次精矿的实际回收率与理论回收率都存在很大的差距。该工艺由于主要几个环节的技术条件要求高,工业生产难以实现,不能稳定生产等原因,最终未能实现工业化生产。1981~1989 年,联邦德国卡哈德(KHD)公司与包钢集团矿山研究院合作开展了白云鄂博氧化矿石选矿最佳化的研究。全流程采用优先联合选矿工艺,阶段磨矿阶段选别。用弱磁选回收磁性铁,用正浮选回收萤石,用强磁-正浮选回收赤铁矿,用正浮选-重选回收稀土矿物,用酸法回收铌。实验室试验指标不错,但该流程磨矿粒度过细,磨矿和选别段数太多,比较复杂,工业上也难以应用。

包钢选矿厂自 1965 年 8 月第一选矿系列建成投产至 20 世纪 80 年代末,先后提出了多种工艺方案,但都存在流程不定型,工艺不过关,铁精矿品位低,杂质含量高,金属回收率低的不足。1986 年,余永富院士领导的长沙矿冶研究院课题组与包钢选矿厂联合,开始进行弱磁-强磁-反浮选综合回收铁、稀土、萤石和铌的选矿新工艺研究。1990 年 4 月,进行了工业试验,其结果为:当磨矿细度-200 目 95.5% 时,能获得铁精矿品位 60.38%,回收率 73.43%;稀土精矿品位 61.26%~52.61%,回收率 12.16%;稀土次精矿品位 34.48%,回收率 5.19%;萤石精矿品位 86%,回收率 16.6%;铌精矿品位 1.30%,回收率 1.6% 的选别指标。新工艺的试验成功,是白云鄂博矿选矿技术上的一次重大突破,被评为 1990 年国内十大科技成果之一,1992 年获冶金部科技进步特等奖和国家科技进步二等奖。1997 年,包钢选矿厂焙烧磁选停止生产,至此,白云鄂博氧化矿石全部进行弱磁-强磁-反浮选工艺流程选矿(张去非,2005)。

谢金球等(2000)对弱磁-强磁-反浮选流程中主要矿物的走向及分布规律研究认为:①铁精矿相对氧化矿原矿回收了约 97.93% 的磁性铁、26.51% 的氧化铁、27.17% 的硫化铁和 35.63% 的硅酸铁。其中氧化铁回收效果最差,而硅酸铁和黄铁矿有一部分进入铁精矿,对铁精矿质量有一定的影响。②稀土氧化物(REO)主要富集在强磁尾矿、强磁中矿和浮选尾矿中,品位分别为 10.33%、11.04% 和 11.30%,其分布率分别为 62.57%、22.42% 和 8.51%。最终铁精矿含稀土 0.71%、分布率为 3.69%。③氟主要富集在强磁尾矿、强磁中矿和浮选尾矿中,氟含量分别为 13.68%、9.74% 和 12.24%,氟的分布率分别为 68.49%、16.34% 和 7.37%,最终铁精矿中氟分布率为 4.14%。④钾、钠矿物主要富集在强磁尾矿、强磁中矿中,其含量(K_2O+Na_2O)分别为 1.29% 和 1.85%,分布率分别为 52.29% 和 25.14%。但铁反浮选作业无降钾、钠作用,铁精矿中钾、钠含量(K_2O+Na_2O)为 0.66%,其分布率为 18.21%。⑤硅主要富集在强磁尾矿和强磁中矿中,二氧化硅含量分别为 12.77% 和 14.33%,其分布率分别为 56.66% 和 21.22%。经过反浮选作业,硅在铁精矿中有所富集,含量升高到 5.5%,其分布率为 17.38%。

周金平(2008)研究认为弱磁-强磁-反浮选工艺流程对分离磷灰石、萤石、碳酸盐类矿物非常高效;对分离黄铁矿(磁黄铁矿)及石英、长石类矿物基本有效;对分离含钾的云母类矿物在磁选阶段是比较有效的,在反浮选阶段没有效果,在反浮选精矿中被富集;对分离含钠的霓石、闪石类矿物整个流程效果不理想。

包钢选矿厂自弱磁-强磁-反浮选工艺推广以来,在一定程度上能解决氧化矿选矿问题,有效提高了氧化矿中铁的回收率,综合回收了稀土矿物,为包钢创造了巨大的经济效益。近年来,包钢选矿厂又对该流程不断改进,提高了弱磁选和强磁选作业铁回收率,采用新型浮选药剂 GE-28,降低了浮选温度,提高了除氟率,使铁精矿品位由 60%~61% 提高至 63%。但是在实际生产过程中,该流程一直存在着"氧化矿铁精矿品位不高"、"氧化矿中铁回收率不高"、"铁精矿中硅铁难分离"等问题。

张鉴对弱磁-强磁-反浮选工艺流程分析指出:微细粒弱磁性铁矿物在强磁选作业中回收率偏低导致铁回收率不高;白云鄂博氧化矿中含有相当量的钠辉石、钠闪石、云母及长石等硅酸盐矿物,由于这些矿物本身含有硅酸铁,还嵌布微细铁矿物的包裹体,而目前反浮选工艺无法将这些含铁硅酸盐矿物除掉,从而导致铁精矿质量较差。欲较好地解决弱磁选铁矿物与含铁硅酸盐矿物的分离,较为有效的方法是进行弱磁性铁矿物的正浮选。

樊丽琴等(2005)的研究表明在现行处理氧化矿石的弱磁-强磁-反浮选工艺流程中,除了弱磁选可以脱除部分含铁硅酸盐矿物外,强磁选、浮选不仅无法去除含铁硅酸盐矿物,而且含铁硅酸盐矿物在强磁选、浮选精矿中得以相对富集,主要富集在强磁选精矿中。目前,强磁选精矿中含铁硅酸盐矿物量占矿物总量的15.20%,这部分矿物的存在影响了强磁选精矿品位的提高,致使生产中强磁浮选精矿品位徘徊在55%以下;同时,降低了选矿厂综合铁精矿品位,SiO$_2$、K$_2$O、Na$_2$O等杂质含量升高,白云鄂博氧化矿冶炼性能差,高炉利用系数低。

近几年,包钢选矿厂针对以上问题,提出了弱磁精单独反浮选,强磁精反-正浮选新工艺,该工艺原则流程如图1.1所示。这种工艺的实质是用反浮选处理强磁选精矿,抛除重

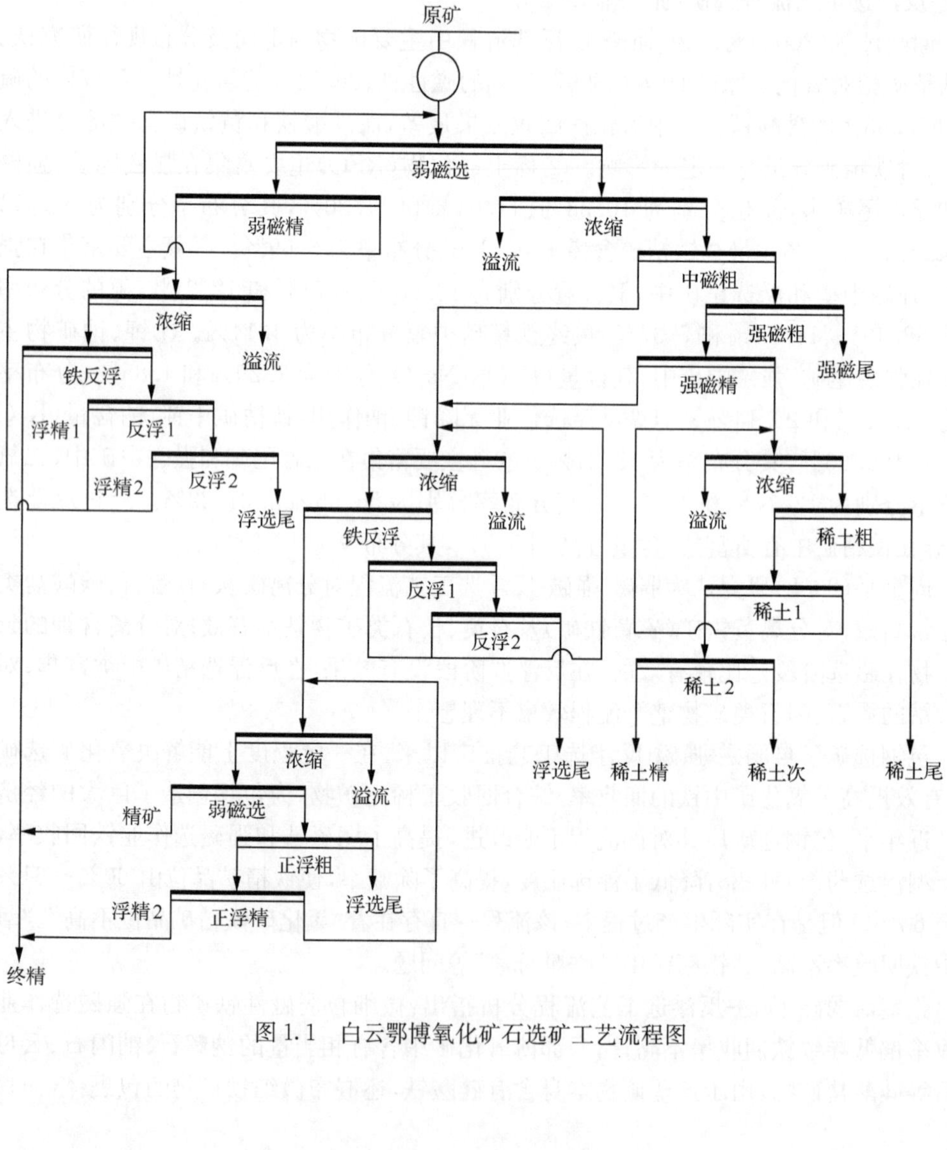

图1.1 白云鄂博氧化矿石选矿工艺流程图

晶石、萤石、稀土、碳酸盐等易浮矿物后,在酸性介质中抑制含铁硅酸盐矿物而浮出弱磁性铁矿物。新工艺试验结果为铁精矿品位 66.0%,回收率 68.78%,铁精矿中 F、(K_2O+ Na_2O)及 SiO_2 的含量分别为 0.482%、0.243%、3.25%。与现场的弱磁-强磁-反浮选工艺相比,铁精矿品位提高 3.16%,铁精矿回收率降低 2.09%。铁精矿中 F、(Na_2O+K_2O)及 SiO_2 含量分别降低 0.087%、0.371%、1.6%,综合铁精矿品位提高 1% 左右。这说明新工艺能有效提高铁精矿品位,降低杂质含量。

第三节　复杂难选铁矿石选矿药剂开发现状

目前,大多数选矿厂都针对难选赤铁矿采用阴离子或阳离子反浮选工艺,因此近年来将研究重点都放在了铁矿抑制剂和硅酸盐及石英捕收剂的开发上。

伍喜庆等(2005)研究了新型浮选捕收剂 N-十二烷基-β-氨基丙酰胺(DAPA)分离石英和铁矿物的浮选性能和作用机理。小型浮选试验表明,在 pH 为 6.5~8.5 的中性范围内、DAPA 用量为 12.5 mg·L^{-1} 的条件下,石英的浮选回收率可达到 90% 以上;与十二胺相比,DAPA 表现出对石英较弱的捕收能力和较强的选择性。随 DAPA 用量增加,DAPA 对石英的捕收能力增强,其增加程度明显大于对赤铁矿、磁铁矿和镜铁矿的捕收能力;在 pH=6.5 条件下,DAPA 能成功地分离石英与这 3 种铁矿物分别组成的人工混合矿;DAPA 是比常规的胺类阳离子捕收剂碱性稍弱的捕收剂,它吸附石英后,石英表面的 ζ 电位朝较小负值的方向变化,DAPA 仍属阳离子类捕收剂。

任建伟等(2004)对新型阳离子浮选药剂进行了铁矿反浮选脱硅的试验研究。试验结果表明,在 pH=6~12 的范围内,新型药剂 CS1 和组合药剂(CS2:CS1=2)的捕收能力与十二胺相当,但选择性更好。磁选铁精矿反浮选脱硅试验表明,新型组合药剂在获得与十二胺相近的铁品位前提下,铁回收率提高 8.32%。同时对硬水有较好的适应性,铁精矿品位仍可保持在 69% 以上、回收率 90% 以上。这表明 CS1 具有较好的适应性,是铁矿反浮选脱硅的有效捕收剂。

第四节　复杂难选铁矿石选矿设备开发现状

近年来,新型选矿设备对复杂难选铁矿石的贡献巨大,如 SLon 立环脉动高梯度磁选机、磁选柱、浮选柱、新型浮选机等的推广与普及大幅度提高了选矿指标,降低了选矿成本,给企业带来了巨大的经济效益。

熊大和(2003)在东鞍山烧结厂选矿一车间的重选-强磁选-反浮选新流程中,采用 10 台 SLon-1750 立环脉动高梯度强磁选机,用于控制细粒级尾矿品位,另 10 台 SLon-1750 立环脉动高梯度中磁机用于控制螺旋溜槽尾矿品位。结果表明,全流程的铁精矿品位从改造前的 60% 左右提高到 64%~65%,铁回收率保持在 70% 左右。云南落雪矿难选铁矿应用 SLon 立环脉动高梯度强磁选机综合回收难选铁矿石,获得品位大于 59% 的铁精矿,回收率大于 70%(洪家凯,1998)。曾文清(1997)对品位为 TiO_2 23.50%、Fe_2O_3 60.04% 的南非红河钛铁矿,以 SLon-1000 立环脉动高梯度强磁选机为主体选别设备进行了半工业试验研究。采用阶段磨矿、阶段选别的全磁流程,可获得 TiO_2 品位为 42.35％的合格综合钛精矿和 Fe_2O_3 品位为 64.00％的合格铁精矿,其 TiO_2 与 Fe_2O_3 含量之和分别为 96.95％和 77.86％。该流程在开路情况下,综合钛精矿和铁精矿 TiO_2 综合回收率达 78.61％,Fe_2O_3 综合回收率达 76.20％。

磁选柱是一种新型高效的磁重选设备,通过磁聚合-分散及旋转上升水流使磁铁矿受磁力和水力联合作用,能有效分选出筒式磁选设备夹带进的单体脉石及连生体,提高铁精矿品位和降低 SiO_2 含量。该机已广泛应用于各类磁铁矿选矿厂的精选作业,品位提高幅度通常为 3％～6％;产品规格已经系列化,有 250 mm、350 mm、400 mm、500 mm、600 mm、700 mm 等(曹福利等,2006)。

东北大学近年来成功研制了 DFJX 型电磁精选机,该机可提高铁精矿品位 2％～6％;用于生产超级铁精矿时,在一定的细度下可生产品位为 70％以上的超级铁精矿。该设备的最大特点是磁场为复合磁场——既有恒定磁场也有脉动磁场,复合磁场在保证大幅度提高铁精矿品位的同时可直接抛尾,克服普通精选机精选时尾矿品位高,需返回流程并浓缩(浓度低)的缺点。

首钢水厂对铁品位 62.64％的粗精矿利用低场强自重介质跳汰机配合二次磁选生产出精矿品位 68.27％、产率 84.16％、作业回收率 91.72％的铁精矿,其达到了首钢集团矿业公司的要求(秦煜民,2006)。BF-T 新型浮选机是北京矿冶研究总院专门针对铁精矿反浮选工艺研制的新型浮选机。鞍钢集团矿业公司东鞍山烧结厂于 2003 年进行工艺和设备改造,采用两段连续磨矿、中矿再磨-重选-磁选-阴离子反浮选工艺,反浮选作业中使用 BF-T16 型浮选机,改造后铁精矿品位由 60.00％左右提高到 66.00％以上,尾矿品位由 23.00％左右降低到 19.53％左右;鞍钢集团矿业公司齐大山选矿厂采用阶段磨矿、粗细分选、重选-磁选-阴离子反浮选工艺流程,反浮选作业使用 BF-T10 和 BF-T6 型浮选机,2004 年 4 月以来铁精矿品位一直稳定在 67.00％以上,尾矿品位也由原 12.50％降至 11.14％,SiO_2 由原 8.00％降至 4.00％以下;鞍钢集团调军台选矿厂采用连续磨矿、弱磁-中磁-强磁-阴离子反浮选的工艺流程,使用 BF-T20 和 BF-T10 型浮选机机组,取得了浮选精矿品位 67.59％、尾矿品位 10.56％、金属回收率 82.24％的指标。BF-T 浮选机在其他选矿厂的应用情况也非常好,为企业创造了巨大的经济效益(董干国,2005;马自飞,2001)。

第五节　难选铁矿石深度还原-磁选分离技术

我国大量的复杂难选铁矿石资源采用目前常规的选矿方法,无法经济、合理地获得炼铁生产能够接受的 TFe>65％的铁精矿或其他可直接用于炼铁或炼钢生产的含铁原料。以新的工艺技术开发利用这些难选、不可选铁矿石,对我国矿业、钢铁工业的发展将具有重要的战略意义。

复杂难选铁矿石开发利用的研究在我国已进行多年,但效果不尽如人意。回顾以往的研究,多以改变矿物的可选性为手段,利用传统成熟的选矿方法进行分选富集成炼铁生产可利用的原料。如赤铁矿、褐铁矿、菱铁矿的磁化焙烧,将铁矿物转化为可以磁选分离

的 Fe_3O_4，再利用磁选分选富集，由于赤铁矿、褐铁矿、菱铁矿转化为磁铁矿的过程难以精确地控制，磁化焙烧装置选择和配置难度大，流化床对原料粒度要求苛刻、还原性焙烧气体一次通过的利用率过低，造成能耗过高等原因，至今未能实现大型化、工业化生产。

鉴于复杂难选铁矿石的工艺矿物学特性，东北大学矿物工程研究所和东北大学钢铁冶金研究所经过多年的研究，提出了采用"火法预处理"的技术思路和深度还原-磁选分离技术来开发利用复杂难选铁矿石，即将复杂难选铁矿石中多种难选的铁矿物都直接还原成金属铁，然后进行铁与脉石的分离。

难选铁矿石深度还原-磁选分离技术的特点如下：

(1)以冶金手段改变难选铁矿物的基本性能和结构，将无法用物理法选分、富集的难选铁矿先还原为金属铁，并创造条件使金属铁聚合长大，还原产品通过磨、选实现铁的富集和分离，为不可选、难选铁矿的开发利用提供了新的途径，将不可选、难选铁矿转化为可以利用的资源。

(2)深度还原-磁选分离技术处理不可选、难选的鲕状赤铁矿、菱铁矿等，可回避焙烧终点控制、焙烧均匀性等难点，有利于提高铁的回收率。

(3)深度还原-磁选分离技术采用一次中温(<1300℃)处理从矿石直接获得可以直接用于炼钢生产的金属铁为主要组成的铁原材料。与难选赤铁矿、菱铁矿磁化焙烧后再选工艺比较，可将矿石磁化焙烧(700~900℃)、精矿烧结/球团(1250~1300℃)、烧结球团在高炉内冶炼(1350~1550℃)的多次加热改变为一次加热(<1300℃)直接获得金属铁产品，可大幅度降低冶金过程的总能耗，减少 CO_2 的排放。

(4)深度还原-磁选分离技术以非结焦煤为能源，有益于减少钢铁生产对焦煤资源的依赖，改善钢铁生产的能源结构，降低钢铁生产能耗。

(5)深度还原-磁选分离技术为多金属共生铁矿(如钒钛铁矿、硼铁矿、低品位红土镍矿等)的开发利用提供新的可供选择的技术途径。

采用深度还原-磁选分离技术处理复杂难选铁矿石的实施开发利用的目的和意义是：

(1)增加我国可利用铁矿资源的储量 100 亿 t 以上，改善和缓解我国铁矿资源的短缺现状。

(2)以非焦煤为能源，有益于减轻钢铁工业对焦煤资源的依赖。

(3)仅经过一次高温冶金过程即可获得以金属铁为主要组成(TFe>85%)的铁粉，适当处理后可代替废钢直接用于炼钢，工艺的总能耗比传统的难选铁矿石高温改性-磨选-烧结/球团-高炉炼铁工艺的能耗有大幅度降低，同时，可大幅度减少 CO_2 的排放量。

(4)产品是以金属铁为主要组成(TFe>85%)的铁粉，适当处理后可代替废钢直接用于炼钢，可缓解我国钢铁工业废钢供应不足。

(5)复杂难选铁矿石多存在于经济欠发达地区，复杂难选铁矿石的开发利用对促进当地的经济、社会发展具有重要意义(韩跃新，2011)。

第二章 深度还原-磁选分离技术的基本原理

依据多金属共生铁矿开发利用研究的经验,利用选择性还原、直接还原、金属及矿物结晶学等理论,进行了难选铁矿石深度还原-磁选分离技术的开发研究,大量试验研究结果表明,利用选择性还原、直接还原技术仅将难选铁矿石中的铁矿物还原为金属铁,通常仍无法通过物理分选的方法将金属铁与脉石分离、富集。只有在利用选择性还原、直接还原技术将难选铁矿石中的铁矿物还原为金属铁,并使还原出的金属铁聚合,颗粒长大到易于与脉石单体分离和分选的大小,然后进行选择性破碎、选择性细磨,使金属铁颗粒与脉石实现单体分离,利用高效分选设备将金属铁与脉石有效分离,可以实现难选铁矿的铁与脉石的分离、富集。本章主要介绍不可选或难选铁矿深度还原-磁选分离技术的基本原理、工艺流程。

第一节 复杂难选铁矿石深度还原-磁选分离技术

一、难选铁矿石深度还原-磁选分离技术的描述

不可选或难选铁矿石深度还原-磁选分离技术主要包含两个部分(王文忠,1994):

(1)深度还原部分是将难选铁矿石中的铁矿物还原为金属铁,并促使新还原出的金属铁聚合,颗粒长大到易于与矿石中其他组分分离和分选的大小。

(2)磁选分离部分是将还原产生的金属铁颗粒与矿石中的其他组分分离、富集,获得现有钢铁生产可以利用的、以金属铁为主要组成的产品。

难选铁矿石深度还原-磁选分离技术首先是对难选铁矿中的矿物实施选择性还原,即仅还原矿石中的含铁矿物,将含铁矿物转化为金属铁。但仅将含铁矿物转化为金属铁,而不改变铁在矿石中的分布状态和嵌布粒度,多数矿石仍然无法实施铁与矿石其他组分的有效分离和分选。因此,在还原的同时必须促使新产生的金属铁聚合、颗粒长大到易于与矿石中其他组分分离和分选的粒度要求。难选铁矿石开发利用的还原过程与单纯还原过程是有区别的,因而命名为"深度还原"。

"深度还原"的还原温度依据待处理矿石的成分和熔融特性,还原煤灰分的熔融特性确定。铁矿物能快速还原,还原产品铁的金属化率可迅速达到 90% 以上,且还原出的金属铁能聚合,铁颗粒能迅速长大到易于与脉石分离粒度的还原温度称为"适宜还原温度"。还原温度过低不仅铁矿物的还原速率慢,影响生产效率,同时,还原出的金属铁不能聚合,颗粒不能长大,金属铁与脉石的分离困难。还原温度高时还原速率快,金属铁易于聚合成大颗粒,但还原温度过高,则会造成黏结,影响还原设备的稳定运行。

难选的多金属共生矿,如低品位红土镍矿、钒钛磁铁矿、钛铁矿、低品位锰矿等,在实施还原过程中可以控制还原过程的还原势的方法进行"选择性还原",即仅还原矿石中待

回收的金属矿物,而将不回收或在非金属相中回收的矿物维持原有的形态,在后续的工序中实现回收金属与矿石中其他矿物的分离。例如,低品位红土镍矿在还原过程中用控制还原势的方式将含镍矿物全部还原为金属镍,将铁矿物部分还原为金属铁,金属铁与金属镍形成镍铁,最终以镍铁颗粒的形态富集回收,采用选择性还原方法可依据矿物还原程度控制产品的镍品位;钒钛磁铁矿、钛铁矿在还原过程中用控制还原势的方式将含铁矿物全部或部分还原为金属铁,最终实现铁矿物与其他组分的分离和富集。

还原产品的磁选分离是难选铁矿深度还原-磁选分离技术的重要环节。难选铁矿石深度还原产品是由金属颗粒与矿石中的脉石矿物组成,通常难选铁矿石深度还原产品采用水淬的方式冷却,以便利用急冷时金属与脉石收缩系数的差异造成金属与脉石之间的裂隙,减少磨矿的能量消耗。

难选铁矿石深度还原产品分选前的磨矿与传统的铁矿石的磨矿要求有明显区别。还原产品的磨矿仅将金属铁颗粒与矿石中的脉石分离,而尽量保持金属颗粒的大小,以降低磨矿能耗和后续分选富集的难度。金属铁颗粒过度磨细将使产品的比表面积大幅度增加,产品的再氧化速率加快,给产品储运带来困难,降低产品质量的稳定性。

由于金属铁与磁铁矿的导磁性有较大的差异,金属铁粉因导磁性高极易产生磁团聚,并造成夹杂、包裹脉石颗粒的现象,需要磁选分离的分选设备具有充分消除磁团聚的能力,以保证金属铁的有效分离富集。

二、难选铁矿深度还原-磁选分离技术工艺的原则流程

依据上述难选铁矿石深度还原-磁选分离技术的构思,难选铁矿石深度还原-磁选分离技术工艺的原则流程如图 2.1 所示。

三、难选铁矿石深度还原-磁选分离技术的特点

(1)以冶金手段改变难选铁矿物的基本性能和结构,将难选铁矿石先还原为金属铁,并使其聚合成易与脉石分离的颗粒,再用磁选的方法将铁颗粒与脉石进行分选、富集,实现难选铁矿石的利用。

(2)难选铁矿石深度还原-磁选分离技术可用于多金属共生铁矿的开发利用,采用选择性还原实现铁与其他共生金属矿物的有效分离和富集。为多金属共生铁矿的开发利用提供新的技术途径。

(3)深度还原-磁选分离技术处理难选赤铁矿、菱铁矿与磁化焙烧相比,可回避焙烧终点控制难、焙烧均匀性差等难点,提高铁的回收率,降低难选赤铁矿、菱铁矿冶金过程的总能耗。

(4)难选铁矿深度还原-磁选分离技术以非结焦煤为能源,采用一次中温($T < 1300\,℃$)处理,从矿石直接获得可以用于炼钢生产的以金属铁为主要组成的产品,替代传统冶金工艺炼焦、烧结/球团、高炉炼铁多次加热、降温过程,有益于减少钢铁生产对焦煤资源的依赖,改善钢铁生产的能源结构,降低钢铁生产能耗。

(5)难选铁矿深度还原-磁选分离技术产品是以金属铁为主要组分(TFe>85%),含碳量小于 1.0%,可直接替代的废钢用于炼钢生产,可大幅度降低用炼钢生产的 CO_2 排放

```
加热燃料    还原煤    原矿石    添加剂    回收过剩还原煤
              ↓         ↓         ↓         ↓
            破碎       破碎

                        配料
                         ↓
                        混合                      过剩煤
                         ↓
                    入还原炉还原
                         ↓
                       水淬冷却
                         ↓
                     分离过剩煤
                         ↓
                    多段选择性粉碎
                         ↓
                    多段磁选重选分离
                    ↓              ↓
                  金属铁          尾渣
```

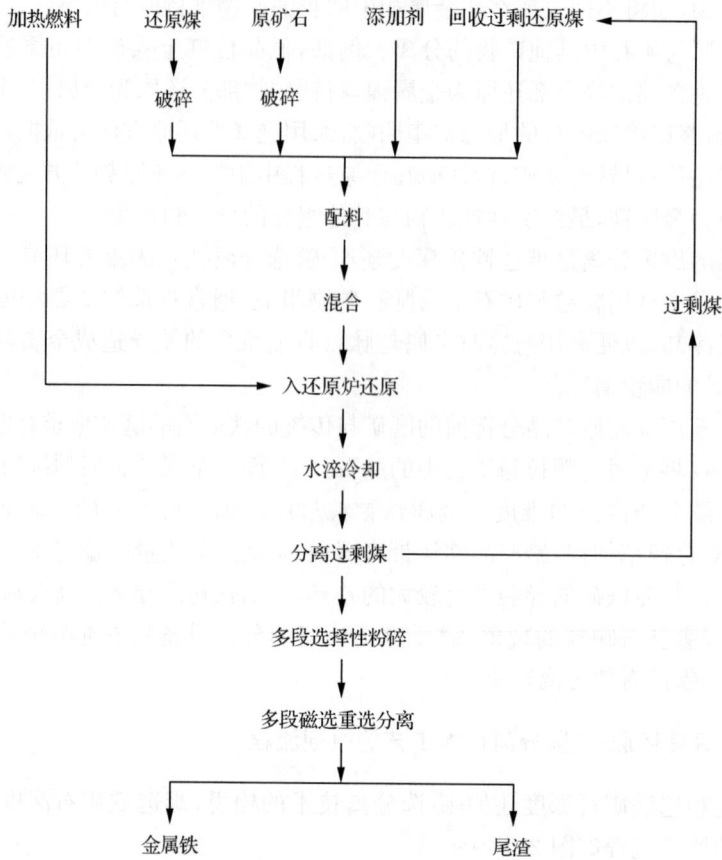

图 2.1　难选铁矿深度还原-磁选分离工艺的原则流程

量。铁水含碳 4.30%～5.00%,钢的含碳量平均 0.35%,用铁水炼钢仅脱碳环节吨钢 CO_2 排放量 145～170 kg,用深度还原-磁选分离的产品(TFe 90.0%,C 1.0%)炼钢脱碳环节吨钢 CO_2 排放量仅 2.39 kg,可减少吨钢 CO_2 排放量 142.6～167.6 kg。

第二节　难选铁矿石深度还原的基本原理

一、还原热力学基础

铁氧化物还原的化学反应是在高温下进行的,发生反应的同时伴随着热交换过程。由于热的供给和消耗对一种工艺和方法的成本有极重要的影响,因此热交换十分重要,下面介绍一些热化学基本概念(天津大学物理化学教研室,2009)。

1. 内能 U

体系的总能量称为内能 U,单位是 J 或 kJ。所有化学反应都包含内能的吸收和放出,内能的变化为

$$\Delta U = U_2 - U_1$$

式中，U_1——反应物的内能；

　　U_2——产物的内能。

　　按热力学第一定律，内能的变化 ΔU 可表示为

$$\Delta U = Q - W$$

式中，Q——体系吸收的热，单位是 J 或 kJ；

　　W——体系对外所做的功。

　　热力学通常见到的是膨胀功(体积功) $\Delta W = p\Delta V$。ΔV 为体积变化，p 为压力。

　　当 $\Delta V = 0$，即在恒容的条件下，若没有膨胀功以外的功，则 $W = 0$。

$$\Delta U = Q_V$$

式中，Q_V——没有膨胀功以外的功时，恒容下体系所吸收的热。对化学反应来说，就称为恒容热效应，或恒容反应热。所以反应恒容热效应可由内能变化来计算。

　　在恒容体系下，热力学研究中并不需要知道内能的绝对值，而只要知道体系变化前后内能的改变值(ΔU)。若 ΔU 为正，表示反应过程中吸收能量，反应为吸热；若 ΔU 为负，表示反应过程放出能量，反应是放热的。内能是体系的状态函数，具有容量性质。

　　2. 焓 H

　　焓的定义是

$$H = U + pV$$

　　当 $\Delta p = 0$，即在恒压条件下，如没有膨胀功以外的功，则因 $W = p\Delta V$，按 $\Delta U = Q - W$ 式可知：

$$\Delta H = Q_p$$

式中，Q_p——没有膨胀功以外的功时，恒压下体系所吸收的热。对化学反应来说，就称为恒压热效应或(恒压)反应热。通常所指的反应热都是这一种，可由 ΔH 计算出来，上式是计算反应热的基础。

　　H 也是状态函数，其绝对值不得知，但某温度下的相对值，可通过参考温度 298 K 的相对值求出。例如，金属铁 800 K 时的摩尔焓的相对值为

$$H_{800\,\text{K,m}} - H_{298\,\text{K,m}} = 15\,512\ \text{J} \cdot \text{mol}^{-1}$$

　　3. 热容 C

　　在没有化学反应和相变的条件下，物质温度升高 1 K 所吸收的热，称为热容；若物质的量为 1 mol 时，则称为摩尔热容。热容与升温时的条件有关，升温时保持体系的体积不变称为摩尔定容热容 $C_{V,\text{m}}$($\text{J} \cdot \text{K}^{-1} \cdot \text{mol}^{-1}$)；保持压力不变称为摩尔定压热容 $C_{p,\text{m}}$($\text{J} \cdot \text{K}^{-1} \cdot \text{mol}^{-1}$)，一般称为恒压热容。大多数冶金反应是在一定压力下进行，此时热容通常以恒压热容 $C_{p,\text{m}}$ 表示。$C_{p,\text{m}}$ 是温度函数，通常可由实验室数据拟合成下列经验式：

$$C_{p,\text{m}} = a + b \times 10^{-3}\,T + c \times 10^{5}\,T^{-2} + d \times 10^{-6}\,T^{2}$$

式中，a、b、c、d——物质特性常数，称为物质的热容温度系数。a、b、c、d 的单位分别是

$J \cdot K^{-1} \cdot mol^{-1}$，$J \cdot K^{-2} \cdot mol^{-1}$，$J \cdot K \cdot mol^{-1}$ 和 $J \cdot K^{-3} \cdot mol^{-1}$。不同的相，$C_p$ 不同，故热容温度系数也不同。

4. 摩尔焓和反应热

对某一纯物质 B，在标准状态下，如 298 K 至 T 的范围没有相变和化学变化，则焓变可用热容乘以 298 K 升高的温度值求出：

$$H_{i,T}^{\ominus} - \Delta_f H_i^{\ominus} = \int_{298\ K}^{T} C_{p,i} \mathrm{d}T$$

式中，$\Delta_f H_i^{\ominus}$——纯物质 B_i 298 K 时的标准生成热，即由稳定单质生成 1 mol 纯物质的热效应；$H_{i,T}^{\ominus}$——温度 T 时的 B_i 的摩尔焓，是稳定单质 298 K 时的焓为零所算得的相对值。

$C_{p,i}$ 用上式代入，积分可得

$$H_{i,T}^{\ominus} = \Delta_f H_i^{\ominus} + a_i \times (T-298) + \frac{1}{2} b_i \times 10^{-3} (T^2 - 298^2)$$

$$- c_i \times 10^5 \left(\frac{1}{T} - \frac{1}{298} \right) + \frac{1}{3} d_i \times 10^{-6} (T^2 - 298^3)$$

如果在 298 K 至 T 的范围没有相变和化学变化，则应加上相变热，并且分段积分。所以一般表达式为

$$H_{i,T}^{\ominus} = \Delta_f H_i^{\ominus} + \int_{298\ K}^{T} C_{p,i} + \mathrm{d}T + \sum \Delta H_i^l$$

式中，ΔH_i^l——B_i 物质的摩尔相变热，对 298 K 到 T 范围内的所有相变求和。

应用热力学函数可求得化学反应在不同温度下的反应热（即焓变）$\Delta H^{\ominus}$，设反应为

$$\nu_1 B_1 + \nu_2 B_2 + \cdots \longrightarrow \nu_j B_j + \cdots$$

式中，ν_i——单质物质和化合物 B_i 的计量系数。

在实际中常遇到的反应，往往参加反应物的温度各异，此时可从热力学函数数据表中，分别查找出 B_i 温度为 T_i 时的 $H_i^{\ominus}$，由此可求得非恒温化学反应过程的焓变，即反应热为

$$\Delta H_T^{\ominus} = \sum \nu_i \Delta_f H_{B,T}^{\ominus}$$

当一个化合物是由它的组成元素之间发生反应生成时，此时的反应热称为生成热 $\Delta_f H_m$。举例如下：

$$C + \frac{1}{2} O_2 = CO \qquad \Delta_f H_m^{\ominus} = -114\ 400\ J \cdot mol^{-1}$$

$$C + O_2 = CO_2 \qquad \Delta_f H_m^{\ominus} = -395\ 350\ J \cdot mol^{-1}$$

$$x Fe + \frac{1}{2} O_2 = Fe_x O \qquad \Delta_f H_m^{\ominus} = -256\ 060\ J \cdot mol^{-1}$$

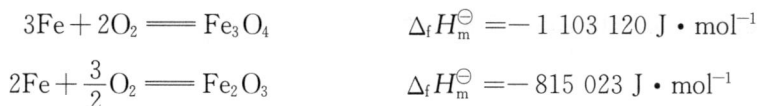

符号(一)表示放热。

当化合物反应生成新的化合物时,反应生成热的符号要反过来。因为这些化合物分解成为元素,从而再结合成产品化合物。产品化合物的生成热的符号保持不变。体系内热含量的净变化即为反应热。

例如:

$$
\begin{array}{cccccc}
Fe_3O_4 & + & CO & = & 3FeO & + & CO_2 \\
1\ 103\ 120 & & 114\ 400 & & 3\times(-256\ 060) & & -395\ 350
\end{array}
$$

则

$$\Delta H^\ominus = 3\times(-256\ 060) - 395\ 350 + 1\ 103\ 120 + 114\ 400 = 103\ 990\ \text{J}\cdot\text{mol}^{-1}$$

1 mol Fe_3O_4 或 3 mol FeO 在 298 K 时的反应热为 103 990 J。$\Delta H_m^\ominus$ 是正号,表示反应进行时是吸热的。

5. 化学亲和力

一个已知化学反应是进行或不进行,取决于不同温度和压力下元素相互间的化学亲和力。有人建议用反应生成热作为一个化学亲和力的量度,但这仅是一个定性量度,要想准确地判断亲和力需要引入熵与吉布斯自由能两个热力学函数。

6. 熵 S

所有化学反应的同时伴随着能的交换。在自发反应(一切不受外界作用的天然过程都是自发过程)内,部分能会转变成有用功 (W),但不是所有的能 (ΔU) 都能转变成有用功,因为有一些能是内在地紧密结合在体系内,这种结合能随温度升高而增加,并与热容有关。这种结合能是热力学温度 T 与热力学熵 S 的乘积。在恒定压力下,熵随温度的变化可表示如下

$$\left(\frac{\mathrm{d}S}{\mathrm{d}T}\right)_p = \frac{C_p}{T}$$

在一个化学反应中,产物的热容与反应物的热容之差,一定用 ΔC_p 表示。在反应期内,熵的变化 ΔS 用下式表示为

$$\Delta S = \int_{T_1}^{T_2} \Delta C_p \frac{\mathrm{d}T}{T}$$

式中,T_1 和 T_2 ——反应过程开始和终止的温度。

为方便起见,将 298 K 的熵值作为标准熵值,记作 $S_{298\,K}^\ominus$,可由表查出。在任何温度下,反应熵的变化可写成

$$\Delta S_T^\ominus = \Delta S^\ominus + \int_{298\,K}^{T} \frac{C_p}{T}\mathrm{d}T$$

如果反应过程是在恒定压力与温度下进行,其熵的变化为

$$\Delta S = \Delta S_2 - \Delta S_1$$

其中, S_1——反应物的熵;

S_2——反应产物的熵。

由热力学第二定律可以推出,对于孤立体系,

$$\Delta S \geqslant 0$$

">"适用于自发过程,"="适用于可逆过程,在这里也就是平衡状态。

7. 吉布斯自由能 G

由于用熵变来判断过程的自发性要在孤立体系条件下进行,这对化学反应和相变来说不太方便,所以又引入吉布斯自由能 G 状态函数,单位为 J 或 kJ。吉布斯自由能 G 是一个体系的总能与结合能 TS 之差($G = H - TS$)。任何化学反应在恒温下的自由能的变化 ΔG,可用下式表示:

$$\Delta G = \Delta H - T\Delta S$$

吉布斯自由能为状态函数,对一个反应体系自由能的变化可按线性组合原则求得

$$\Delta G = \sum \nu_i \times \Delta G_i^{\ominus}$$

当化学反应的反应物与产物的温度和压力均相同时,在自发的化学反应中系统的自由能会减少。倘若一个反应的 $\Delta G > 0$,则反应将不可能发生或会逆向进行。如一个体系处于平衡状态时,则 $\Delta G = 0$。

对反应的吉布斯自由能 ΔG,还可利用物质生成自由能 $\Delta_f G_i^{\ominus}$ 与温度的关系式

$$\Delta G^{\ominus} = A + BT$$

来求出。对化学反应

$$\Delta G_i^{\ominus} = \sum \nu_i \times \Delta_f G_i^{\ominus}$$

式中, $\Delta_f G_i^{\ominus}$——物质 i 的标准生成自由能;

ν_i——物质 i 的化学计量数,对反应物 ν_i 取负号,对产物 ν_i 取正号。

例如:

$$2Fe + O_2 =\!=\!= 2FeO \qquad \Delta_f G_T^{\ominus} = (-539\ 600 + 141.0\ T)\ \text{J} \cdot \text{mol}^{-1}\ (298 \sim 1692\ \text{K})$$

$$6FeO + O_2 =\!=\!= 2Fe_3O_4 \qquad \Delta_f G_T^{\ominus} = (-636\ 700 + 225.9\ T)\ \text{J} \cdot \text{mol}^{-1}\ (298 \sim 1692\ \text{K})$$

$$4FeO + O_2 =\!=\!= 2Fe_2O_3 \qquad \Delta_f G_T^{\ominus} = (-587\ 400 + 340.4\ T)\ \text{J} \cdot \text{mol}^{-1}\ (298 \sim 1460\ \text{K})$$

$$2C + O_2 =\!=\!= 2CO \qquad \Delta_f G_T^{\ominus} = (-223\ 400 - 175\ T)\ \text{J} \cdot \text{mol}^{-1}\ (298 \sim 2800\ \text{K})$$

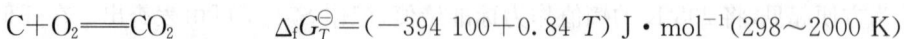
$$C + O_2 =\!=\!= CO_2 \qquad \Delta_f G_T^{\ominus} = (-394\ 100 + 0.84\ T)\ \text{J} \cdot \text{mol}^{-1}\ (298 \sim 2000\ \text{K})$$

$$CO + C =\!=\!= 2CO \qquad \Delta_f G_T^{\ominus} = (170\ 700 - 174.5\ T)\ \text{J} \cdot \text{mol}^{-1}\ (298 \sim 2000\ \text{K})$$

$$2CO + O_2 =\!=\!= 2CO_2 \qquad \Delta_f G_T^{\ominus} = (-282\ 400 + 86.6\ T)\ \text{J} \cdot \text{mol}^{-1}\ (298 \sim 2000\ \text{K})$$

用以上数据可计算反应自由能的变化。

$$2Fe_3O_4 + 2CO = 6FeO + 2CO_2$$

上式为两个反应的结合，其反应的 $\Delta_f G_T^{\ominus}$ 可以查到，即

$$2Fe_3O_4 = 6FeO + O_2 \qquad \Delta_f G_T^{\ominus} = (636\ 700 - 225.9T)\ \text{J} \cdot \text{mol}^{-1}$$

$$2CO + O_2 = 2CO_2 \qquad \Delta_f G_T^{\ominus} = (-282\ 400 + 86.6T)\ \text{J} \cdot \text{mol}^{-1}$$

相加，得

$$2Fe_3O_4 + 2CO = 6FeO + 2CO_2 \qquad \Delta G_T^{\ominus} = (70\ 800 - 80.58T)\ \text{J} \cdot \text{mol}^{-1}$$

或

$$Fe_3O_4 + CO = 3FeO + CO_2 \qquad \Delta G_T^{\ominus} = (35\ 400 - 40.29T)\ \text{J} \cdot \text{mol}^{-1}$$

同样地对下列反应：

$$3Fe_2O_3 + CO = 2Fe_3O_4 + CO_2 \qquad \Delta G_T^{\ominus} = (-52\ 200 - 41.057T)\ \text{J} \cdot \text{mol}^{-1}$$

$$FeO + CO = Fe + CO_2 \qquad \Delta G_T^{\ominus} = (-22\ 800 + 24.27T)\ \text{J} \cdot \text{mol}^{-1}$$

通常在热力学数表中列出物质在室温下（298.16 K）的生成热及熵值。如果已知其高温热容，则标准自由能随温度的变化也可用下式求出：

$$\Delta G_{T,m}^{\ominus} = \Delta H_{298\ K}^{\ominus} + \int_{298\ K}^{T} C_p dT - T\Delta S_{298\ K}^{\ominus} - T\int_{298\ K}^{T} \frac{\Delta C_p}{T} dT$$

8. 化学平衡

按照质量作用定律，在恒温条件下，化学反应速率与参加反应物质的活度成正比。对固体纯物质及形成饱和溶液中固体物质与其溶质平衡共存，其活度均为1；对于气体，当压力不太大，可按理想气体处理时，活度近似等于其分压为标准大气压力之比。化学反应进行时反应物的浓度减少，相反产物浓度增加。由此正向反应的速率减慢，而逆向反应速率增加，以致正逆速率相等，造成一个平衡状态。以下面反应为例

$$A + B \rightleftharpoons C + D$$

正反应速率： $\qquad \nu_1 = K_1 \times a_A \times a_B$

逆反应速率： $\qquad \nu_2 = K_2 \times a_C \times a_D$

式中，K_1、K_2 ——正、逆反应速率常数；

$\qquad a_A$、a_B、a_C、a_D ——反应物 A、B 的活度和产物 C、D 的活度。

当反应处于平衡状态时，即 $\nu_1 = \nu_2$ 也即

$$K_1 \times a_A \times a_B = K_2 \times a_C \times a_D$$

$$K = K_1/K_2 = a_C \times a_D/a_A \times a_B$$

K 称为反应平衡常数，K 值大，表示正反应进行完成；如 K 值很小时，表示逆反应的充分进行。ΔG_m 与 K 都是化学亲和力的量度。其关系可表示为

$$\Delta G_{\mathrm{m}} - \Delta G_{\mathrm{m}}^{\ominus} = RT\ln\frac{a_{\mathrm{C}} \times a_{\mathrm{D}}}{a_{\mathrm{A}} \times a_{\mathrm{B}}}$$

式中，R——摩尔气体常量，8.315 J·K^{-1}·mol^{-1}；

T——热力学温度；

$\Delta G_{\mathrm{m}}^{\ominus}$——标准摩尔吉布斯自由能变化，即当所有反应物与产物是在活度为 1，反应在气体压力处于 101 325 Pa 和 298 K 的标准状态下的摩尔自由能变化。可写成下式：

$$\Delta G^{\ominus} = \Delta H^{\ominus} - T\Delta S^{\ominus}$$

通常液体和固体的热力学状态是纯物质，气体的热力学状态指分压为 101 325 Pa 及温度为 298.16 K。

平衡时 $\qquad \Delta G^{\ominus} = 0 \qquad \dfrac{a_{\mathrm{C}} \times a_{\mathrm{D}}}{a_{\mathrm{A}} \times a_{\mathrm{B}}} = K^{\ominus}$

则上式变为

$$\Delta G^{\ominus} = -RT\ln K^{\ominus} = -19.146 T\lg K^{\ominus}$$

$$\lg K^{\ominus} = \frac{-\Delta G^{\ominus}}{19.146 T}$$

$\Delta G^{\ominus}$ 与 $K^{\ominus}$ 对应物质所采用的标准状态应当相同。

若一个反应的摩尔布斯自由能变化已知，其平衡常数是可以求出的。由元素生成化合物的摩尔吉布斯自由能的变化 $\Delta G_{\mathrm{m}}^{\ominus}$ 可从资料中查出。

9. 氧化物分解

加热化合物时，它们的分子会分解为更简单的分子或原子，这种过程称为热分解。热分解过程，极少数例外，即可向正方向进行，也可向逆方向进行。温度升高时，化合物分解，证明化合物内原子或原子团的热振动能超过其原子间的键能。因此，研究分解反应可以确定化合物稳定性的标准，阐明化合物分解及形成条件，比较各种化合物的稳定性，在此基础上来评定它们在冶金过程中的行为。主要的冶金过程是建立在金属的氧化与还原反应基础上，研究氧化物的分解反应可以导出金属与氧分离条件的标准，因此铁氧化物的分解反应是铁冶金过程热力学的基石。

10. 金属分解压

氧化物的分解与形成是一种最简单的反应，可以用下列方程式表示：

$$2\mathrm{M} + \mathrm{O}_2 =\!=\!= 2\mathrm{MO}$$

式中，M 和 MO——任何二价金属及其低价氧化物，为纯粹的凝聚物质；

O_2——唯一的气态反应物。

上式的平衡常数可用氧分压表示。

$$K_p = \frac{1}{p_{\mathrm{O}_2}}$$

体系中氧化物的分解压 p_{O_2} 与气相中氧分压 $(p_{O_2})_a$ 的大小的对比,决定了氧化物的分解与生成。当 $p_{O_2} > (p_{O_2})_a$,氧化物分解;当 $(p_{O_2})_a < p_{O_2}$,氧化物生成;$p_{O_2} = (p_{O_2})_a$,达成平衡。

低价氧化铁 FeO 的分解压力非常小。在高温下,FeO 的分解压力可按下式计算:

$$\lg(p_{O_2})_{FeO} = -\frac{26\ 730}{T} + 6.43$$

如果确定在大气中 $p_{O_2} = 0.21 \times 101\ 325$ Pa,FeO 会在什么温度开始分解?

当 $p_{O_2} > 0.21 \times 101\ 325$ Pa 时才能开始分解,反应 $2Fe + O_2 \Longrightarrow 2FeO$ 的平衡条件是 $p_{O_2} = 0.21 \times 101\ 325$ Pa 或

$$\lg\left(\frac{0.21 \times 101\ 325\ Pa}{101\ 325\ Pa}\right) = -\frac{26\ 730}{T} + 6.43$$

由此式求得温度 $T = 3760$ K。这说明 FeO 在空气中要加热到 3760 K 以上,才能分解为 Fe 和 O_2。

二、铁氧化物结构

直接还原法是从固体铁氧化物中提取金属铁。本章主要讨论铁-氧体系和还原剂碳、一氧化碳和氢的化学平衡和化学反应速率等有关问题。

铁是地壳里最重要的易同其他元素结合的金属。铁很丰富,其储量仅次于氧、硅和铝。在所有泥土物质中都含有数量不等的铁;在矿床中可以找到大量的铁,主要有氧化物 Fe_2O_3 与 Fe_3O_4,硫化物 FeS_2,碳酸盐 $FeCO_3$,硅酸盐以及其他次要矿物。铁相对原子质量为 55.85,原子序数为 26,原子价为 +2 与 +3,密度为 7.86 g·cm^{-3},纯铁呈灰白色,比钢软;具有可锻性、延展性和磁性;具有同质异晶现象,以 α-Fe、γ-Fe 和 δ-Fe 形态存在。相变温度如下:

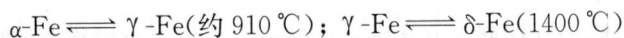

$$\alpha\text{-Fe} \Longrightarrow \gamma\text{-Fe}(约\ 910\ ℃);\ \gamma\text{-Fe} \Longrightarrow \delta\text{-Fe}(1400\ ℃)$$

熔点大约是 1540 ℃。

α-Fe——称为铁素体,为体心立方晶格(配位数 8),室温下晶格常数是 2.68×10^{-10} m;

γ-Fe——称为奥氏体,为面心立方晶格(配位数 12),910 ℃时晶格常数是 3.63×10^{-10} m。由 α-Fe $\longrightarrow$ γ-Fe 转变的同时,体积约减少 0.8%;δ-Fe 具有和 α-Fe 同样的晶格,γ-Fe $\longrightarrow$ δ-Fe 转变时体积增大。但较 γ-Fe $\longrightarrow$ α-Fe 转变时的体积增大小得多。

α-Fe 具有磁性,加热时 α-Fe 由有磁性转变为顺磁性,铁的磁性转变温度为 768 ℃。在 768~910 ℃范围内的顺磁性 α-Fe 称为 β-Fe,以区别于磁性 α-Fe。这个转变不发生晶格变化,也没有热焓变化。

铁的沸点 3080 ℃。在 2735 ℃时蒸发热 345 kJ;$S_{298\ K}^{\ominus} = 27.28$ J·K^{-1}。铁-氧系平衡相图如图 2.2 所示。

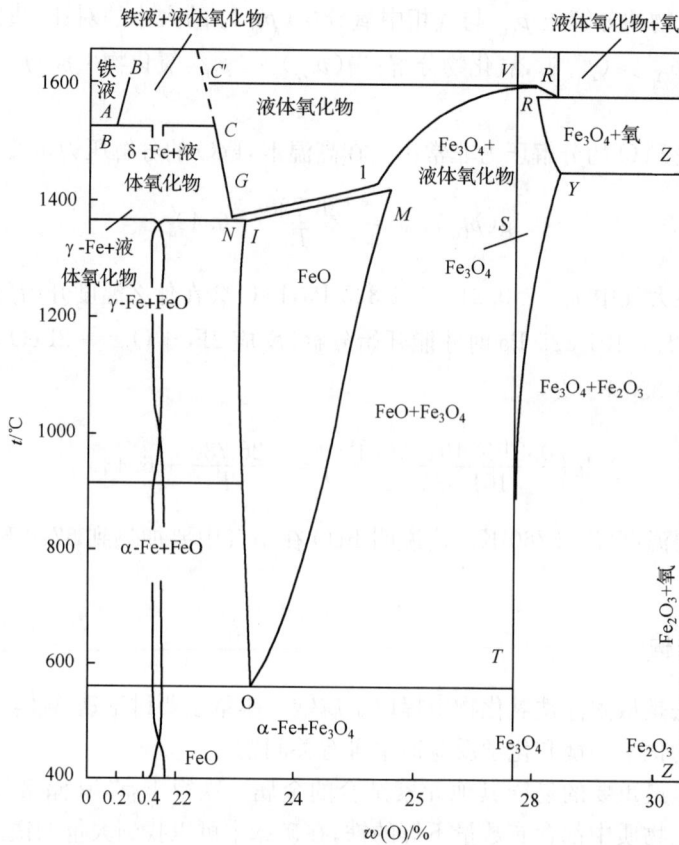

图 2.2　Fe-O 相图(Darken 及 Gurry)

铁-氧系的平衡相图看到,铁与氧存在六个凝聚相:金属铁分为 α-、β-、δ-Fe;氧化亚铁(浮士体);磁性氧化铁(或磁铁矿);三价氧化铁(或铁矿);液态铁;以及液态的氧化物。上面对金属铁已作了介绍。

FeO——浮士体,为食盐型立方晶格,与 γ-Fe_2O_3 一样具有空结点,要将所有结点补满才是纯态 FeO。纯态 FeO 中 Fe 和 O 的物质的量比为 $1(n_{Fe}:n_O=1)$,相当于含氧的质量分数 22.82%,属介稳定相,在热力学上,稳定相的 FeO 相中氧含量总是大于 22.82%。

稳定氧化铁相的含氧量从 23.15% 到 25.6%,含氧量的变化与温度有关,570 ℃时,FeO 固定的含氧量为 23.5%;温度升高,FeO 相的组成范围扩大。因为氧化亚铁相组成介于 FeO 和 Fe_3O_4 间,也可以把氧化亚铁看作 FeO 和 Fe_3O_4 的固溶体。最大含氧量是 Fe_3O_4 在 FeO 中的饱和溶液;最低含氧量也高于 22.28%。

磁铁矿——Fe_3O_4 或 $FeO \cdot Fe_2O_3$,纯磁铁矿含铁 $w(Fe)$ 72.4%,含氧 $w(O_2)$ 27.6%,其颜色从灰到黑色,密度大约为 5.0 g·cm^{-3},呈倒置的尖晶石型立方晶格。每单位晶格含 32 个氧离子(O^{2-})、16 个三价铁离子(Fe^{3+})及 8 个二价铁离子(Fe^{2+}),有64 个四面体和 32 个八面体的间隙。氧离子形成一个密堆积的立方晶格,较小的铁离子分布在间隙之中。在这个倒置的尖晶石结构内,有 8 个三价铁离子占据四面体的中心位置,8 个三价和 8 个二价铁离子则在八面体之间的位置。

自然界很难找到高纯的磁铁矿，常伴生的杂质有 Ti、Mg、Al、Ni、Cr、V 及 Mn。人们利用它的磁性探测矿体和富集精选。

赤铁矿——赤铁矿或三价铁的氧化物（Fe_2O_3）是最重要的含铁矿物。大约含铁 $w(Fe)$ 70%，含氧 $w(O_2)$ 30%，颜色从红色、黑色到钢灰色，密度 4.9～5.3 g·cm^{-3}。

它有三种晶形，其中 α-Fe_2O_3 与 γ-Fe_2O_3 对冶金过程具有重要意义。α-Fe_2O_3 是稳定晶形，具有刚玉型菱形六面体晶格。γ-Fe_2O_3 是介稳定晶形，将 Fe_3O_4 低温氧化可以制取 γ-Fe_2O_3。γ-Fe_2O_3 和 Fe_3O_4 一样有磁性，属立方晶系，它们的晶格很相似，都属于尖晶石型晶格一类。其晶格的差异在于：Fe_3O_4 晶格内的所有结点都被占据了；而 γ-Fe_2O_3 晶格中，有些属于铁的结点是空的。如一个 Fe_3O_4 的单位晶胞有 24 个铁离子和 32 个氧离子，那么在一个 γ-Fe_2O_3 晶胞中，同样有 32 个氧离子时，却平均只有 21 个铁离子，此空结点晶格称为缺位晶格。

一般在 γ-Fe_2O_3 和 Fe_3O_4 间存在一系列连续中间组成，都可以看成 Fe_2O_3 和 Fe_3O_4 的固溶体。Fe_2O_3 在 Fe_3O_4 有一定溶解度，但 Fe_3O_4 不溶于 Fe_2O_3。

其他含铁矿物有以下几种。

针铁矿——是含水型赤铁矿，常称为褐铁矿，化学成分为 $Fe_2O_3 \cdot 3H_2O$ 或 $Fe(OH)_3$。纯针铁矿 $w(Fe)$ 62.9%，显褐色到红色，结晶为菱形六面体。

菱铁矿——$FeCO_3$，是一种二价铁的碳酸盐。纯菱铁矿 $w(Fe)$ 48.2%，常受到钙、镁、锰的污染。在空气中加热时，脱除了二氧化碳，焙烧后产物的铁含量大大地提高。

其他还有黄铁矿和磁黄铁矿，常伴生有许多有色金属元素杂质，因此钢铁生产中很少作原料使用。

三、铁氧化物的分解

按巴依科夫逐级转变原则，Fe-O 系内的相变程序如下：

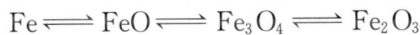

$$Fe \Longleftrightarrow FeO \Longleftrightarrow Fe_3O_4 \Longleftrightarrow Fe_2O_3$$

各种氧化物的生成反应表示如下：

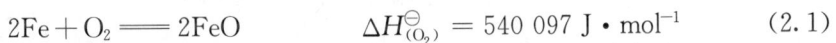

$$2Fe + O_2 = 2FeO \qquad \Delta H^{\ominus}_{(O_2)} = 540\,097 \text{ J} \cdot \text{mol}^{-1} \qquad (2.1)$$

$$6FeO + O_2 = 2Fe_3O_4 \qquad \Delta H^{\ominus}_{(O_2)} = 611\,273 \text{ J} \cdot \text{mol}^{-1} \qquad (2.2)$$

$$4Fe_3O_4 + O_2 = 6Fe_2O_3 \qquad \Delta H^{\ominus}_{(O_2)} = 440\,451 \text{ J} \cdot \text{mol}^{-1} \qquad (2.3)$$

各级氧化物的稳定程度自 FeO → Fe_2O_3 逐渐减小，Fe_2O_3 分解压力最大，FeO 分解压力最小。

逐级转变过程分高温下和低温下：

A　　>570℃

$$\underbrace{Fe-Fe_{O_{max}}}_{I} \Longleftrightarrow \underbrace{FeO_{O_{min}}}_{II} \Longleftrightarrow \underbrace{Fe_3O_4 \Longleftrightarrow Fe_2O_3}_{III}$$

B　　<570℃

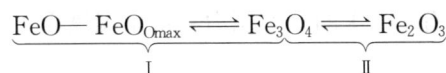

$$\underbrace{FeO-FeO_{O_{max}}}_{I} \Longleftrightarrow \underbrace{Fe_3O_4 \Longleftrightarrow Fe_2O_3}_{II}$$

式中，FeO_{max}——氧在金属铁中的饱和溶液；

　　　FeO_{Omin}——含氧量最少的低价氧化铁相；

　　　FeO_{Omax}——含氧量最多的低价氧化铁相。

现在，讨论 >570 ℃过程的各个阶段。

Ⅰ　　　　　　　　　　　　$Fe—Fe_{Omax} \Longleftrightarrow FeO_{Omin}$

铁和氧相互作用，最初并不产生新相，这可用氧在铁中的溶解来说明。超过氧在铁中的溶解度范围后，铁与氧化合发生相变：

$$Fe_{Omax} \Longleftrightarrow FeO_{Omin}$$

反应式 $2Fe+O_2 \Longleftrightarrow 2FeO$ 表示此种转变，是由一组成固定的相变为另一组成固定的相。在这两个凝聚相所构成的混合物中总的含氧量变动时，仅引起这个相的相对量的变化，在此情况下，平衡常数用氧的平衡分压力表示：

$$K_{p_{2.1}} = \frac{1}{p_{O_2}}$$

由此得出：FeO 的分解压力仅取决于温度。

Ⅱ　　　　　　　　　　　　$FeO_{Omin}—FeO_{Omax} \Longleftrightarrow Fe_3O_4$

与第一阶段相似，最初，增加体系中含氧量不引起相变。在增加氧的过程中保持一个凝聚相，其组成自 FeO_{Omin} 变为 FeO_{Omax}。FeO_{Omax} 与氧相互作用生成 Fe_3O_4，这个变化是在两个凝聚相组成不变，但两相的相对量有变化的情况下进行的。

随着低价氧化铁相中含氧量增多，p_{O_2} 值由 FeO 分解压力 $(p_{O_2})_{FeO}$ 升高到 Fe_3O_4 的分解压力 $(p_{O_2})_{Fe_3O_4}$，反应 $6FeO+O_2 \Longleftrightarrow 2Fe_3O_4$ 的平衡常数直接由 Fe_3O_4 的分解压力值确定。

$$(p_{O_2})_{Fe_3O_4} = \frac{1}{K_{p_{2.2}}} = \varphi(T)$$

Ⅲ　　　　　　　　　　　　$Fe_3O_4 \Longleftrightarrow Fe_2O_3$

由 Fe_3O_4 转变成高级氧化铁 Fe_2O_3 的过程，可用 $4Fe_3O_4+O_2 \Longleftrightarrow 6Fe_2O_3$。方程表示，反应平衡常数决定了 Fe_2O_3 的分解压力。

$$(p_{O_2})_{Fe_2O_3} = \frac{1}{K_{p_{2.3}}} = \varphi(T)$$

$Fe_3O_4 \longrightarrow Fe_2O_3$ 变化可分为两步：首先是 Fe_3O_4 被氧饱和达到 $(Fe_3O_4)_{Omax}$，此时体系受温度和溶液相浓度两个变量影响；超过饱和限度，$(Fe_3O_4)_{Omax}$ 转变为纯 Fe_2O_3 相变，此时体系仅由温度变量确定。

$$(p_{O_2})_{sat} = (p_{O_2})_{Fe_2O_3} = \varphi(T)$$

铁的三种氧化物中，只有 Fe_2O_3 的分解压力在冶金温度下可以直接测量得出。其值列于表 2.1。

表 2.1　不同冶金温度下 Fe_2O_3 的分解压力

温度/℃	1100	1200	1300	1383	1400	1452
$(p_{O_2})_{Fe_2O_3}$/1 atm	$2.6×10^{-5}$	$9.2×10^{-4}$	$19.7×10^{-3}$	0.21	0.28	1.0

注：1 atm=101 325 Pa。

Fe_3O_4 和 FeO 的分解压力不可能直接测出，即使在高温下其分解压力仍极微小。通过间接计算的方法或实验资料的经验方程，可以求得 $(p_{O_2})_{FeO}$ 及 $(p_{O_2})_{Fe_3O_4}$，如表 2.2 所示不同温度下的 $FeO·Fe_3O_4$ 分解压力。

表 2.2　不同温度下的 $FeO·Fe_3O_4$ 分解压力

T/K	800	843	1000	1100	1200	1300	1400	1500
$\lg[(p_{O_2})_{FeO}/p_0^*]$	−27.89	−26.09	−20.30	−18.27	−16.18	−14.31	−12.75	−11.40
$\lg[(p_{O_2})_{Fe_3O_4}/p_0^*]$	−28.21	−26.09	−19.89	−16.89	−14.35	−12.22	−10.39	

注：p_0^* 为标准状态下大气压力，以下同。

计算方程列举如下：

$$\lg(p_{O_2})_{FeO} = -\frac{122\ 310}{4.576\ T} + \frac{29.42}{4.576} = -\frac{26\ 730}{T} + 6.43$$

$$\lg(p_{O_2})_{Fe_3O_4} = -\frac{33\ 265}{T} + 13.37$$

铁的各种氧化物分解压力与温度的变化关系如图 2.3 所示。曲线 1 表示 $\lg(p_{O_2})_{Fe_2O_3}$ 值，在此曲线上部 A 区所有点表示只有 Fe_2O_3 存在，其余的相 Fe、FeO 和 Fe_3O_4 都要被氧化成 Fe_2O_3。

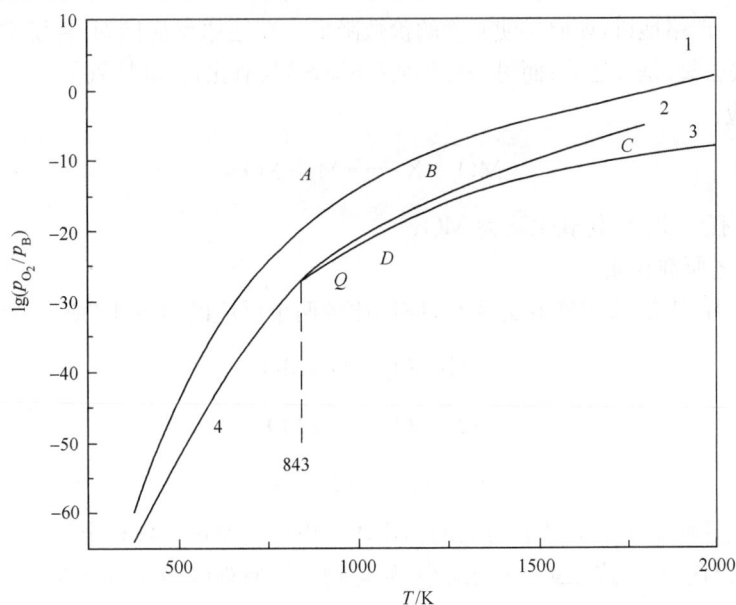

图 2.3　铁的各种氧化物分解压力的对数与温度变化关系
1. Fe_2O_3；2. Fe_3O_4（$2Fe_3O_4 \longrightarrow 6FeO+O_2$）；3. FeO；4. Fe_3O_4（$1/2Fe_3O_4 \longrightarrow 3/2Fe+O_2$）

表示 $\lg(p_{O_2})_{Fe_3O_4}=\varphi(T)$ 的曲线 2 和表示 $\lg(p_{O_2})_{FeO}=\varphi(T)$ 的曲线 3,在温度 843 K(570 ℃)相交于 Q 点。因此有如下关系:

高于 570 ℃时,

$$\lg(p_{O_2})_{Fe_2O_3}>\lg(p_{O_2})_{Fe_3O_4}>\lg(p_{O_2})_{FeO}$$

FeO 为最稳定的氧化物。

低于 570 ℃时,

$$\lg(p_{O_2})_{Fe_2O_3}>\lg(p_{O_2})_{FeO}>\lg(p_{O_2})_{Fe_3O_4}$$

Fe_3O_4 比 FeO 要稳定。以曲线 1 为上界,曲线 2 和曲线 4 为下界的 B 区内,以 Fe_3O_4 为稳定相。介于曲线 2 和曲线 3 之间的 C 区是 FeO 稳定相。C 区是一个二变因素系,每一点对应着一个一定组成的低价氧化铁相。平衡氧分压由 $\lg(p_{O_2})_{Fe_3O_4}$(曲线 2)逐渐降低到 $\lg(p_{O_2})_{FeO}$(曲线 3)。曲线 3 和曲线 4 下部的 D 区为金属相稳定区,越接近曲线 3 和曲线 4 则金属中溶解的氧量越多。Q 点为 Fe_3O_4、FeO 和 Fe 三个结晶相共同平衡存在,连气相在内共为四相,为零变量点。这一特性以及其温度变化与下述规律有关,即随着温度升高,稳定存在物质的分子结构必须越简单;与此相反,降低温度,则金属价逐渐达到饱和,因此形成复杂的金属氧化物的分子结构。当加热氧化物时,氧化物分解为较简单分子的趋势增加,这可以从分解压力增大看出。当分解压力小于气相中氧的分压时,分解过程则不能实现。

四、铁氧化物的还原

用另一种物质(还原剂)夺取金属氧化物中的氧,使氧化物变成金属或低价氧化物的过程,称为还原。严格地讲,还原是使元素的价数降低。在还原反应同时,伴随着一个氧化反应。氧化物失去氧,是被还原;而另一种物质(还原剂)与氧化合,就是氧化。

还原反应:

$$MO+X=\!=\!=M+XO$$

式中,M——任一金属,其氧化物为 MO;

X——还原剂物质。

依照分解压理论,决定亲和力大小,应该比较两个反应的氧分压(或自由能)。即

$$2M+O_2=\!=\!=2MO$$

$$2X+O_2=\!=\!=2XO$$

$$(p_{O_2})_{XO}<(p_{O_2})_{MO}$$

只有比被还原金属对氧亲和力大的物质才可以作还原剂。各种金属氧化物被还原的难易程度,可以用 (p_{O_2}) 或 $(\Delta G_m^\ominus)$ 的减小,氧化物的还原难度增加为基准。图 2.4 绘出了冶金工艺中重要金属元素的化学亲和力随温度变化的关系[即 $\Delta G_m^\ominus=\varphi(T)$]。从图中各氧化物瞳线的位置可以判断其稳定性,上部氧化物稳定性较小,易于还原。某温度下金属

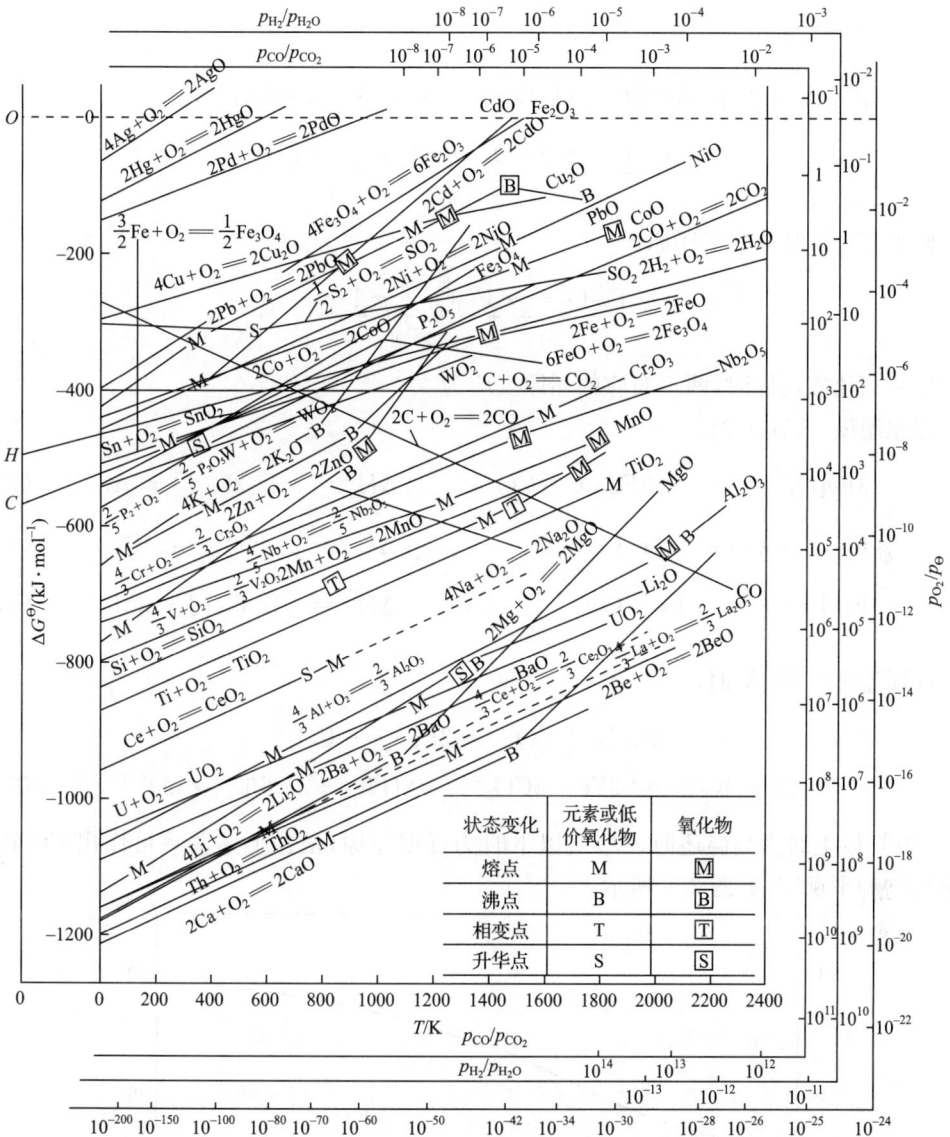

图 2.4 冶金工艺中重要金属元素的化学亲和力随温度变化的关系

氧化物的分解压、平衡气相 p_{CO}/p_{CO_2}，p_{H_2}/p_{H_2O} 值,可以从图中该金属氧化物生成自由能曲线与温度的交点和左侧 OHC 线上 O、C、H 点的连线的延长线与右侧各坐标轴的交点直接读出。

为了大规模地冶炼金属,必须选用比较便宜、来源广泛且易于得到的材料作还原剂。碳是最广泛应用于还原过程的还原剂。碳对氧有很大的亲和力,特别是在高温下,它可以形成 CO 和 CO_2。因此 C 或 CO 都可用于还原。通常称 $2MeO+C \Longrightarrow 2Me+CO_2$ 反应为直接还原;$MeO+CO \Longrightarrow Me+CO_2$ 为间接还原。在工业中氢也是还原金属氧化物的重要还原剂。各种金属氧化物被固定碳还原的最低温度(即开始温度),可从金属被氧化成金属氧化物直线与碳氧化为 CO 直线的交点温度查出。

(一) CO 还原

从铁-氧系逐级进行还原过程可知,高于 570 ℃时分三步还原:

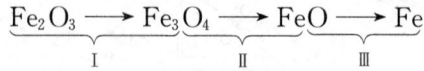

$$\underset{\text{I}}{\underbrace{Fe_2O_3 \longrightarrow Fe_3O_4}} \underset{\text{II}}{\underbrace{\longrightarrow FeO}} \underset{\text{III}}{\underbrace{\longrightarrow Fe}}$$

低于 570 ℃时分两步还原:

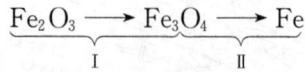

$$\underset{\text{I}}{\underbrace{Fe_2O_3 \longrightarrow Fe_3O_4}} \underset{\text{II}}{\underbrace{\longrightarrow Fe}}$$

用一氧化碳还原时,两组对应的还原反应为

还原温度>570 ℃时,

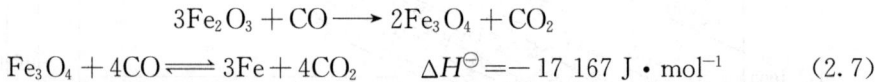

$$3Fe_2O_3 + CO \longrightarrow 2Fe_3O_4 + CO_2 \qquad \Delta H^{\ominus} = -37\ 250\ J \cdot mol^{-1} \qquad (2.4)$$

$$Fe_3O_4 + CO \rightleftharpoons 3FeO + CO_2 \qquad \Delta H^{\ominus} = 20\ 960\ J \cdot mol^{-1} \qquad (2.5)$$

$$FeO + CO \rightleftharpoons Fe + CO_2 \qquad \Delta H^{\ominus} = -13\ 650\ J \cdot mol^{-1} \qquad (2.6)$$

还原温度<570 ℃时,

$$3Fe_2O_3 + CO \longrightarrow 2Fe_3O_4 + CO_2$$

$$Fe_3O_4 + 4CO \rightleftharpoons 3Fe + 4CO_2 \qquad \Delta H^{\ominus} = -17\ 167\ J \cdot mol^{-1} \qquad (2.7)$$

570 ℃以上时为高温还原,570 ℃以下时为低温还原,根据上述关系可作出 CO 还原铁氧化物的平衡图,如图 2.5 所示。

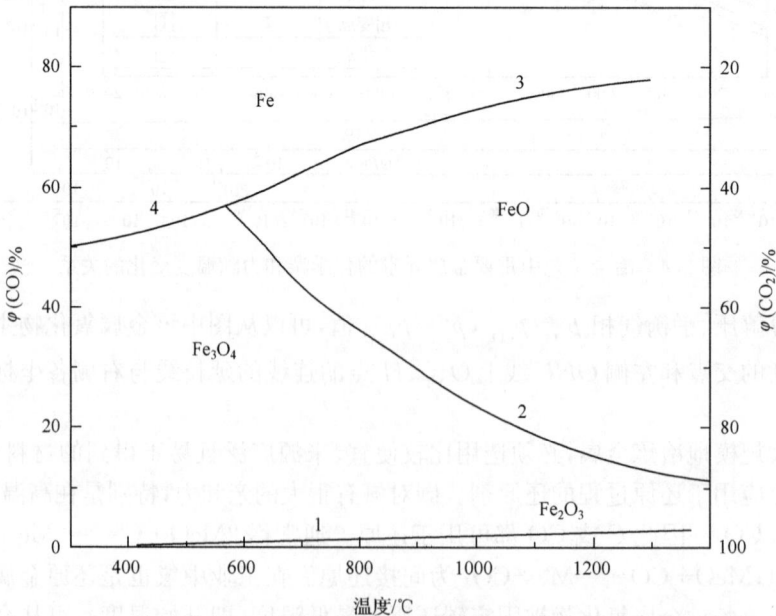

图 2.5　Fe-O-C 体系气相平衡组成图

I　　　　　　　　　　　$3Fe_2O_3 + CO \longrightarrow 2Fe_3O_4 + CO_2$

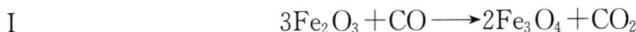

Fe_2O_3 具有很大的分解压力,符合于下面反应平衡的气相中:

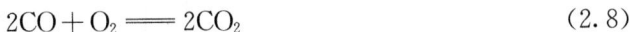

$$2CO + O_2 \Longleftrightarrow 2CO_2 \qquad\qquad (2.8)$$

只有当比值 p_{CO}/p_{CO_2} 很大时,氧分压才等于 Fe_2O_3 的分解压力。

反应(2.4)的平衡条件可以用下面等式表示:

$$(p_{O_2})_{Fe_2O_3} = (p_{O_2})_{CO_2/CO}$$

式中,$(p_{O_2})_{Fe_2O_3}$——Fe_2O_3 的分解压力;

$$(p_{O_2})_{CO_2/CO} = \frac{1}{K_{p_{2.8}}} \cdot \frac{p_{CO_2}^2}{p_{CO}^2}$$——反应(2.8)的氧气平衡分压力。

由此得出:

$$K_{p_{2.4}} = \frac{p_{CO_2}}{p_{CO}} = \sqrt{(p_{O_2})_{Fe_2O_3} \cdot K_{p_{2.8}}}$$

$K_{p_{2.8}}$ 随温度的变化可用下列方程求出:

$$\lg K_{p_{2.8}} = \frac{29\,502}{T} - 9.069$$

根据实验结果,当 $T = 1452\,℃$ 时,$(p_{O_2})_{Fe_2O_3} = 101\,325\,Pa$,而在同温度下,$\lg K_{p_{2.8}} = 8.034$ 或 $K_{p_{2.8}} = 10^8$。

把 $(p_{O_2})_{Fe_2O_3}$ 和 $K_{p_{2.8}}$ 数值代入上式求得

$$K_{p_{2.4}} = \frac{p_{CO_2}}{p_{CO}} = \sqrt{1 \times 10^8} = 10^4$$

由此可见,当 CO 实际上完全转变为 CO_2 时,反应才达到平衡。也就是说,Fe_3O_4 在 CO_2 气氛中是稳定的,不能被 CO_2 氧化。

II　　　　　　　　　　　$Fe_3O_4 + CO \longrightarrow 3FeO + CO_2$

根据实验,气体混合物 CO-CO_2 与铁氧化物、铁和碳的平衡关系,可表示如图 2.6 所示。

反应 $Fe_3O_4 + CO \Longleftrightarrow 3FeO + CO_2$ 的平衡以曲线 3 表示。曲线 5 表示下面反应的平衡,

$$2CO \Longleftrightarrow CO_2 + C$$

曲线 2 和曲线 5 在 b 点相交,对应温度 $680\,℃$,气相成分为 $\varphi(CO_2)\,60\%$,$\varphi(CO)\,40\%$。曲线 2 可以用下式表示:

$$\lg K_{p_{2.5}} = \lg \frac{p_{CO_2}}{p_{CO}} = -\frac{1373}{T} - 0.341\lg T + 0.41 \times 10^{-3}T + 2.303$$

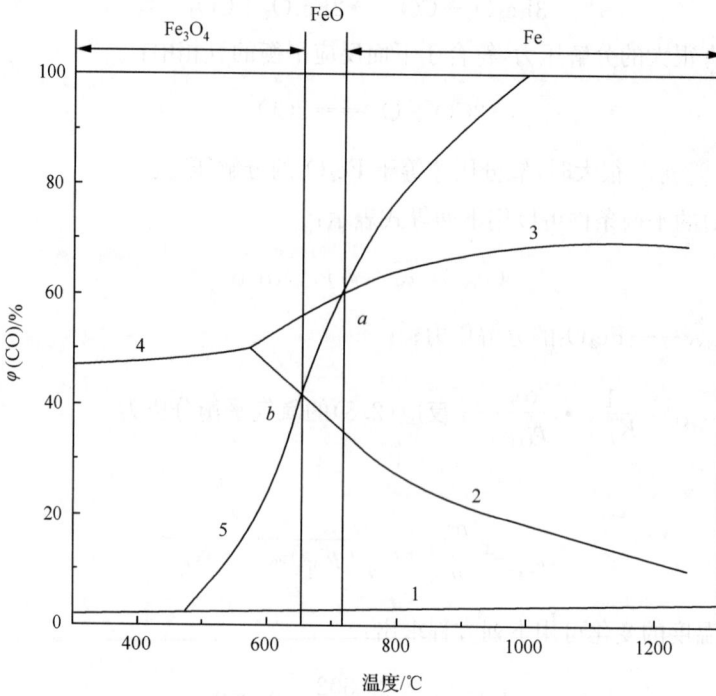

图 2.6　铁氧化物、碳氧化物和碳的平衡与温度的关系

1. Fe_2O_3 转变成 Fe_3O_4；2. Fe_3O_4 转变成 FeO；3. FeO 转变成 Fe；4. Fe_3O_4 转变成 Fe

根据实验结果可简化为

$$\lg K_{P_{2.5}} = -\frac{1465}{T} + 1.935$$

CO 还原 Fe_3O_4 热反应,随温度升高,平衡气相中 CO_2 量增加。由于反应时没有体积改变,因此反应平衡的气相成分与系统总压力无关。

Fe_3O_4 还原反应可分为两个阶段:首先得到最大氧含量的低价氧化物相,反应是由一个组成不变的结晶相 Fe_3O_4 生成另一个组成不变的结晶相 $(FeO)_{Omax}$。

$$Fe_3O_4 + CO \Longequal 3(FeO)_{Omax} + CO_2 \tag{2.5'}$$

然后低价氧化物相中逐渐失去氧。

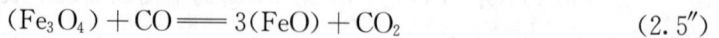

$$(Fe_3O_4) + CO \Longequal 3(FeO) + CO_2 \tag{2.5''}$$

在反应过程中气相平衡成分仅取决于温度。

CO 气流通过粉碎磁铁矿层的实验表明,当气流速率来得及达到平衡组成,维持温度不变,连续分析气相 CO_2 可以发现 Fe_3O_4 还原第一阶段 CO_2 量始终不变。也就是说,反应在两个组成不变的结晶相条件下进行,Fe_3O_4 在失去氧的同时进行着相变过程,直到 Fe_3O_4 全部消失;第二阶段低价氧化物相中逐渐失去氧,还原进行中没有相变,只是随着氧的失去,三价铁的浓度降低,二价铁的浓度增加,也即 Fe_3O_4 活度减少,FeO 活度增大,

平衡气相中 CO 增多。此阶段,体系要经过连续的一系列平衡,由此混合气体中 CO_2 量逐渐降低。

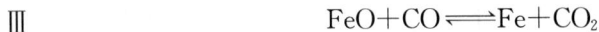

Ⅲ $$FeO+CO \Longrightarrow Fe+CO_2$$

还原反应在含氧极少的低价氧化铁相转变为被氧饱和的金属铁的情况下进行,平衡气相组成取决于温度。

反应为放热反应,温度升高,使平衡向 CO 浓度升高的方向进行。反应的平衡用图 2.6 曲线 3 表示,与曲线 5 交于 a 点。

反应 $(2.6')$ 得到氧饱和的铁:

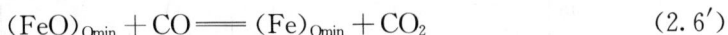

$$(FeO)_{Omin} + CO \Longrightarrow (Fe)_{Omin} + CO_2 \tag{2.6'}$$

被氧饱和的铁失去氧就是铁还原的最后一步,如

$$[FeO]_{[Fe]} + CO \Longrightarrow [Fe] + CO_2 \tag{2.6''}$$

式中,$[FeO]_{[Fe]}$——溶于金属铁溶体中的组分。

即随着 Fe 中氧浓度降低,气相平衡则需要越来越高的 CO 量。

综上看出,从 Fe_2O_3 还原到金属铁的整个还原过程中,平衡状态的变换从图 2.7 得以清楚说明。图中绘有 700 ℃ 和 1100 ℃ 时铁氧化物还原的等温线。横轴表示一个或几个凝聚相组成的体系中的氧含量,纵轴表示与凝聚相处于平衡的混合气体的组成,图中折线表示 Fe_2O_3 还原过程的各阶段。

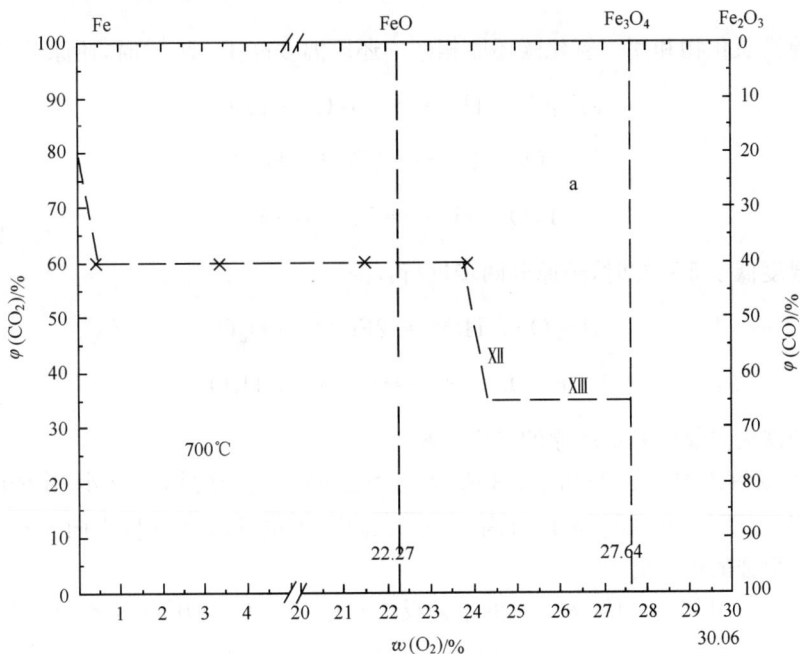

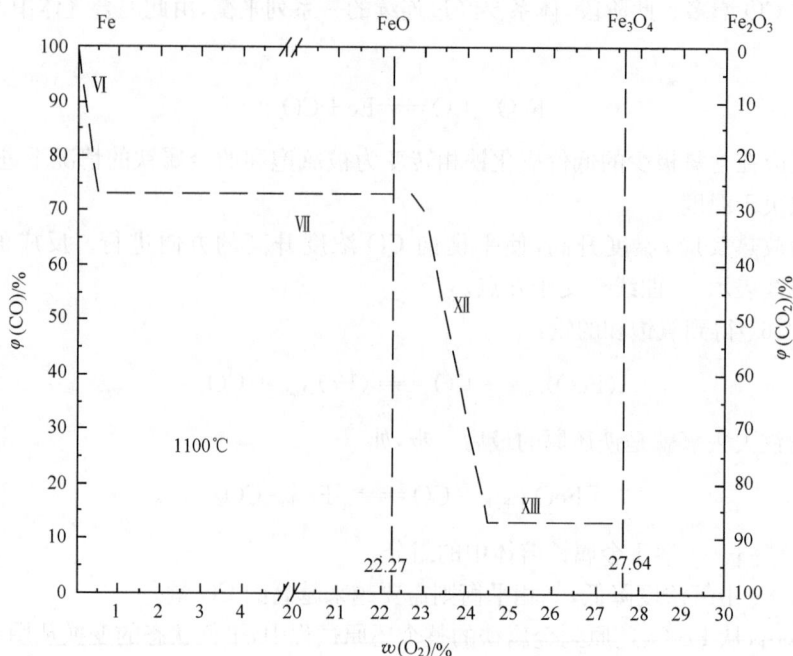

图 2.7　Fe$_2$O$_3$还原过程

（二）H$_2$还原

氢还原铁氧化物和用一氧化碳还原相似。还原温度高于 570 ℃时,还原分三步进行:

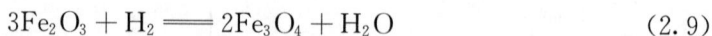

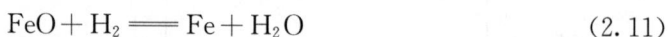

$$3Fe_2O_3 + H_2 === 2Fe_3O_4 + H_2O \tag{2.9}$$

$$Fe_3O_4 + H_2 === 3FeO + H_2O \tag{2.10}$$

$$FeO + H_2 === Fe + H_2O \tag{2.11}$$

还原温度低于 570 ℃时,还原分两步进行:

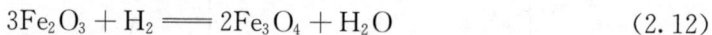

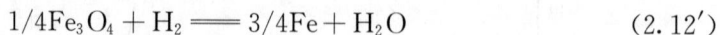

$$3Fe_2O_3 + H_2 === 2Fe_3O_4 + H_2O \tag{2.12}$$

$$1/4Fe_3O_4 + H_2 === 3/4Fe + H_2O \tag{2.12'}$$

被氧饱和的铁失去氧就是铁还原的最后一步。

　　H$_2$还原铁氧化物的平衡如图 2.8 所示。除(2.9)反应为放热度应外,其余诸反应均为吸热反应,$\Delta H^{\ominus} > 0$。随着温度升高,平衡气相中 H$_2$的浓度向降低方向移动,表明 H$_2$在高温下有很强的还原能力。

　　图 2.9 表示用 H$_2$还原铁氧化物的平衡反应与用 CO 还原相应的平衡反应的比较,两组曲线相交于 810 ℃,即 $\varphi(CO_2)/\varphi(CO)_{\text{平}} = \varphi(H_2O)/\varphi(H_2)_{\text{平}}$。这表明此温度下,H$_2$和 CO 对 O$_2$的化学亲和力大小相同。当温度高于 810 ℃时,H$_2$的还原能力比 CO 强;低于 810 ℃时,CO 还原能力则比 H$_2$强。

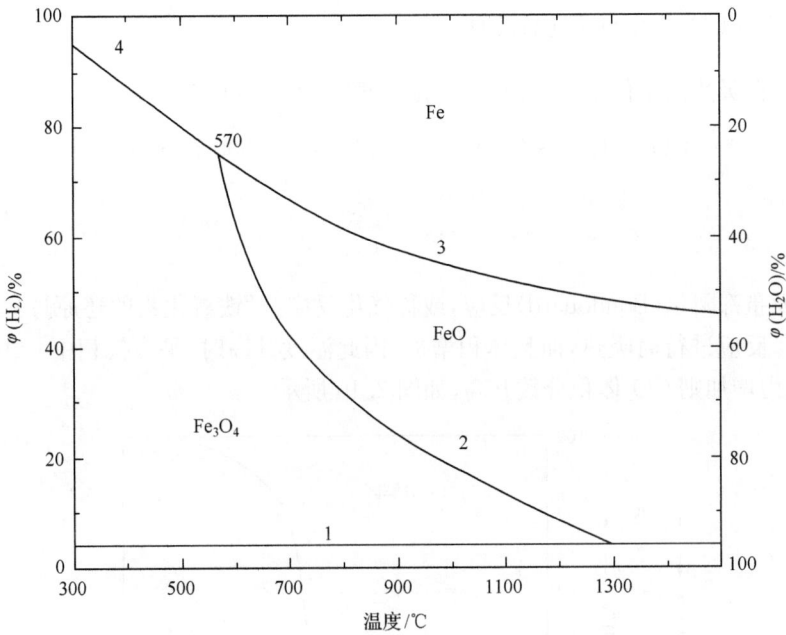

图 2.8 Fe-O-H 体系中平衡气相组成

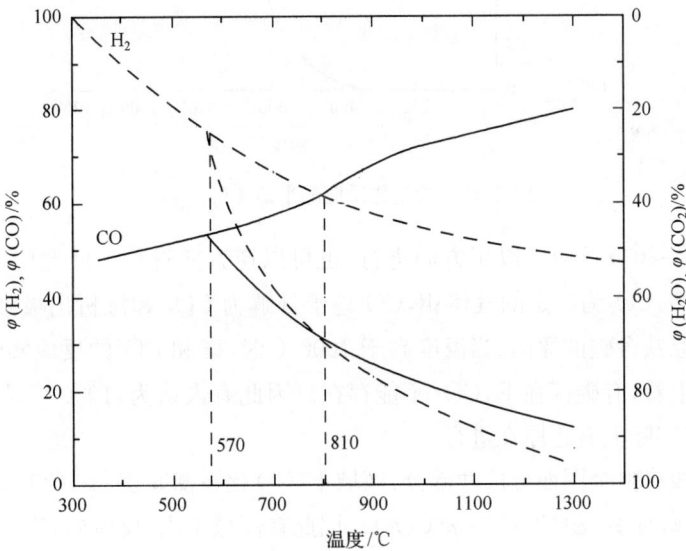

图 2.9 Fe-O-C 和 Fe-O-H 体系中平衡气相组成

实践表明,H_2参与铁氧化物还原,可促进 CO 或 C 的还原加速进行。因为 H_2 还原产物 H_2O 能与 CO 和 C 作用放出氧,H_2 又重新被还原出来继续参与还原反应,起着媒介传递作用。

在回转窑直接还原工艺中,只有还原煤中释放出的 H_2 的一部分参与还原,因此充分发挥 H_2 参与还原,也是改善还原过程的重要措施。

（三）碳与 CO_2 反应和水汽的反应

固定碳在吸热的条件下，可被 CO_2 气化转变成 CO。反应为

$$CO_2 + C \Longrightarrow 2CO \qquad \Delta H^{\ominus} = 165\,600 \; J \cdot mol^{-1} \qquad (2.13)$$

$$K_p = \frac{p_{CO}^2}{p_{CO_2}}$$

该反应称为布都阿尔(Boudouard)反应，或称气化反应，对铁氧化物的还原过程起着极重要的作用。反应进行时吸热，而且体积增加，因此温度升高时，平衡气相中 CO 的体积分数增加；压力增加则 CO_2 体积分数升高，如图 2.10 所示。

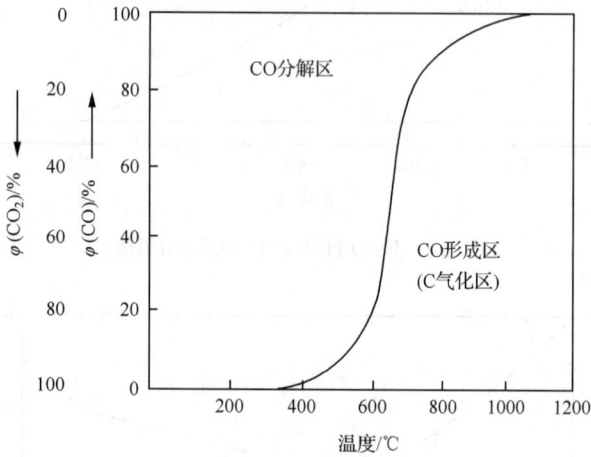

图 2.10　碳气化反应的平衡图（$p=1$）

C+CO_2 ⟶2CO 反应可以正方向进行，也可以逆方向进行。低温(<710 ℃)时，平衡相中 CO_2 较多，CO_2 为稳定的气体相，CO 趋于分解为 CO_2 和沉析出极细的石墨碳，这也说明直接还原铁含碳的原因；当温度高于 1000 ℃时，碳和 CO_2 的反应实际上可进行到底。从热力学上看，有碳存在下，CO_2 不能存在。因此有人认为，1000 ℃以上 CO 不能还原铁氧化物，但实际上有还原在进行。

平衡等压线将整个图面分成两部分：区域Ⅰ，CO 比平衡时多，$\varphi(CO) > \varphi(CO)_e$；区域Ⅱ，$CO_2$ 比平衡时多，$\varphi(CO_2) > \varphi(CO_2)_e$。因此在区域Ⅰ内，反应向 CO 分解方向进行：

$$2CO \Longrightarrow CO_2 + C$$

此区域的碳是稳定的，所有与碳气化为 CO 的反应都不能进行，如反应 FeO+C ⟶Fe+CO 在 700 ℃以下不能进行。但实际上，低温下有还原反应发生，是由于气体与碳的反应速率比气体与铁氧化物的反应速率相对慢得多的缘故。

在区域Ⅱ内，反应向生成 CO 方向进行：

$$CO_2 + C \longrightarrow 2CO$$

碳不稳定,要与 CO_2 作用变成 CO,由此也表明 $FeO+C \Longrightarrow Fe+CO$ 反应能够实现。布都阿尔反应在恒压下,反应由一体积的 CO_2 产生两体积的 CO,由此导致体系压力增加。从图 2.11 看出,随着压力增加,平衡气相曲线向较高的温度移动,气相 CO 增加。综上所述,布都阿尔反应是固定碳为还原剂的直接还原过程的基础。

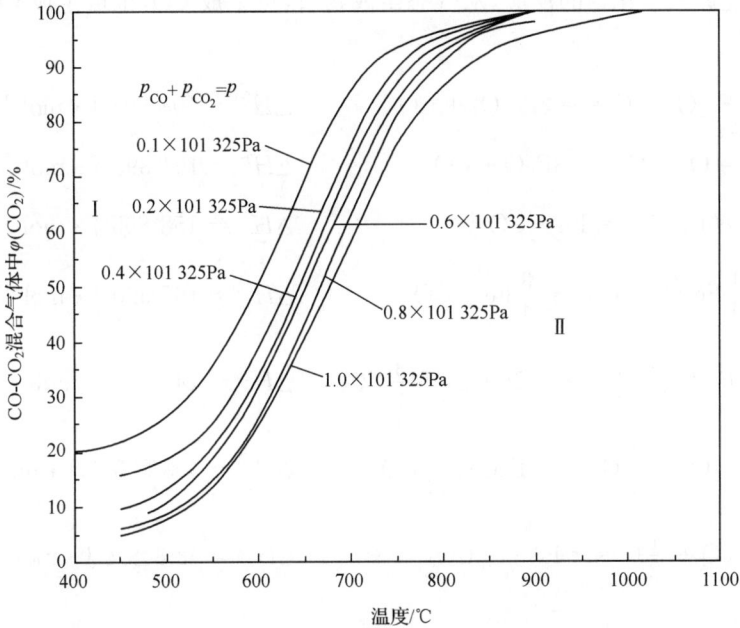

图 2.11　$C+CO_2 \Longrightarrow 2CO$ 反应的平衡等压线

碳与水汽的反应可以按下列两个反应与碳作用:

$$2H_2O+C \Longrightarrow 2H_2+CO_2 \qquad \Delta H^{\ominus}=80\ 386.5\ J \cdot mol^{-1} \qquad (2.14)$$

$$H_2O+C \Longrightarrow H_2+CO \qquad \Delta H^{\ominus}=122\ 673\ J \cdot mol^{-1} \qquad (2.15)$$

反应可以认为是由下列反应组合而成:

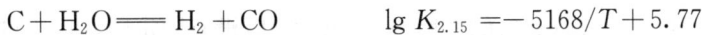

$$C+O_2 \Longrightarrow CO_2$$

$$2H_2+O_2 \Longrightarrow 2H_2O$$

$$2H_2O+C \Longrightarrow 2H_2+CO_2 \qquad lgK_{2.14}=-7079/T+7.52$$

$$2C+O_2 \Longrightarrow 2CO$$

$$2H_2+O_2 \Longrightarrow 2H_2O$$

$$C+H_2O \Longrightarrow H_2+CO \qquad lg\ K_{2.15}=-5168/T+5.77$$

上述反应均为强吸热反应。随着反应体系温度的升高,平衡常数增大,且反应(2.15)比反应(2.14)更快,气相中 CO 浓度升高。由此表明,在高温下,CO_2 能与 C 反应转变为CO,上述反应伴有气体体积增加,减小压力能使 H_2、CO 或 CO_2 的浓度增加。回转窑直接还原工艺中,多采用高挥发分还原煤从窑头喷入高温还原区,由煤带入的水和析出的挥发分在还原地带也参与反应。

(四)固定碳还原

固定碳还原铁氧化物的反应,从气态生成物看,可生成 CO,也可生成 CO_2。其反应式可表示为

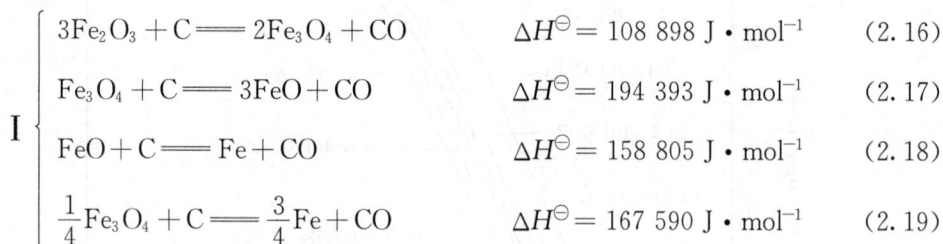

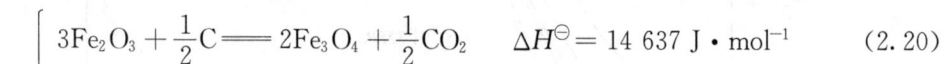

$$
\text{I}\begin{cases}
3Fe_2O_3 + C = 2Fe_3O_4 + CO & \Delta H^\ominus = 108\ 898\ \text{J} \cdot \text{mol}^{-1} & (2.16) \\
Fe_3O_4 + C = 3FeO + CO & \Delta H^\ominus = 194\ 393\ \text{J} \cdot \text{mol}^{-1} & (2.17) \\
FeO + C = Fe + CO & \Delta H^\ominus = 158\ 805\ \text{J} \cdot \text{mol}^{-1} & (2.18) \\
\frac{1}{4}Fe_3O_4 + C = \frac{3}{4}Fe + CO & \Delta H^\ominus = 167\ 590\ \text{J} \cdot \text{mol}^{-1} & (2.19)
\end{cases}
$$

$$
\text{II}\begin{cases}
3Fe_2O_3 + \frac{1}{2}C = 2Fe_3O_4 + \frac{1}{2}CO_2 & \Delta H^\ominus = 14\ 637\ \text{J} \cdot \text{mol}^{-1} & (2.20) \\
Fe_3O_4 + \frac{1}{2}C = 3FeO + \frac{1}{2}CO_2 & \Delta H^\ominus = 453\ 833.4\ \text{J} \cdot \text{mol}^{-1} & (2.21) \\
FeO + \frac{1}{2}C = Fe + \frac{1}{2}CO_2 & \Delta H^\ominus = 72\ 808.4\ \text{J} \cdot \text{mol}^{-1} & (2.22) \\
\frac{1}{4}Fe_3O_4 + \frac{1}{2}C = \frac{3}{4}Fe + \frac{1}{2}CO_2 & & (2.23)
\end{cases}
$$

上述反应的相对发展程度取决于温度,因其平衡气相成分同 $2CO = CO_2 + C$ 反应有关。随着温度升高,$2CO = CO_2 + C$ 反应平衡时的混合气体中含有的 CO 越来越高,由此影响到上述 II 组反应;当温度高于 1000 ℃时,II 组反应进行已经微不足道。

固定碳直接还原铁氧化物时,反应在两个固相之间进行,仅能从碳与铁氧化物颗粒间的接触点开始,一旦金属铁相出现,两相之间的接触立刻中断,以后的反应只能是碳原子通过金属铁层到金属与氧化物交界面扩散进行。反应可表示为

$$FeO + C = Fe + CO$$

如果将此过程放在一个真空系统中观测,由于 CO 又去还原氧化铁,周而复始,CO 只起了把铁氧化物中的氧交给 C 的媒介作用,最终消耗的是固定碳。在固定碳存在下,由于高温下气化反应的强烈发展,反应体系内 CO_2 浓度很低,促进了铁氧化物还原的顺利进行。

根据反应(2.6)和反应(2.13)的平衡曲线的组合,可得出直接还原反应的 $\varphi(CO)$-t 的关系图(图 2.12)。反应(2.6)的平衡,只有当系统既没有固定碳,也没有按反应(2.13)出现固定碳的可能时,才可独立存在。

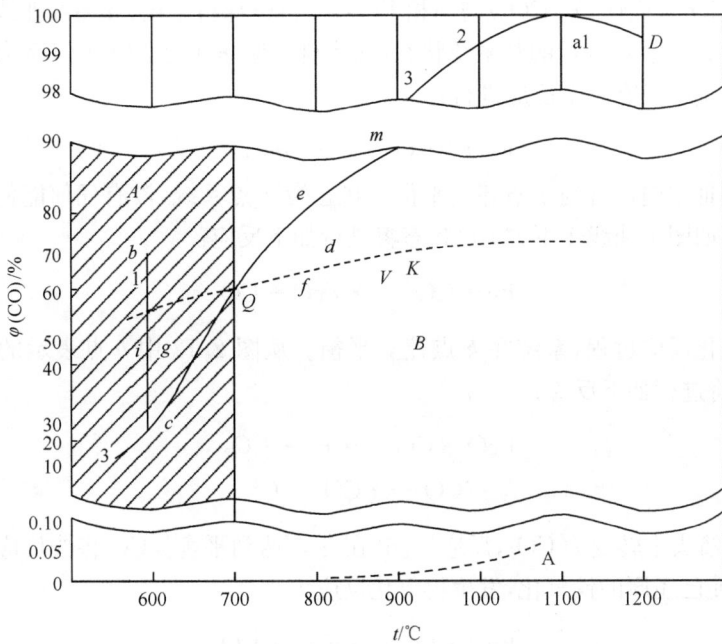

图 2.12　用碳和 CO 还原金属氧化物的反应平衡图

为详细说明铁氧化物直接还原过程的特性,图中虚线 1 表示反应 $FeO+CO \Longrightarrow Fe+CO_2$ 气相平衡组成与温度关系,反应前后没有体积改变,所以压力不影响气体组成;图中曲线 3 表示反应 $2CO \longrightarrow CO_2+C$ 的平衡,此时气体平衡组成与温度有关,也与压力有关;曲线 3 是在 $p_{CO}+p_{CO_2}=101\ 325\ Pa$ 下的等压平衡线。

曲线 1 和曲线 3 的交点 Q 表示了两个反应在某一压力下达到平衡的气相成分、温度和压力的数值。可联立解反应(2.6)和(2.13)的下列热力学方程式:

$$K_{2.6} = \frac{1-\varphi(CO)}{\varphi(CO)}$$

$$K_{2.13} = \frac{\varphi^2(CO)\,p}{1-\varphi(CO)}$$

得出下面方程:

$$p = \frac{100}{\varphi(CO)}\exp[-(\Delta G_1^\ominus + \Delta G_2^\ominus)/RT]$$

压力增大,反应(2.13)的平衡等压线向下右方移动,因此曲线 1 及曲线 3 的交点向右上方移动,交点 Q 将曲线分成两段。当体系温度处于交点温度之外,则铁的氧化物表现出不同的还原特性。温度高于交点 Q 温度,有碳过剩时,气相 $\varphi(CO)$ 高于曲线 1 的平衡 φ(CO),反应 $FeO+CO \Longrightarrow Fe+CO_2$ 进行,直到铁氧化物完全还原,此时体系共存相是 $Fe(s)+C+(CO+CO_2)$,而 $(CO+CO_2)$ 与 $Fe(s)+C$ 固相保持平衡,体系在曲线 3 上建立平衡;如碳量不足,则碳将全消耗完,部分 FeO 不能被还原,这时体系的共存相是 Fe(s)+

$FeO+(CO+CO_2)$，而$(CO+CO_2)$与固相$Fe(s)+FeO$保持平衡，体系在曲线 1 上建立平衡。例如，图 2.12 中 d 表示的某系统状态，气体组成保证铁的还原，而不致使 CO 分解析出碳。因为系统中只有一个反应进行：

$$FeO+CO \longrightarrow Fe+CO_2$$

此反应沿箭头 Ⅲ 方向进行到 f 点建立平衡。状态为 f 点系统，没有任何能使之离开平衡的内部因素。如图中曲线 1 下方 i 点状态将进行如下反应：

$$Fe+CO_2 \longrightarrow FeO+CO$$

在铁的氧化反应过程，系统在 k 点建立平衡。从图 2.12 中 b 点表示的系统状态来看，此情况下将进行如下反应：

$$FeO+CO \longrightarrow Fe+CO_2$$
$$2CO \longrightarrow CO_2+C$$

使 CO 按箭头 Ⅰ 转变为 CO_2，反应(2.6)在 g 点达到平衡。CO 将按反应(2.13)继续转变成 CO_2，使已还原的铁氧化，发生再氧化反应为

$$Fe+CO_2 \longrightarrow FeO+CO$$
$$2CO \longrightarrow CO_2+C$$

在压力不变和 CO 量不限的条件下，所有金属铁被氧化，系统将在曲线 3 上 f 点建立平衡，体系共存相为 $C+FeO+(CO+CO_2)$。上述关系表明，曲线 1 左段为介安平衡，只有在 CO 分解为 CO_2 和 C 的反应受到动力学阻碍时才能存在。热力学分析结论是，温度低于 700 ℃，$p=101\,325$ Pa，Fe 不可能从 FeO 还原出来。但实际反应进程不仅取决于热力学，还取决于反应的动力学特性，尤其是 CO 的分解速率，小于 CO 与 FeO 反应速率，因此在 CO 气流中，从 FeO 中还原 Fe 可以顺利进行。综上所述，恒压下有固定碳存在，体系在曲线的交点建立平衡。在交点以上温度，铁氧化物才能被碳还原，故交点温度称为固定碳还原的开始温度。

曲线 2 的位置受压力影响，随压力增加，曲线位置向右下移动，两曲线的交点，即还原开始温度要升高；反之压力降低，还原开始温度降低。但在实际生产中压力变化不大，对温度影响也小，因此，即使最稳定的氧化物，两条曲线都会出现交点，所以固定碳是"万能还原剂"。

通过各级铁氧化物间接还原反应与碳气化反应的组合，可得出下列直接还原反应式：

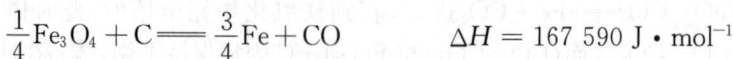

$$3Fe_2O_3+C =\!=\!= 2Fe_3O_4+CO \qquad \Delta H=118\,820 \text{ J} \cdot \text{mol}^{-1}$$
$$Fe_3O_4+C =\!=\!= 3FeO+CO \qquad \Delta H=209\,206 \text{ J} \cdot \text{mol}^{-1}$$
$$FeO+C =\!=\!= Fe+CO \qquad \Delta H=156\,500 \text{ J} \cdot \text{mol}^{-1}$$
$$\frac{1}{4}Fe_3O_4+C =\!=\!= \frac{3}{4}Fe+CO \qquad \Delta H=167\,590 \text{ J} \cdot \text{mol}^{-1}$$

各反应平衡曲线表示于图 2.13。图中曲线交点①、②分别表示在 101 325 Pa 下，FeO 和 Fe_3O_4 的还原开始温度在 710 ℃和 650 ℃，其平衡气相 $\varphi(CO)$ 为 60%和 42.4%。710 ℃以上，有固定碳存在下，气相 $\varphi(CO)$ 高于各级氧化铁间接还原反应的 $\varphi(CO)$，将发生 $Fe_2O_3 \longrightarrow Fe_3O_4 \longrightarrow FeO \longrightarrow Fe$ 转变，Fe 是最终稳定相；在 710～656 ℃之间，气相 $\varphi(CO)$ 仅高于 Fe_3O_4 间接还原反应的 $\varphi(CO)_e$，而低于 FeO 间接还原反应的 $\varphi(CO)_e$。将发生 $Fe_2O_3 \longrightarrow Fe_3O_4 \longrightarrow FeO$ 及 $Fe \longrightarrow FeO$ 的转变，此区为 FeO 的稳定区；650 ℃以下，气相 $\varphi(CO)$ 低于 Fe_3O_4 及 FeO 还原反应的 $\varphi(CO)_e$，存在 $Fe_2O_3 \longrightarrow Fe_3O_4$ 及 $Fe \longrightarrow FeO \longrightarrow Fe_3O_4$ 的转变，最终稳定相是 Fe_3O_4。由此可见，氧化铁的开始还原温度应是 710 ℃。

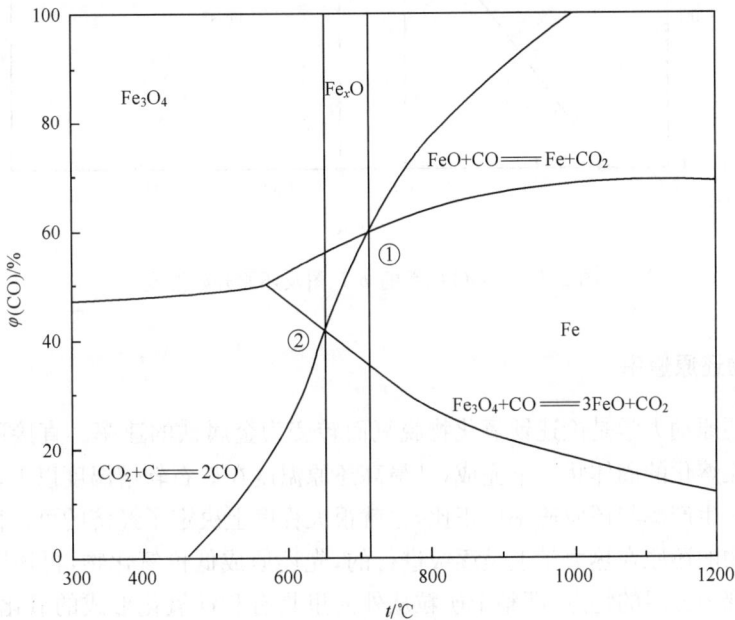

图 2.13　氧化铁直接还原的平衡图

压力影响碳气化反应曲线位置，还原反应的开始温度也将相应改变，因此，氧化铁为固体还原的开始温度仅取决于总压。于是可绘出 Fe-C-O 的 $p\text{-}T$ 平衡图 2.14。

Frueham 分两段研究过用碳还原赤铁矿到浮士体（$Fe_2O_3 \longrightarrow FeO$）和浮士体到铁（$FeO \longrightarrow Fe$）的反应。第一段取气体反应产物分析基本上全是 CO_2，其成分接近 $Fe_2O_3 \longrightarrow FeO$ 的平衡。由此说明，碳气化反应生成的 CO 与还原反应消耗一致，证明此时还原速率由布都阿尔反应速率所控制；从第二段还原开始到 50%期间，反应排出产物中 $\varphi(CO)/\varphi(CO_2)$ 已接近和稍高于浮士体和铁的平衡，但到最后还原阶段，比值显著高了，这也说明碳的气化反应速率仍是还原反应的控制环节，最后比值的升高则因铁氧化物还原速率降低所致。

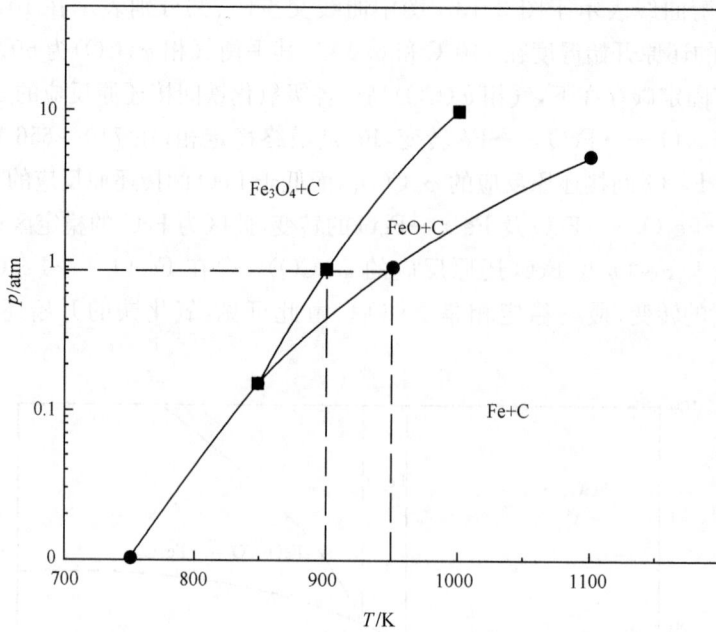

图 2.14 Fe-O-C 系的 p-T 图及还原开始温度

五、铁氧化物还原速率

铁矿石还原动力学是论述铁氧化物脱氧而转变为金属铁的速率。直接还原工艺中,铁还原是在无熔化的固体状态下完成,其最高还原温度在矿石软熔温度以下,故此反应速率是较慢的。生产率与还原速率成正比,也就很大程度上决定了经济的可行性及竞争力。

铁氧化物的还原在热力学上是逐级进行的,先还原成低价氧化物,再还原成铁;在动力学上则表现为分层的特点,即整个矿粒从外向里具有和铁氧化形成的氧化铁层相反的层次结构:$Fe_2O_3 | Fe_3O_4 | FeO | Fe$,如图 2.15 所示。

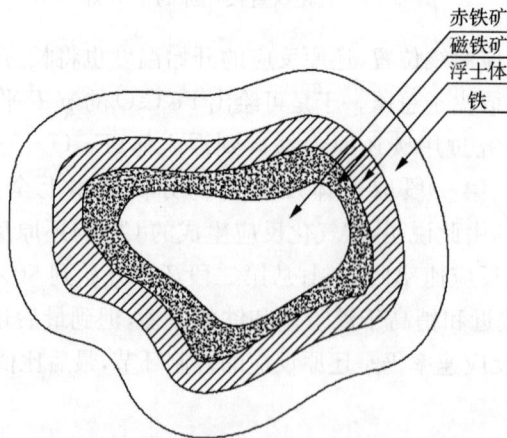

图 2.15 部分还原致密铁矿石颗粒的断面(显示局部化学式的还原)

当使用球团作原料时,因孔隙度高、粒度又小,还原气体易向孔隙内扩散,虽此时还原具有逐级性,但无明显的分层现象(图 2.16);分层现象则表现为致密矿块按未反应核模型进行还原(图 2.17)。孔隙高的球团则按多孔体积反应模型进行。

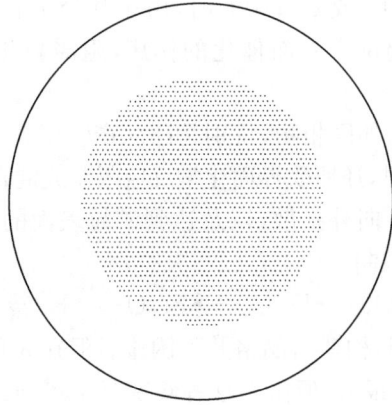

图 2.16　部分相还原的多孔铁矿石球团的断面图

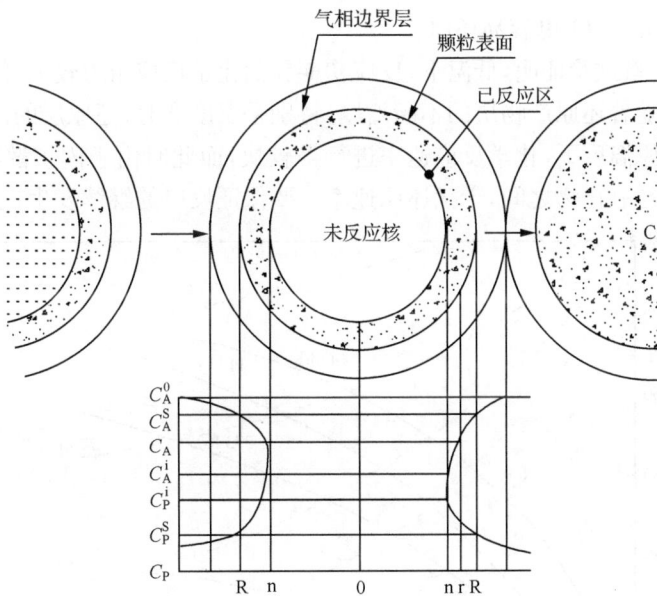

图 2.17　未反应核模型还原过程的组成环节

(1) 气流中 $CO(H_2)$ 通过矿粒外的气体边界层向矿粒表面扩散。

(2) $CO(H_2)$ 通过还原产物层微孔及裂纹进行扩散,还原产生的 Fe^{2+}(包括电子)及矿粒内的 O^{2-} 在还原产物的晶格空位及结点间扩散。

(3) 在矿粒反应界面进行结晶化学反应,包括气体的吸附、脱附及新晶格的重建。

(4) 还原气体产物 $CO_2(H_2O)$ 通过反应界层外的产物层及颗粒边界层向气流中心扩散。

因此,整个还原过程是由外扩散、内扩散、界面化学反应三个基本环节组成。过程速率取决于其中最慢环节的速率。其反应机理主要有以下几个方面：

（1）吸附自动催化，CO与H_2都能被固体氧化铁吸附，H_2的吸附能力比CO要大，同时由于H_2的扩散系数比较大，因此多数情况下，H_2还原氧化铁的速率比CO大。当还原气体中含有2%～3% $\varphi(CO_2)$或$\varphi(H_2O)$时，由于其分子有较大的极化，易于变形，比CO(H_2)更易吸附，由此引起毒害界面催化的作用，阻滞新相核的形成，促成核诱导期增长。

（2）还原层内离子扩散，如固相物，特别是还原产物层孔隙度大时，还原气体和气体产物易于通过微孔扩散，此时，还原受界面化学反应限制或混合限制；但当还原层致密时，固相层内的Fe^{2+}向内和O^{2-}向外扩散，以及达到矿粒表面的O^{2-}与还原气体结合而除去，此时速率受离子扩散的限制。

（3）晶格重建，在γ-Fe_2O_3⟶Fe_3O_4⟶Fe_xO⟶Fe转变中，由于它们之间有较大程度的对应方位和大小原则，构建新晶格并不困难。但在α-Fe_2O_3⟶Fe_3O_4的转变中，虽然两种晶格的对应性相差很大，但由于这种转变是不可逆的，用微量的还原剂就能使α-Fe_2O_3还原成Fe_3O_4，所以在实际条件下，α-Fe_2O_3相内易于出现Fe_3O_4的过饱和度，形成新相核。另外，α-Fe_2O_3⟶Fe_3O_4转变时体积增大，矿粒受到膨胀应力，易于产生裂纹及微孔。故Fe_2O_3比Fe_3O_4更容易还原。

图2.18及大量试验证明，低温下，反应初期界面化学反应阻力较大，但随着温度的升高，其影响减小；随着还原产物层的不断增厚，特别是温度高时，还原层的内扩散变成主导因素。在直接还原温度下，化学反应速率进行得较快，而此时由于内扩散阻力大，还原产物滞留在还原剂与氧化物之间，干扰还原速率。要保证反应的继续发生，还原气体必须到

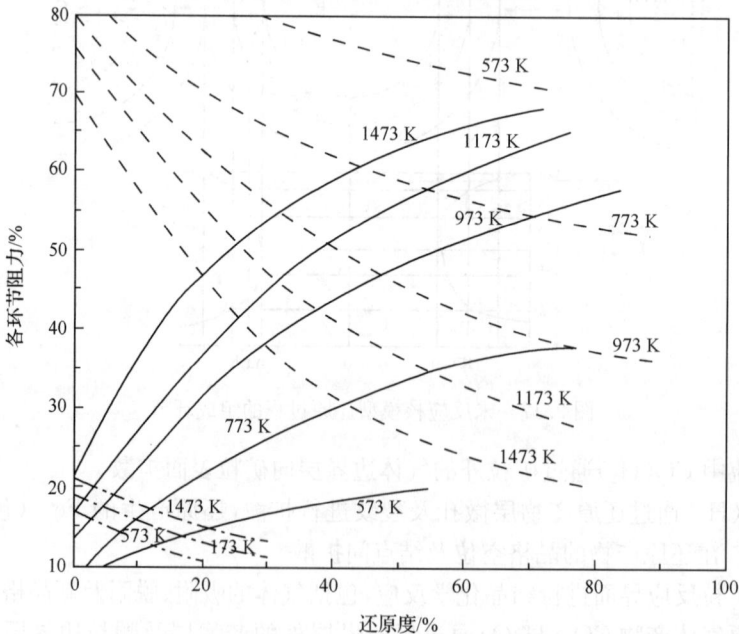

图2.18　铁矿石还原过程中各环节阻力的变化

--- 还原层内扩散阻力；— — 界面化学反应阻力；—— 边界层扩散阻力

达反应界面,还原产物也必须离开反应界面,而还原产物的脱除却受多种因素的影响。其中任何一种都可能成为控制环节,但通常情况下,边界层的外扩散阻力在还原过程中是比较小的,一般不会成为反应的限制因素。对孔隙度高的球团,从矿相检测看出,还原球团呈一个多扩散式还原,没有明显的交界面。当然在高倍显微镜下,每一个小矿粒仍呈现局部化学反应的原型(图 2.19),由此看到用未反应核模型描述并不适用,应用多孔体积反应模型。

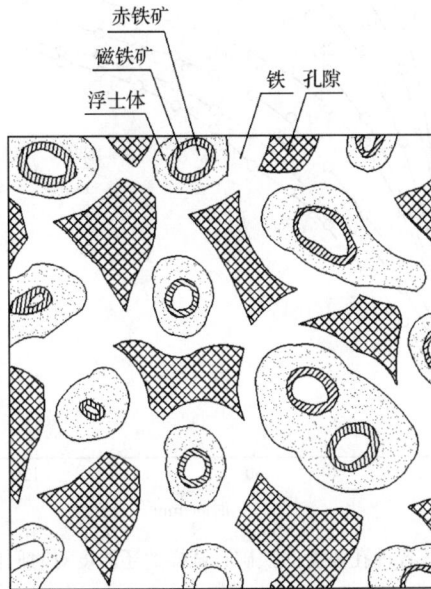

图 2.19　多孔铁矿石球团的还原断面显示出球团内各个晶粒局部地被化学还原

由于球团孔隙不均匀,在反应过程中又不断变化,因此对过程的描述十分复杂。为简化计算,过程的进行由还原气体的扩散速率和化学反应速率两方面描述。当还原气扩散小于化学反应速率时,还原反应只在铁氧化物的表面进行;当还原气扩散远大于化学反应速率时,则还原将会在整个体积内进行。

六、影响铁矿石还原的因素

铁氧化物的固态还原是异相反应,涉及气相与固相,被一个相界面分开,实际的化学反应速率可能全部地或部分地控制还原速率。但在直接还原温度下,通常化学反应速率进行得比较快,在此情况下,位于氧化物与还原剂间界面上的反应气体的吸附,可能干扰还原速率。为使反应能够继续进行,还原气体必须进入并达到反应界面,而反应产物必须离开反应界面。这时还原反应物与产物的迁移会受到多因素的影响,任何一个因素都可能成为过程的控制因素。

铁矿石还原速率的决定因素与反应体系的特性和反应相之间的接触状态有关,另外则与矿石的特性有关。矿石的特性决定还原气体从铁矿石中夺取氧的难易程度,通常称为矿石还原性。影响矿石还原性的因素有颗粒大小、形状、密度、孔隙度、矿物晶体结构和成分的差异等。它们都影响铁氧化物还原气体对反应表面的相对量。

1. 孔隙度

试验研究证明,矿石颗粒内的孔隙度是控制还原进行的最重要因素之一。孔隙度高,为还原气体的扩散提供有利条件和为化学反应提供更大的反应表面积。从图 2.20 绘出的试验结果看到,随着矿石孔隙度的增大,矿石还原速率不断提高。图 2.21 表示另一组试验达到还原度 90% 所需要的时间,直接与孔隙度的变化呈良好的线性关系。

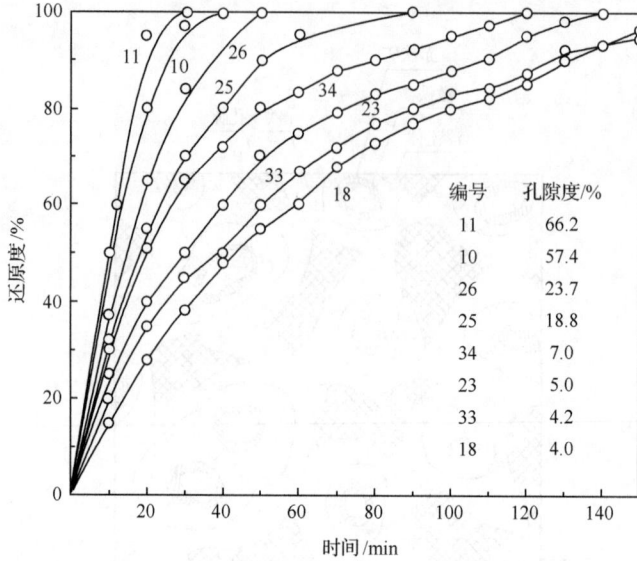

编号	孔隙度/%
11	66.2
10	57.4
26	23.7
25	18.8
34	7.0
23	5.0
33	4.2
18	4.0

图 2.20 各种孔隙度的铁矿石试样的还原度对时间的关系

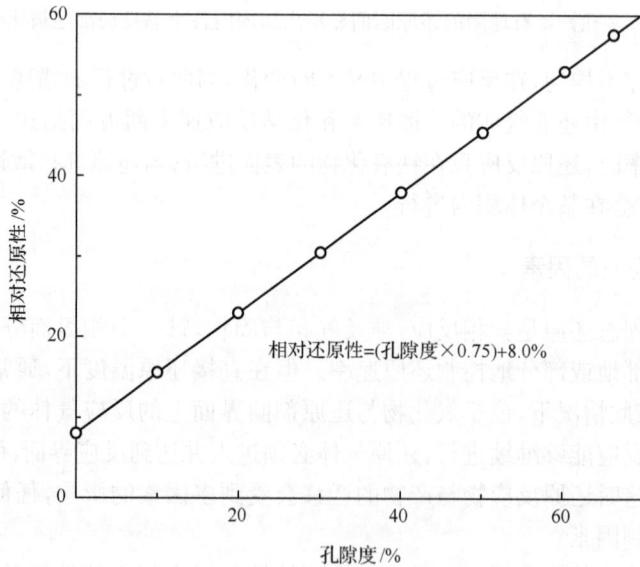

相对还原性=(孔隙度×0.75)+8.0%

图 2.21 铁矿石孔隙度与相对还原性的关系

应当指出,冶炼前测定的矿石孔隙度并不能完全代表矿石还原性的好坏,因为在还原过程中,孔隙的大小、形状及特性(开口或封闭型),将随着温度的变化发生一系列变化,如开裂、晶形转变、矿相组成的变化、烧结和软化程度等,这些都与矿石的本性和处理工艺有关。

通常在 $570 \sim 770$ K,孔隙度不会改变,在比较高的温度下,孔隙度将会急剧降低,由此也反映了还原速率随温度的特殊变化。不同种类矿石还原性的好坏也反映在气孔率的差异上,如含水矿石有最好的还原性,依次是软的赤铁矿、硬的赤铁矿,最差为硬而致密的磁铁矿。对多孔铁矿石和经过适当硬化处理的精矿氧化球团,孔隙度很高,它的还原进程与致密矿石不同,呈现出更多的扩散式还原,没有明显产物层形成。

2. 矿石的结构变化

从赤铁矿经过磁铁矿、浮士体还原成金属铁的过程中,矿石将发生晶体结构变化。在赤铁矿内氧原子排列在密积的立方晶格结构内,而在磁铁矿与浮士体内形成面心立方结构,在此还原阶段,氧原子要经过一个剧烈的重新调整,将导致容积增大约 25%,这有利于以后的还原阶段。从磁铁矿到浮士体的转变中,氧晶格保持不变,而铁原子扩散进入铁晶格内被填充在空隙位,此时仅表现为小量的容积增大。随着浮士体的成分变化,从磁铁矿直到金属铁,也将有小的容积增加。但在铁晶粒成核和长大过程中,金属相收缩和孔隙大量增加,大大有利于还原气体从颗粒表面向浮士体-铁相界面的扩散。而对于天然磁铁矿被还原成金属铁,不但没有对应的容积增加,最终还出现了 $4\% \sim 5\%$ 的收缩,阻碍了还原气体向铁氧化物层的扩散,实际上阻止了氧的脱除。由此说明了为什么磁铁矿石的还原比赤铁矿难得多,同时也说明磁铁矿经过氧化焙烧处理后,还原性得以大大改善的原因。

3. 杂质与添加剂

杂质对铁矿和球团的还原动力学有深刻的作用,有些能改善还原性,其他则起着有害作用。有些杂质在铁矿中以固溶体溶于铁氧化物,从而其活度降低;在另外情况下,杂质形成一种连结相,将铁氧化物颗粒黏结在一起,影响还原剂与铁矿石的接近。另外,杂质和添加剂大大影响还原前或还原后矿粒和球团强度,也影响还原期间颗粒开裂或引起黏结的倾向。用于直接还原的球团除了要求足够的运输强度外,还必须满足脉石量低、还原性好和还原过程中出现碎裂和发生黏结倾向小。

二氧化硅(SiO_2):SiO_2 含量高会大大增加炼钢渣量,使耗电量增加,生产率下降,因此会增加熔化过程的费用;另外 SiO_2 会阻止铁氧化物的还原,其原因是在还原过程中,SiO_2 与浮士体易形成硅酸亚铁或铁橄榄石渣相,封闭矿石颗粒的内空隙,阻碍还原气体扩散。但球团中 SiO_2 含量很低,又可能导致还原时出现爆裂、过度膨胀和黏结。

氧化钙(CaO):石灰是炼钢工艺需要的,能显著改善球团还原性。然而高含量 SiO_2 存在时,则可能形成低熔点化合物,堵塞矿石孔隙,导致球团还原性能降低。

氧化镁(MgO):MgO 是电炉炼钢中要加入的一种熔剂。球团内加入 MgO,生成铁酸镁,能保持球团的高温强度,狭窄的软化温度范围和改善还原性。

其他成分:碱金属和碱土金属氧化物易溶于浮士体,使铁氧化物晶格变形,还原速率有很大提高,特别是离子半径较大时影响更显著,如图 2.22 所示。

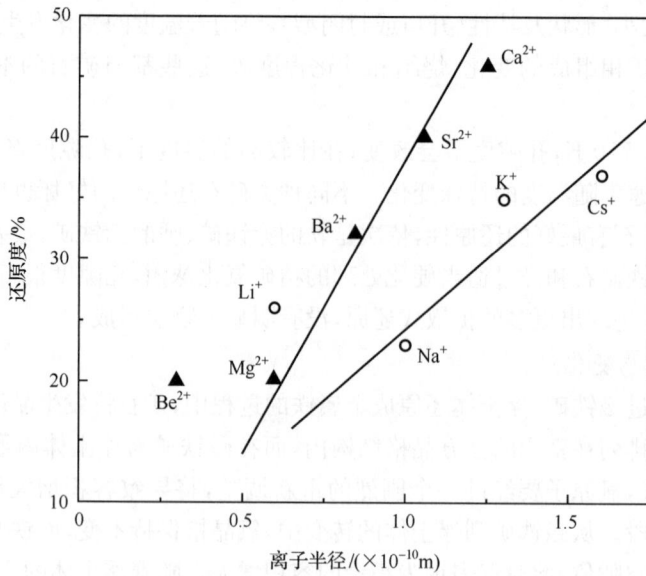

图 2.22　碱金属及碱土金属离子半径对氧化铁还原度的影响(加入量 0.69%)

4. 还原剂成分及性质

　　还原气相中 CO 与 CO_2、H_2 与 H_2O 的相对含量对还原速率均有影响。气相中 H_2 或 CO 越高,还原速率越快。还原产物 CO_2 和 H_2O 的浓度升高会显著地降低还原速率。H_2 的扩散系数大,以及被氧化铁吸附的能力比 CO 强,所以在 810 ℃下,H_2 的还原速率高于 CO,如图 2.23 所示。然而实际还原过程也发现 H_2 还原磁铁矿时,浮士体晶粒被致密的金属铁层包裹,使还原无法继续进行;用 CO 还原时,由于碳的扩散和由 CO、CO_2 产生的压力会破坏致密的铁层,可使气体还原继续下去。

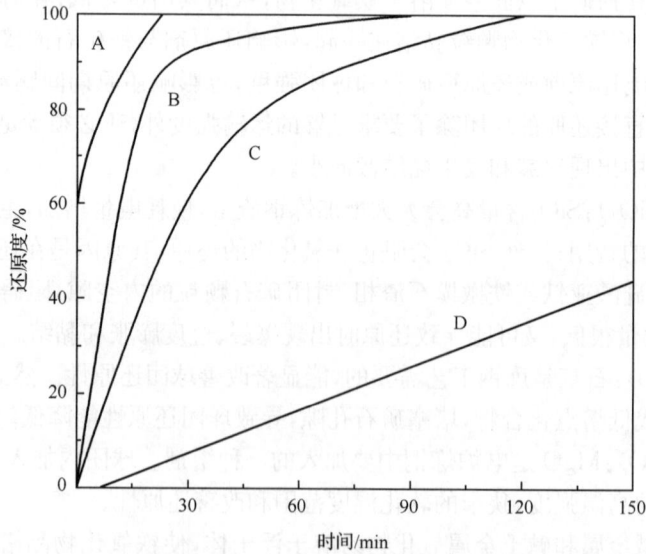

图 2.23　CO 和 H_2 还原度的比较(1000 ℃)

A. $Fe_2O_3 + H_2$;B. $Fe_3O_4 + H_2$;C. $Fe_2O_3 + CO$;D. $Fe_3O_4 + CO$

当以固体还原剂进行回转窑的直接还原时,选用煤的种类对还原速率有非常大的影响,关键在于碳的气化反应性,即布都阿尔反应生成 CO 的速率,由此决定着固定碳还原铁氧化物的速率。像矿石还原性一样,煤的反应性与煤的变质程度和其成分密切相关外,也取决于煤的颗粒大小,更重要的是煤粒的孔隙度。

图 2.24 表明低反应性煤和高反应性煤所达到的相对生产率的关系。图中看到,随着煤反应性增长,还原温度降低,实际还原的时间增加,当然不排除还原剂气化的加强和对反应物料间直接接触增加的影响。较小颗粒和较多数量能增加气化反应的有效表面,可以预见气化速率加快。

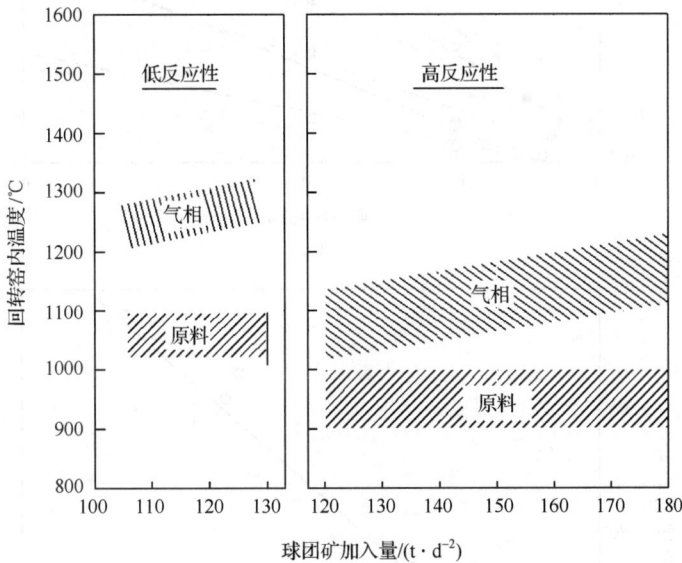

图 2.24　反应对温度和生产率的影响

在恒压系统内,碳的气化要使气体体积增加一倍。由此看到,增加压力会延迟气化速率。然而在实际回转窑直接还原作业中,压力基本上不变($p=101\ 325$ Pa),因此压力在实际作业中不是一个重要问题。还原剂挥发分(H_2、CH_4、CO 等)的影响不是单一的。如果挥发分能在高温下分解出来,则可以增加金属化速率和金属化率;低温分解的挥发分对还原过程影响就小。应当指出,挥发分增加,使还原煤中的固定碳含量减小,因此,必须从经济角度核算还原剂价格及其使用效益。

5. 粒度

一般条件下,不论矿石是否致密,还原过程的反应速率都是随矿石粒度的增加而变小,如图 2.25 所示。致密矿石的还原反应仅在宏观表面进行,因此随着粒度的减小,宏观表面增大,反应的速率加快;对固相反应物为多孔结构、粒度又小的球团矿来说,还原反应将同时在宏观表面和内部孔隙的微观表面进行,反应的限制环节将是界面反应。因此在生产上,应根据矿石结构特性选择适应的粒度:矿石比较致密,要选较小粒度,但细小的粒度(如粉料)又易造成损失和形成黏结。

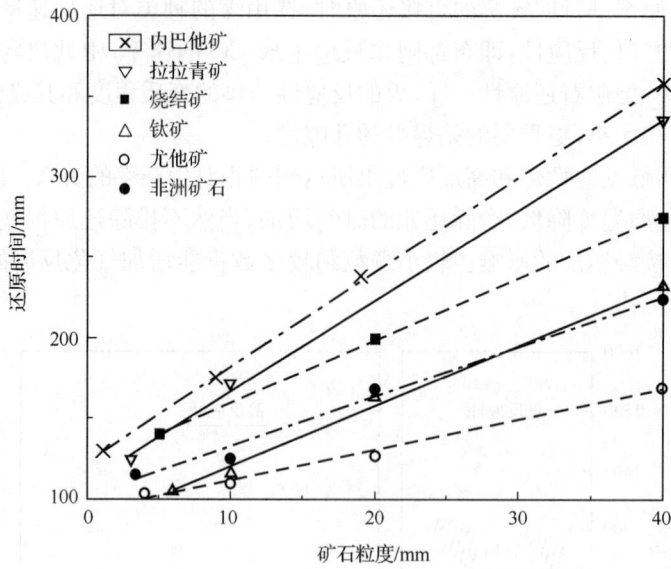

(a)

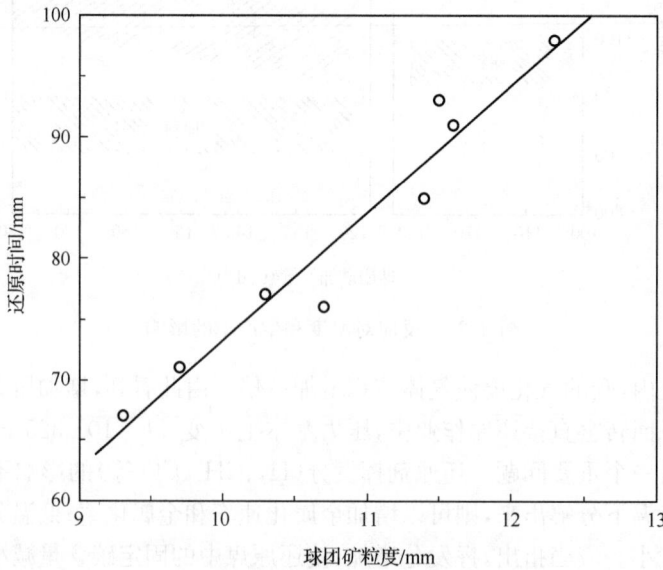

(b)

图 2.25　矿石粒度与还原时间的关系

(a)800 ℃,H₂还原；(b)500 ℃,H₂还原

6. 温度

随着温度升高,铁氧化物还原速率加快。但在某温度范围内,如 770～800 K 以及 1120 K 附近出现还原速率的下降,主要是矿球内孔隙度减小,诸如烧结、致密的 Fe_xO 相形成和 900 ℃新铁相黏附在氧化铁粒子上,阻碍气体的扩散。然而当温度升高到一定程度时,还原反应完全转入扩散范围,增加温度对还原速率的影响就变得不显著。

七、碳的沉析

在适中的温度下,$2CO \Longrightarrow C + CO_2$ 反应达到平衡时,气相中含有大量 CO_2,这就是 CO 分解为 CO_2 和固定碳的热力学基础。但是如果没有催化剂,实际上 CO 不进行分解,因为 CO 分子中的碳氧原子间的键很牢固,由此形成不可克服的动力学障碍。当 CO 活性吸附在一系列物质的晶体表面时,就有可能进行分解,其中的铁居首要地位。

试验测定表明,在 $300 \sim 900\,℃$ 温度范围内,CO 分解析碳过程进行的速率相当大,尤以 $500 \sim 600\,℃$ 时速率最大。催化剂在实现 CO 分解过程中具有决定性作用。气态 CO 是以一个 CO 分子参与基本的化学反应,第二个 CO 分子应当是活性吸附的,所以需要催化剂。最活泼的催化剂是金属铁,特别是在低温下还原出来的金属铁,其次是钴和镍,以及铬、锰、铝和钛等金属。其反应机理可表示为

CO 活性吸附在铁催化剂表面:

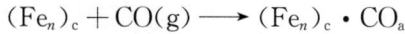

$$(Fe_n)_c + CO(g) \longrightarrow (Fe_n)_c \cdot CO_a$$

当气相中 CO 分子撞击吸附剂表面时,产生碳沉析并形成 CO_2。

$$(Fe_n)_c \cdot CO_a + CO(g) \longrightarrow (Fe_n)_c \cdot C_c + CO_2(g)$$

析碳过程剧烈发展时,形成几十个、几百个,有时达几千个基面的石墨晶体,因此在铁的衬底上沉积的碳越来越多,氧则迁移到露在外面的催化剂表面上,继续 O_2 与 CO 的反应。热力学表明,低温和高 CO 浓度对碳的沉析有利。铁渗碳反应的途径是碳溶解于金属相内,达到饱和限度以后,过剩的碳在体系中以形成稳定相——石墨存在,或以介稳的碳化物 Fe_3C 形态存在。

从图 2.26 看到,C 在 γ-Fe 中的溶解度从 $727\,℃$ 时 0.8% 变到 $1130\,℃$ 时 2%;α-Fe 溶解碳不超过 0.025%。铁转变为纯碳化物就说明有含碳 $w(C)$ 6.3% 的高碳相出现。

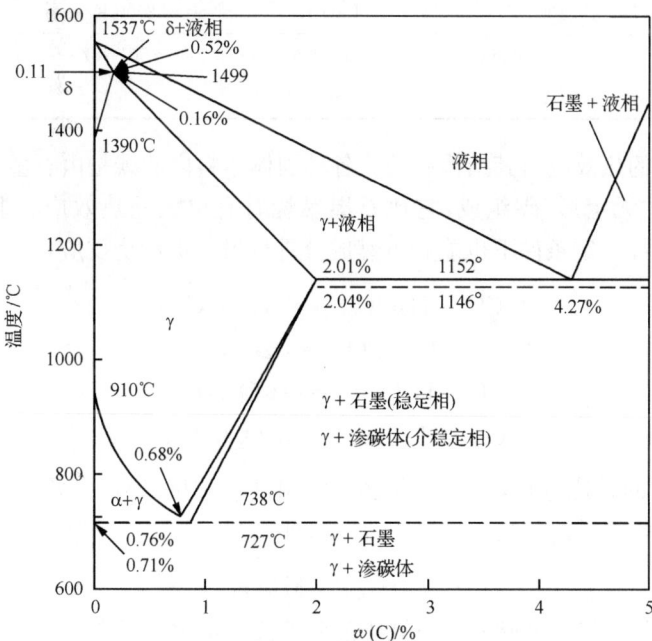

图 2.26　Fe-C 系相图:点线表示渗碳体亚稳平衡的相对界线

在直接还原铁(DRI)内,被发现的碳,除由反应形成的炭黑外,还有碳化铁(Fe_3C)存在。反应为

$$2CO + 3[\gamma\text{-}Fe]_{饱和C} \rightleftharpoons Fe_3C + CO_2$$

从 Fe-C 系和 Fe-C-O 系的关系看出,碳过剩和气相中高 CO 浓度创造了铁渗碳的有利条件,促使金属渗碳过程的发展。

第三节　难选铁矿深度还原过程中的燃烧反应

碳、一氧化碳和氢在回转窑直接还原工艺中除作为还原剂参与冶金反应外,还是生产工艺的燃料,为生产过程提供热量。所谓燃烧反应是指燃料中的可燃成分(C、CO、H_2等)与氧化合的反应,即

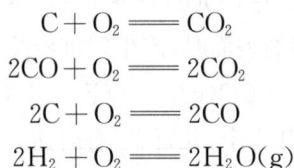

$$C + O_2 = CO_2$$
$$2CO + O_2 = 2CO_2$$
$$2C + O_2 = 2CO$$
$$2H_2 + O_2 = 2H_2O(g)$$

上述反应的进行均产生很大的热效应。H_2 及 CO 燃烧的反应热效应,可用基尔霍夫定律求出,见表 2.3。

表 2.3　H_2 及 CO 燃烧反应热效应

燃烧反应	热效应/($J \cdot mol^{-1}$)			
	1000 K	1509 K	2000 K	2500 K
H_2	−495 846	−502 080	−501 787	−489 570
CO	−566 096	−560 614	−555 133	−553 460

固定碳燃烧的热效应与其结构有关。各种固体燃料内的碳是由石墨晶格构成的呈细小分散状的所谓"无定形"碳组成,它比石墨燃烧时有更大的热效应。上述反应的产物 CO_2 和 $H_2O(g)$,在一定条件下也能和可燃成分进行另一类燃烧反应,即

$$CO + H_2O(g) = H_2 + CO_2$$
$$C + CO_2 = 2CO$$
$$C + H_2O(g) = CO + H_2$$
$$C + 2H_2O(g) = CO_2 + 2H_2$$

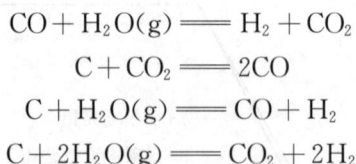

为完成预定的燃烧过程,不仅需要必要的温度和浓度条件,还需要必要的时间和空间。燃烧过程所需要的时间(τ)应包括三部分,即

$$\tau = \tau_{mix} + \tau_h + \tau_r$$

式中,τ_{mix}——混合时间,可燃分子与氧化剂分子按一定浓度混合(扩散)达到分子接触的时间;

τ_h ——可燃混合物达到开始燃烧温度所需的加热时间；

τ_r ——完成化学反应所需时间。

由不同方式和条件组织的燃烧过程，各阶段在总时间内所占比例不同。根据其比例特征，燃烧过程可分为三类：

（1）动力燃烧。当 $\tau_{mix} \ll \tau_h + \tau_r$ 时，燃烧过程的速率不受混合时间限制，而受可燃混合物的加热和化学反应速率的限制称此过程为"动力燃烧区域"进行。

（2）扩散燃烧。当 $\tau_{mix} \gg \tau_h + \tau_r$ 时，燃烧过程主要受混合速率的限制，这一过程也称"扩散燃烧区域"进行。如煤气和空气由两个喷嘴送入燃烧室，加热和化学反应所需时间比混合时间短，燃烧速率取决于混合速率。

（3）中间燃烧。介于上述二种状态之间的燃烧过程称为"中间燃烧"。

燃烧过程还可按参加反应的物态分为以下两种。

（1）同相燃烧（均相燃烧）：燃料与氧化剂的物态相同，如气体燃料在空气中燃烧。

（2）异相燃烧（非均相燃烧）：燃料与氧化剂的物态不同，如固体燃料在空气中的燃烧。

另外，还可按燃烧室内气体的流动状态分为层流燃烧、紊流燃烧和介于两者的过渡性燃烧。

一、H_2 的燃烧反应

H_2 燃烧是典型的支链反应。在连锁反应中，参加反应的一个活化中心（自由基或自由原子）可以产生两个或更多的活化中心，使燃烧反应速率急增，以致形成爆炸。其基本反应包括：

（1）链的引发

$$H_2 + O_2 \longrightarrow H\cdot + HO_2\cdot$$
$$H_2 + HO_2\cdot \longrightarrow OH\cdot + H_2O$$
$$OH\cdot + H_2 \longrightarrow H\cdot + H_2O$$

（2）支链的继续

$$H\cdot + O_2 \longrightarrow OH\cdot + O\cdot$$
$$O\cdot + H_2 \longrightarrow OH\cdot + H\cdot$$

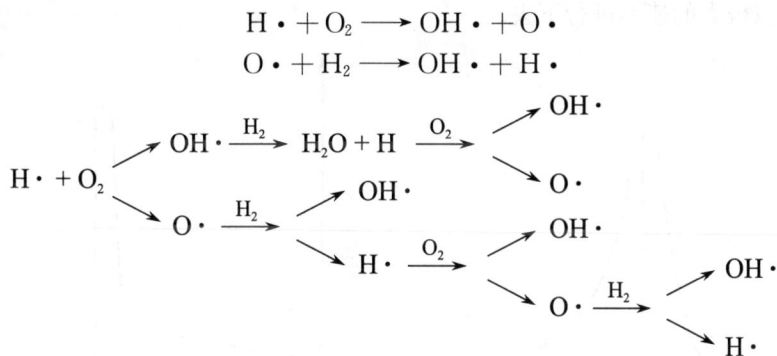

（3）链的中断

$$HO_2\cdot + 器壁 \longrightarrow \frac{1}{2}H_2O + \frac{3}{4}O_2 （销毁）$$

$$H \cdot + 器壁 \longrightarrow \frac{1}{2}H_2(销毁)$$

$$OH \cdot + 器壁 \longrightarrow \frac{1}{2}H_2O + \frac{1}{4}O_2(销毁)$$

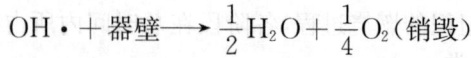

其中,$HO_2 \cdot$、$H \cdot$、$OH \cdot$ 和 $O \cdot$ 为自由基或自由原子,是链的传递者。在支链发展的反应中,每个传递者参加反应后又可产生两个自由基或自由原子。这样的支链反应显然是易于产生爆炸的。

由上述反应机理来看,各步基元反应中既有支链发展的步骤,又有链中断的步骤。如果前者的速率超过后者,即会引起爆炸反应;反之,反应不会产生爆炸。由此便可出现爆炸界限(燃烧半岛)现象。在支链反应中,链的中断主要是自由原子与器壁碰撞耗费能量而销毁。压力较低时,自由原子扩散速率大,平均自由程大,易与器壁碰撞而销毁,不会产生爆炸。同样爆炸下限还与器壁的状态有关。当压力增加后,反应物分子与自由基活化中心碰撞机会增多,支链发展加速,超过自由原子在器壁上碰撞速率,则产生爆炸。当气压超过上限后,由于器壁中稳定分子浓度提高,气相中易发生三分子碰撞而导致自由基消失。随着温度升高,爆炸上限也随着上升,且随着爆炸上限的上升,爆炸区域也不断扩大。

$$O \cdot + O \cdot + M \longrightarrow O_2 + M$$

$$OH \cdot + H \cdot + M \longrightarrow H_2O + M$$

这种连锁反应随时间变化有一个重要的特征:反应初期有一个"感应期"τ_i,如图 2.27 所示。在感应期中,反应的能量主要用来产生活化中心,由于此时的活化中心浓度还不够大,观察不到反应以一定的速率进行;越过感应期,由于链的支化而迅速加快,直到最大值,然后随反应物质的消耗,活化中心浓度也逐渐减少,反应最终停止。由于燃烧反应的热效应大,反应体系热损失相对较小,体系应是绝热的。在绝热过程中,反应速率随时间变化的特点更为明显(图 2.28),反应过程中不仅活化中心在积累,而且体系的温度逐渐升高,所以在感应期反应速率便开始增加,当过了感应期,速率便急剧增加,一定容积中的反应物质迅速耗尽,随即反应停止;在稳定燃烧的燃烧室中,连续供应反应物质,那么燃烧反应将继续以极大的速率进行下去。

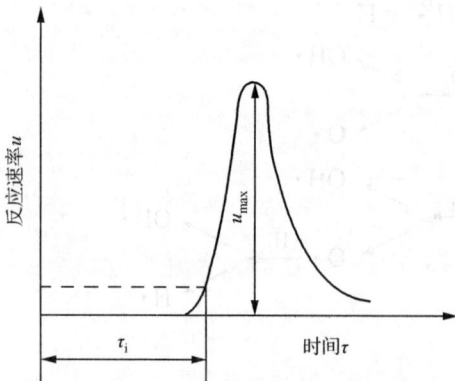

图 2.27　等温过程的支链反应速率　　　　图 2.28　绝热过程的支链反应速率

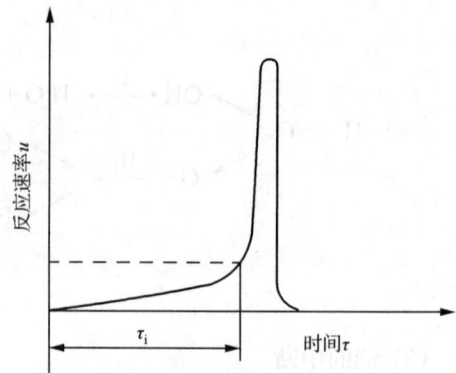

二、CO 的燃烧反应

CO 燃烧反应也具有支链反应特征。实践表明，CO 只有在 H_2O 存在的情况下，才有可能开始快速的燃烧反应。反应的机理如下：

（1）链的产生：

$$H_2O + CO \longrightarrow H_2 + CO_2$$
$$H_2 + O_2 \longrightarrow 2OH \cdot$$

（2）链的继续：

$$OH \cdot + CO \longrightarrow CO_2 + H \cdot$$

（3）链的支化：

$$H \cdot + O_2 \longrightarrow OH \cdot + O \cdot$$
$$O \cdot + H_2 \longrightarrow OH \cdot + H \cdot$$

（4）链的中断：

$$H \cdot + 器壁 \longrightarrow \frac{1}{2}H_2（销毁）$$

$$CO + O \cdot \longrightarrow CO_2$$

在 CO 燃烧反应中，同时有 H_2O 参加，成为复杂的连锁反应，因此反应速率的测定和计算比较困难。合适的 H_2O 的浓度，会有利于 CO 燃烧反应。有关资料介绍，水分含量的最佳值为 $7\% \sim 9\%$，水分过多会引起燃烧温度降低，减慢反应速率。

三、甲烷的燃烧反应

碳氢化合物的燃烧比 H_2 和 CO 更为复杂，较低温度下，各类碳氢化合物即开始氧化；在高温下，除了氧化反应外，还会因碳氢化合物的热不稳定性导致其分解和裂化。碳氢化合物的氧化反应属于退化支链反应，感应期较长，反应速率也比支链反应慢一些。

甲烷低温（<900 K）时燃烧反应机理如下：

（1）链的引发：

$$CH_4 + O_2 \longrightarrow CH_3 \cdot + HO_2 \cdot$$

（2）链的继续：

$$CH_3 \cdot + O_2 \longrightarrow HCHO \cdot + OH \cdot$$
$$OH \cdot + CH_4 \longrightarrow CH_3 \cdot + H_2O$$
$$OH \cdot + HCHO \longrightarrow HCO \cdot + H_2O$$

（3）退化分支：

$$HCO \cdot + O_2 \longrightarrow CO + HO_2 \cdot$$

（4）链的继续：

$$HCO \cdot + O_2 \longrightarrow CO \cdot + HO_2 \cdot$$

$$CH_4 + HO_2 \cdot \longrightarrow H_2O_2 + CH_3 \cdot$$

$$HCHO \cdot + HO_2 \cdot \longrightarrow H_2O_2 + HCO \cdot$$

（5）链的中断：

$$2OH + 器壁 \longrightarrow H_2O + (1/2)O_2（销毁）$$

$$2HCHO + 器壁 \longrightarrow CH_4 + CO_2（销毁）$$

反应特点是生成中间产物——甲醛，又产生新的活化中心。高温下甲烷燃烧反应除了氧化物的连锁反应外，还伴随甲烷的分解。基本反应包括甲烷的不完全燃烧和甲醛的进一步完全燃烧：

$$CH_4 + O_2 \longrightarrow HCHO \cdot + H_2O$$

$$HCHO \cdot + O_2 \longrightarrow H_2O + CO_2$$

反应机理如下：

第一阶段：

$$CH_4 \longrightarrow CH_3 \cdot + H \cdot$$

$$CH_3 \cdot + O_2 \longrightarrow HCHO \cdot + OH \cdot$$

$$H \cdot + O_2 \longrightarrow OH \cdot + O \cdot$$

$$CH_4 + O \cdot \longrightarrow OH \cdot + CH_3 \cdot$$

第二阶段：

$$HCHO \cdot \longrightarrow HCO \cdot + H \cdot$$

$$H \cdot + O_2 \longrightarrow OH \cdot + O \cdot$$

$$HCO \cdot + O_2 \longrightarrow CO + HO_2 \cdot \longrightarrow CO + OH \cdot + O \cdot$$

$$HCHO \cdot + OH \cdot \longrightarrow HCO \cdot + H_2O$$

$$HCHO \cdot + O \cdot \longrightarrow HCO \cdot + OH \cdot$$

$HCO \cdot$ 还可分解成 CO：

$$HCO \cdot \longrightarrow CO + H \cdot$$

$$HCO \cdot + O \cdot \longrightarrow CO + OH \cdot$$

$$HCO \cdot + OH \cdot \longrightarrow CO + H_2O$$

而 CO 则按下式燃烧：

$$CO + OH \cdot \longrightarrow CO_2 + H \cdot$$

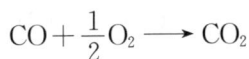

$$CO + \frac{1}{2}O_2 \longrightarrow CO_2$$

甲烷的燃烧速率与氧和甲烷的浓度有关,还与温度和压力有关。

尽管气体的燃烧是简单的,但它们的燃烧机理是复杂的。目前对 H_2 的燃烧机理研究较为充分,其他气体特别是对碳氢化合物的反应机理研究还不充分。

四、碳的燃烧反应

燃料中碳的结晶形态为石墨型,下面讨论石墨碳的燃烧。固定碳的燃烧反应包括碳的完全燃烧和不完全燃烧反应。碳与 CO_2 或 H_2O 的反应都属于相界面上进行的异相反应,可表示为

$$固体 + 气体(Ⅰ) \Longrightarrow 气体(Ⅱ)$$

反应可以在碳的外表面进行,也可以在碳块内部孔隙或裂缝的内表面上进行。异相反应进行得越剧烈,则反应越集中在外表面上;反之,则容易向内部发展。异相反应一般包括下列几个步骤:

(1) 反应气体穿过碳块外边界层向碳粒表面扩散。

(2) 通过碳块边界层的反应气体从碳块外表面经过内孔隙达到反应表面。

(3) 反应气体被碳反应表面吸附或溶解,发生化学反应,形成中间状态的表面复合物,其次是表面复合物分解,形成吸附于碳反应表面的气体产物。

(4) 气体产物的脱附。

(5) 反应产物离开反应表面,穿过产物层与边界层进入气相的扩散。

整个异相反应的总速率取决于其中最慢步骤的速率。其化学反应包括石墨碳原子与氧分子作用和生成产物再与碳与氧相互作用,过程是复杂的。可表示为:

碳与氧的燃烧反应生成 CO、CO_2:

$$C + O_2 \Longrightarrow CO_2 + 394\ 600\ J \cdot mol^{-1}$$

$$2C + O_2 \Longrightarrow 2CO + 218\ 900\ J \cdot mol^{-1}$$

碳与 CO_2 反应:

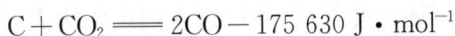

$$C + CO_2 \Longrightarrow 2CO - 175\ 630\ J \cdot mol^{-1}$$

CO 氧化反应:

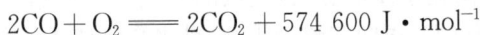

$$2CO + O_2 \Longrightarrow 2CO_2 + 574\ 600\ J \cdot mol^{-1}$$

通过低压下石墨与氧的燃烧试验研究证明,固体与氧反应机理可表述如下:

首先,氧在石墨表面发生物理吸附,温度升高后转入化学吸附,被吸附的氧分子键伸长、断裂,进而与石墨表面的碳原子形成表面复合物。根据温度、压力及固定碳结构的不同,可能形成各种形式和稳定性不同的表面复合物。这些表面复合物的分解可以由另外氧分子的碰撞或自身的热分解所致。

在 $1200 \sim 1300\ ℃$ 以下温度,氧不仅能吸附在石墨表面,还溶解于石墨碳(C_g)的基平面间,形成表面复合物——酮基$(4C)(2O_2)$,而后由于氧分子的碰撞,发生分解:

$$4C_g + 2O_2 = (4C)(2O_2)_a$$
$$(4C)(2O_2)_a + O_2 = 2CO + 2CO_2$$

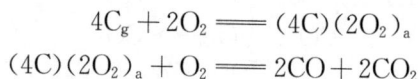

经测定该反应为一级,活化能 $80\sim125\ kJ\cdot mol^{-1}$。后一反应是限制环节,形成的气相产物中 $CO/CO_2=1$。

当温度高于 $1600\ ℃$,氧通过表面吸附,形成的表面复合物是 $(3C)(2O_2)$,再经高温热分解,转变为 CO 和 CO_2:

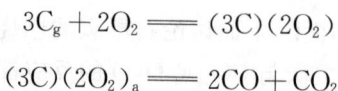

$$3C_g + 2O_2 = (3C)(2O_2)$$
$$(3C)(2O_2)_a = 2CO + CO_2$$

经测定反应为零级,活化能为 $290\sim380\ kJ\cdot mol^{-1}$。后一反应是限制环节,形成的气相产物中 $CO/CO_2=2$。

由表面复合物分解而生成的 CO_2+CO 混合气体,可分别再与碳和氧作用,出现下列反应:

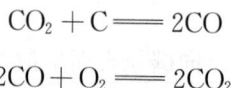

$$CO_2 + C = 2CO$$
$$2CO + O_2 = 2CO_2$$

在不同温度范围内,将有不同的限制环节。图 2.29 为固定碳燃烧的速率范围。

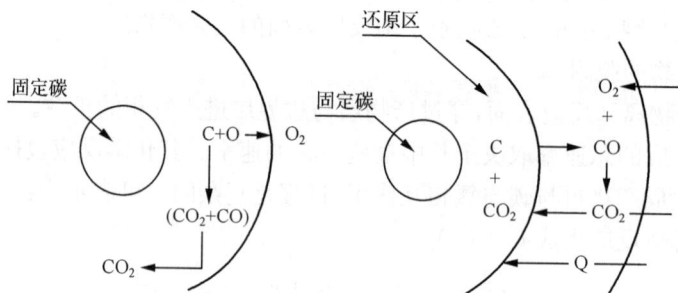

图 2.29　固定碳燃烧的速率范围

在较低温度下,反应速率受吸附化学反应的限制。由吸附化学反应形成的 CO_2+CO 气体包围在碳块周围,O_2 需通过此气层,才能进入固定碳块表面,这时 O_2 可燃烧碳块表面附近的 CO 生成 CO_2。因此碳块周围 CO_2 的浓度很高,CO 的浓度很低。

随着温度的升高,吸附化学反应加快,生成的 CO_2+CO 气体中的 CO_2 可以在高温下直接与固定碳作用转变为 CO,再向气流外扩散,被来自气流中心的 O_2 所燃烧,同时放出热量。因此,在固定碳块的气层中出现 CO_2 高浓度的高温区,使得 CO_2 及热量(Q)均向固定碳表面转移(自然也有部分 CO_2 向气流中心方向移动)。达到碳块表面的 CO_2 在高温下与碳作用,形成的 CO 再向外扩散,在气层中被进入的 O_2 再度燃烧成 CO_2。因此,固定碳块的周围是 $C+CO_2$ 反应发展的还原区;而在此层外面则是 O_2+CO 反应发展的氧化区,如图 2.29 所示。

由此可见,在扩散限制范围内,$C+CO_2$ 反应在固定碳的燃烧上起了主要作用。温度越高,固定碳的粒度越小,其反应性越强,那么固定碳的燃烧速率也就越大。当燃烧反应处于动力学范围,强化燃烧过程的主要手段是升高温度;当燃烧反应处于扩散范围,强化燃烧过程的主要措施是增大反应气体的初始浓度、增大气流速率和减小碳粒直径。

五、煤粒的燃烧

燃料煤中含有挥发分(各种烃类)、水分、固定碳和灰分。煤受热后,首先析出的水分和挥发分呈气态逸出,多数情况下挥发分先着火燃烧,待固体煤粒表面达到相当高的温度后,固定碳或残焦才着火产生异相燃烧反应,燃烧后留下残煤灰,如图 2.30 所示。挥发物的燃烧可能在颗粒附近(如大颗粒),也可能在离颗粒较远的空间形成气体混合物而燃烧(如小颗粒)。通常挥发物先于固定碳燃尽,而固定碳的燃烧则需要持续较长时间完成;然而某些情况下,挥发物的挥发和固定碳的燃烧将同时进行。

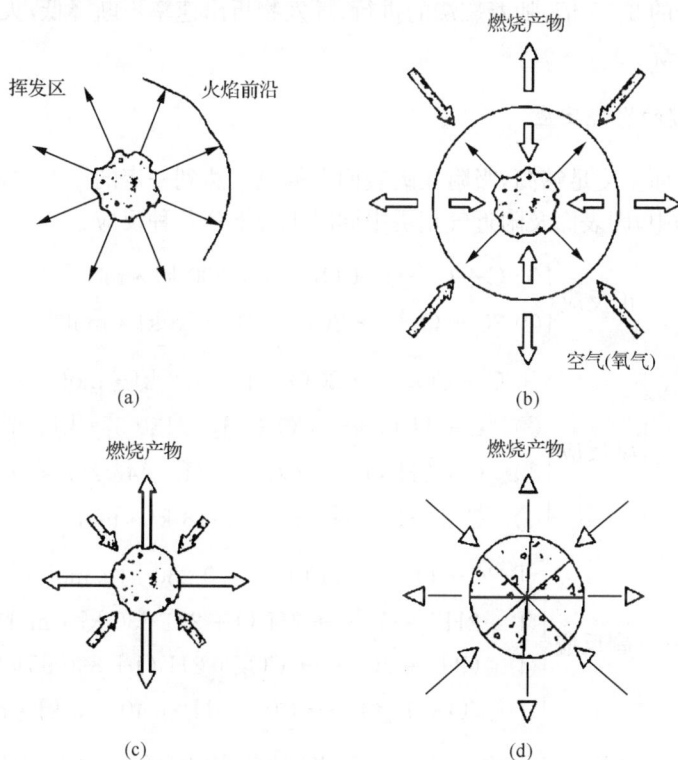

图 2.30　煤燃烧过程示意图
(a)脱气和挥发分着火;(b)挥发分燃烧;(c)、(d)残焦燃烧

绝大部分煤种(除泥煤外)固定碳为主要可燃物质,在煤的燃烧中起主导作用,决定了煤燃烧的主要特征,它的燃烧时间也占据了煤全部燃烧时间的主要部分。另外,挥发物的释放(煤的热解)和燃烧也不容忽视,挥发物的数量、成分及它的释放和燃烧,影响和决定着煤的着火、煤的高温燃烧(这时逸出的挥发物总量可能大大超过工业分析的含量)、煤的气化及煤燃烧过程形成污染物的成分和数量。

（一）煤的热解挥发与燃烧

煤被加热到 600 K 以上,就会发生较快的热解挥发。试验研究表明,在 600～900 K 主要生成碳氢化物(以甲烷为主)以及 CO_2、H_2O 和 H_2 等;在 900～1100 K 主要析出 CO_2、CO、H_2、H_2S 和 HCN 等;1200 K 以上只有 H_2 和少量 N_2 析出。此外,CO 的生成量增加,可能是氧杂环开环裂解引起的,挥发物中的 N_2 组分是形成污染物 NO_x 的来源之一。

煤粒由于气流的传热而被加热,挥发物从悬浮的碳颗粒表面向外扩散,颗粒表面的浓度最高,随着距离增加,其浓度不断降低。当温度和浓度超过最低极限后,挥发分先进行着火燃烧。挥发分着火后,火焰即向颗粒和环境两方向蔓延,挥发分析出速率越高或氧气的扩散速率越低,火焰稳定区离煤粒越远。许多研究发现,煤粒周围形成的火球直径可以是煤粒本身直径的 3～5 倍,随着燃烧的进行,挥发物析出速率不断降低,火球也随之缩小直到颗粒表面燃烧。

（二）固定碳的燃烧反应

当固定碳表面温度足够高,吸附在碳表面上的氧又达到一定的浓度时,它就会着火燃烧。碳燃烧过程中,碳表面及附近气相层中同时进行下列几种反应:

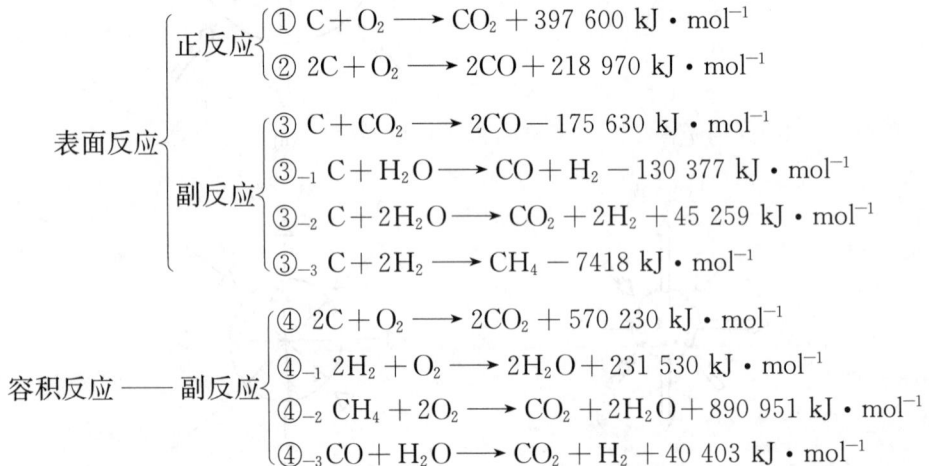

$$
表面反应
\begin{cases}
正反应
\begin{cases}
① \; C + O_2 \longrightarrow CO_2 + 397\,600 \text{ kJ} \cdot \text{mol}^{-1} \\
② \; 2C + O_2 \longrightarrow 2CO + 218\,970 \text{ kJ} \cdot \text{mol}^{-1}
\end{cases} \\[2mm]
副反应
\begin{cases}
③ \; C + CO_2 \longrightarrow 2CO - 175\,630 \text{ kJ} \cdot \text{mol}^{-1} \\
③_{-1} \; C + H_2O \longrightarrow CO + H_2 - 130\,377 \text{ kJ} \cdot \text{mol}^{-1} \\
③_{-2} \; C + 2H_2O \longrightarrow CO_2 + 2H_2 + 45\,259 \text{ kJ} \cdot \text{mol}^{-1} \\
③_{-3} \; C + 2H_2 \longrightarrow CH_4 - 7418 \text{ kJ} \cdot \text{mol}^{-1}
\end{cases}
\end{cases}
$$

$$
容积反应 — 副反应
\begin{cases}
④ \; 2C + O_2 \longrightarrow 2CO_2 + 570\,230 \text{ kJ} \cdot \text{mol}^{-1} \\
④_{-1} \; 2H_2 + O_2 \longrightarrow 2H_2O + 231\,530 \text{ kJ} \cdot \text{mol}^{-1} \\
④_{-2} \; CH_4 + 2O_2 \longrightarrow CO_2 + 2H_2O + 890\,951 \text{ kJ} \cdot \text{mol}^{-1} \\
④_{-3} \; CO + H_2O \longrightarrow CO_2 + H_2 + 40\,403 \text{ kJ} \cdot \text{mol}^{-1}
\end{cases}
$$

温度低时(<800℃),C 氧化生成 CO_2 及 CO 的反应以①和②为主;温度较高时,C 还原 CO_2 的反应③起主要作用,还原反应生成的 CO 又能进一步与碳粒附近的气体发生容积反应④。

在燃烧过程中哪些反应起主导作用与温度直接相关,也与颗粒直径、气流速率等相关。固定碳燃烧时表面温度高于环境温度,碳表面黑度系数较大,辐射效应明显,这一点往往影响着火等燃烧特性。对一定大小的球形碳粒的燃烧进行了测定,结果如图 2.31 所示。

在 650～850℃范围内,燃烧速率随温度上升增加很快,空气流速基本上无影响,表明燃烧反应由动力学因素控制;在 900～1100℃范围内曲线发生了变化,温度影响变弱,而速率的影响增大,反映气体介质扩散的影响占据优势;当温度达到 1200℃时,碳燃烧速率

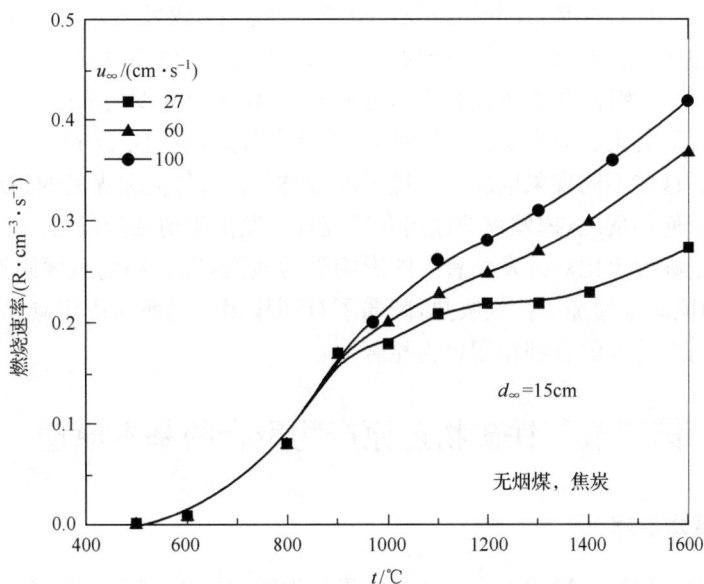

图 2.31　碳球燃烧速率与温度之间的关系

u_∞ 空气流速；d_∞ 碳粒直径

随温度的变化又有再次增大趋势,显示了碳表面进行二氧化碳还原为一氧化碳的反应动力学影响。

固体燃料(如煤)燃烧后残留的灰分构成多孔的惰性覆盖层,成为颗粒燃烧的附加扩散阻力,其影响一般不大,但对含灰量很大的劣质煤来说,灰层的影响则变得明显。

（三）挥发和碳的异相燃烧反应同时进行的煤粒燃烧

焦炭、无烟煤的燃烧接近于固定碳的燃烧。但对有较多挥发分的煤来说,则必须同时考虑挥发物和固定碳的燃烧。虽然固定碳的燃烧在燃烧中起主要作用,但挥发过程对煤的着火、高温燃烧、煤的气化及燃烧污染物的生成也有重要作用,因而煤粒燃烧是在这两类因素共同支配下进行的。

对褐煤($d = 0.15 \sim 0.8$ mm,热值 $Q = 13808$ kJ·kg^{-1},挥发分 47.8%,在 $1200 \sim 1600$ ℃ 的热空气中燃烧,氧的浓度 5%～23%)的研究表明:煤粒的燃烧大致可分为四个阶段:①煤粒预热、挥发分挥发到挥发分着火为止,时间为 τ_1;②挥发物燃烧,时间为 τ_2;③挥发物烧尽后固定碳预热到固定碳着火,时间为 τ_3;④固定碳燃烧,到燃尽为止,时间为 τ_4。对 d 为 0.75 mm 的褐煤粒,处于 1200 K 和氧浓度在 23% 的环境中,测得:$\tau_1 = 1.146$ s,$\tau_2 = 0.300$ s,$\tau_3 = 0.350$ s,$\tau_4 = 6.146$ s。挥发物燃烧时,煤粒直径几乎不变,煤粒表面局部区域有时有挥发物喷流,表明挥发物非均匀放出。固定碳烧尽后的残渣并不包围在煤粒的表面上,而是呈细小粒子附着在煤粒表面。

通常认为在环境温度不太高的情况下,即辐射不太强时,煤的着火多开始于挥发物。挥发物一旦着火,将使煤粒升温并引发固定碳着火,这时残留的挥发物与固定碳同时燃烧。挥发物释放的快慢还影响固定碳的反应能力,包括形成不同的多孔结构和保留不同的残余挥发物。一种看法是：在开始阶段煤粒处于高温下，煤粒升温并放出挥发物，挥发物着火后形成包围颗粒的火焰，燃烧产物及继续放出的挥发物环绕着颗粒，氧很难到达颗粒表面，固定碳尚未燃烧，随着挥发物大部分放出，颗粒表面挥发物浓度下降，氧达到颗粒表面使固定碳开始着火。另有实验表明：固定碳首先着火，或固定碳和挥发物在初始阶段同时着火燃烧。这些不同现象取决于环境温度、颗粒尺寸、气流和煤粒的相对速度以及煤的性质。但不论何种情况，挥发物的放出及燃烧肯定发生于初始阶段，且有重要作用。

温度对固定碳着火比对挥发物着火的影响更为强烈，提高环境温度固然对提高气相反应率有利，但同时也增加了挥发吸热，削弱了有利作用。然而对固定碳而言，温度的升高，减少了散热，对着火的有利作用更为显著。

第四节　铁矿物还原产物聚合的基本原理

一、物质结晶基本原理

晶体是在物相的转变过程中形成的。如果将物质按气相、液相和固相划分，则从相转变的角度来看，晶体的形成途径有以下三种（李胜荣，2008）。

1. 由气相转变为晶体

当某些气体处于过饱和蒸气压或过冷却温度条件时，可直接转变为晶体。从火山口喷发出来的含硫气体通过凝华作用形成自然硫晶体；空气中的水蒸气在冬季玻璃窗上凝结成冰花，都是由气相转变为晶体的例子。自然界中此例子并不多见。

2. 由液相转变为晶体

液相有熔体和溶液两种基本类型。当温度下降到低于熔体的熔点（即过冷却）或当溶液达到过饱和时，可结晶形成晶体。例如，高温熔融态的岩浆，随着温度的降低，可依次结晶出橄榄石、辉石等矿物晶体。盐湖中的溶液因蒸发作用而达到过饱和，可结晶出石盐、硼砂等矿物晶体。工业上的各种铸锭和化学药品的制作都是液相转变为晶体的实例。这是自然界和工业上最常见的一种晶体形成方式。

3. 由固相转变为晶体

固相物质有晶态和非晶态两种。对于非晶态的固体，由于其内部质点不具有规则排列的特点，相对于晶体来说其内能较大而处于不稳定状态，因此非晶体的固体可以自发地向内能更小、更稳定的晶体转化。自然界的火山玻璃经过漫长的地质年代的演化可以形成细小的长石或石英雏晶，是最典型的由固相转变为晶体的实例。

除了非晶态的固体可以转变为晶体以外，一些早期形成的晶体，当其所处的物理化学条件改变到一定程度时，原晶体赖以稳定的条件消失，其内部质点就要重新进行排列而形成新的结构，从而使原来的晶体转变成了另外一种晶体。由一种晶体转变为另外一种晶体的方式主要有以下几种情况。

同质多相转变　某种晶体在热力学条件改变时转变为另外一种在新条件下稳定的晶体，新晶体与原晶体成分相同，但结构不同，这就是同质多相转变。例如，在 573 ℃以上，SiO_2 可形成高温 β-石英，而在 573 ℃以下高温 β-石英可转变为结构不同的低温 α-石英。

固溶体分解　固溶体是两种或两种以上的物质在一定的温度条件下形成的类似于溶液的一种均一相的结晶相固体。当温度下降时,固溶体内部物质之间的相容性下降,从而使它们各自结晶形成独立的晶体,这就是固溶体的分离现象。例如,闪锌矿(ZnS)和黄铜矿(CuFeS$_2$)在高温条件下,可按一定比例形成均一相的固溶体,而在低温时就分离成为闪锌矿(ZnS)和黄铜矿(CuFeS$_2$)两种矿物晶体。

再结晶作用　再结晶作用是指在温度和压力的影响下,通过质点在固态条件下的扩散,由细粒晶体转变为粗粒晶体的作用。在这一作用过程中,没有新晶体的形成,只是原来晶体的颗粒由小变大。例如,由细粒方解石组成的石灰岩在与岩浆岩接触时,受到热力烘烤作用,细粒方解石结晶成粗粒方解石晶体,石灰岩变质成大理岩。

二、金属铁的聚合、结晶条件及控制

对铁矿石还原前后的微观结构观察结果表明,尽管试样外观基本保持还原前的原状,但微观结构则已发生很大变化,最明显的特点是形成了较多团粒。团粒内颗粒与颗粒之间存在着发达的针状铁晶须结构。这些铁晶须错综交织成一片,将颗粒连成一体。团粒规模较大时,肉眼即可观察到。但团粒内颗粒间的结合很脆弱,稍加碾压即被破坏。破碎后的团粒可观察到更明显发达的铁晶须。也就是说,铁晶须主要产生于团粒内的颗粒之间,团粒表面铁晶须数量很少。

FeO 至金属铁的还原过程可分为两个步骤:

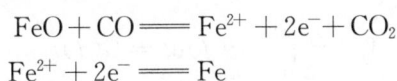

$$FeO + CO \Longrightarrow Fe^{2+} + 2e^- + CO_2$$
$$Fe^{2+} + 2e^- \Longrightarrow Fe$$

第二个步骤即金属铁的析出过程。金属铁的析出需要一定的热力学条件,其平衡常数为

$$K = \frac{a_{Fe}}{a_{Fe^{2+}} a_{e^-}^2}$$

颗粒内 $a_{e^-} \approx 2a_{Fe^{2+}}$。因此,铁的析出有

$$\Delta G = \Delta G^\ominus + RT \ln \frac{a_{Fe}}{4a_{Fe^{2+}}^3} = \Delta G^\ominus + RT(\ln a_{Fe} - \ln 4 - 31\ln a_{Fe^{2+}})$$

正常平衡情况下, $a_{Fe} = 1, \Delta G = 0$, 因此

$$\ln a_{Fe^{2+}}^* = \frac{1}{3}\left(\frac{\Delta G^\ominus}{RT} - \ln 4\right)$$

但在没有金属铁存在的情况下,铁的析出首先要经过一个成核过程。成核过程应满足下列条件:

$$\ln a_{Fe^{2+}}^* = \frac{1}{3}\left(\frac{\Delta G^\ominus}{RT} + \ln a_{Fe}^* - \ln 4\right)$$

也就是说,成核需要两个条件。一个条件是系统的波动,使 $a_{Fe} = a_{Fe}^*$。另一个条件是

过剩的铁离子浓度,使 $a_{Fe^{2+}} = a^*_{Fe^{2+}}$。由于 a^*_{Fe} 远小于 1,这时的亚铁离子浓度也大大超过正常水平,处于过饱和状态,从而大大提高了 FeO 还原过程中第一个步骤的逆反应速率。由于逆反应的影响,总体反应明显减慢。一旦成核过程完成,亚铁离子就会迅速转化为金属铁,其浓度则恢复正常水平。FeO 还原速率也会由于亚铁离子和电子浓度的明显降低而突然提高。这是非连续反应器的特有现象。

　　一般讲,矿石颗粒间都存在着或大或小的差别。这些差别可导致颗粒间还原程度的差异。某些颗粒已经析出了金属铁,而另外一些颗粒则可能仍保持着亚铁离子的过饱和状态。CO 还原时,铁的析出状态是针状。当这样两个不同还原程度的颗粒发生碰撞时,其中一个颗粒上的铁晶须很容易与另一个颗粒的表面接触。这样,这些晶须正好可作为另一个颗粒中过饱和亚铁离子的结晶中心。于是,亚铁离子迅速向接触点扩散,并在接触点处结晶出来。这一过程是突发的,很容易形成两个颗粒之间的脆弱连接。这种连接会导致两个颗粒间更多的铁晶须生成,从而逐渐形成团粒结构。高温使亚铁离子向结晶中心的扩散和在接触点处的结晶过程加快。该过程越快,越容易形成团粒,团粒也越容易长大。

　　新析出的铁结晶尚不完全,具有较大的表面能。因此缩小表面积的趋势很强。这种缩小表面积的趋势就是广义的黏性。另外,就已见的研究结果来看,结晶完全的铁在还原性气氛中也具有较高的黏性。这种黏性与新鲜铁量呈正相关关系。设铁在析出后 t^* 的时间范围内保持新鲜。铁的生成速率是一个还原度的函数 $g(f)$,它的原函数为 $G(f)$,则新鲜铁的积存量 W_{fi} 为

$$W_{fi} = \int_t^{t+t^*} g(f) \mathrm{d}t = G(f)t^*$$

　　新鲜铁最大积存量取决于 f(或 t)和 t^*。一般来讲,析出速率 $g(f)$ 取得最高值以后的一段时间内新鲜铁积存量达到最大值的可能性最大。t^* 越大,这段时间间隔越长。当新鲜铁的积存量大到一定的程度(不一定要达到最大值),致使颗粒间的黏性力足以对抗气流对颗粒的曳力时,就会导致失流。这是黏结失流的第二种机制。

第五节　难选铁矿石深度还原后物料磁选分离基本原理

一、磁选的物理基础

　　磁选是基于待分选物料中,不同组分的导磁性之间的差异而进行的,所以弄清磁学的一些基本概念是学习磁选的首要前提(魏德洲,2009)。

(一)磁学的概念

1. 磁感应强度和磁场强度

　　场是处所、场所的意思。磁场强度在空间的分布称为磁场。磁的相互作用是通过磁场进行的。表示磁场性质的物理量包括磁感应强度和磁场强度。

　　由于磁场是矢量场,因而磁场不仅有强弱,还有方向性。磁场的强弱及其方向综合体现磁场特性,而磁场最基本的特性是对其中的带电导体有磁场力的作用。所以研究磁场

的强弱,必须从分析电流在磁场中的受力情况入手,从中找出表示磁场强弱的物理量。

磁感应强度是用来描述磁场性质的物理量,它既有大小,又有方向,与电场中的电场强度相对应,本应叫磁场强度,但在磁学的发展过程中,磁场强度已被另一个物理量所占有,因而只能称为磁感应强度。

磁感应强度通常用字母 B 表示,其定义是:磁场中某点的磁感应强度的大小,等于该点处的导线通过单位电流所受力的最大值,它的方向为放在该点的小磁针的 N 极所指的方向。

要确定磁感应强度 B 的大小,可以利用载流导线在外磁场中受力这一效应。安培发现,一段通电导线在磁场中所受力的大小与线段长度 L 以及其中通过的电流 I 成正比。为了反映磁场中各点的磁场强弱,设在通电导线上取一小段长度 dL,dL 必须足够小,一方面可以把它看作一段直线,另一方面又可以认为在 dL 范围内磁场强度变化不大,可近似地表示为一个常量。在上述条件下,可以把 IdL 看作一个矢量,它的大小等于导线中的电流 I 与长度 dL 的乘积,它的方向与电流的方向相同。IdL 称为电流线,根据安培定律,电流线所受力 dF 可表示为

$$dF = KBIdL\sin\theta \tag{2.24}$$

式中,θ ——IdL 与 B 的夹角。

在国际单位制中,B 的单位是根据 dF 和 IdL 的单位确定的,因而 $K = 1$,所以,式(2.24)可写成

$$dF = BIdL\sin\theta \tag{2.25}$$

当 $\theta = 90°$ 时,电流线的受力最大,这时式(2.25)变为

$$dF_m = BIdL \tag{2.26}$$

因而磁感应强度的大小为

$$B = dF_m/IdL \tag{2.27}$$

在国际单位制中,dF 的单位为 N,I 的单位为 A,dL 的单位为 m,B 的单位为 T;在电磁单位制中,B 的单位为高斯(Gs),两者的换算关系为

$$1\ T = 10^4\ Gs$$

磁场强度是指在任何介质中,磁场中某点的磁感应强度 B 与同一点上磁介质的磁导率 μ 的比值,常用符号 H 表示,简称为 H 矢量,即

$$H = B/\mu \tag{2.28}$$

在国际单位制中,磁场强度 H 的单位为 $A \cdot m^{-1}$(安培每米),磁导率 μ 的单位为 $H \cdot m^{-1}$(亨利每米)。在电磁单位制中,磁场强度 H 的单位为 Oe(奥斯特),1 Oe 等于真空中磁感应强度为 1 Gs 处的磁场强度。两种单位制之间的换算关系为

$$1\ A \cdot m^{-1} = 4\pi \times 10^{-3} Oe$$

2. 非均匀磁场和磁场梯度

根据磁场中磁力线的分布状态,可将磁场分为均匀磁场和非均匀磁场。典型的均匀磁场和非均匀磁场如图 2.32 所示。

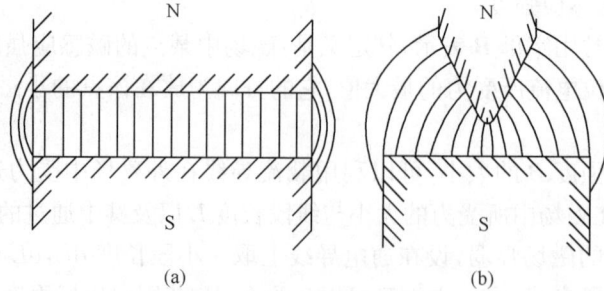

图 2.32　两种不同的磁场示意图
(a)均匀磁场;(b)非均匀磁场

图 2.32(a)所示的磁场为均匀磁场。在这种磁场中,磁力线的分布是均匀的,各点的磁场强度大小相等、方向相同,即磁场强度 H 等于常数。图 2.32(b)所示的磁场为非均匀磁场。在这种磁场中,磁力线的分布是不均匀的,各点磁场强度的大小和方向都是变化的,亦即磁场强度 H 不是常数。

磁场的不均匀程度用磁场梯度表示,有时也称磁场强度的变化率,其表示形式为 dH/dx 或 $grad H$。显然,在均匀磁场中,$dH/dx = 0$;在非均匀磁场中,$dH/dx \neq 0$。dH/dx 越大,磁场的不均匀程度越高。磁场中某点的磁场梯度的方向为磁场强度在该点处的变化率最大的方向;该点处磁场梯度的大小恰好是这个最大变化率的数值。

分选磁性不同的固体颗粒必须在非均匀磁场中进行。因为在均匀磁场中磁性颗粒只受到转矩作用,转矩使它的长轴平行于磁场方向,处于稳定状态;而在非均匀磁场中,磁性颗粒除受到转矩的作用外,还受到磁力作用。磁力呈现出引力作用,使磁性颗粒向着磁场强度升高的方向移动,最后被吸到磁极上。正是由于磁力的作用,才有可能将磁性强的固体颗粒与磁性较弱或非磁性的固体颗粒分开。因此,位于磁选设备分选空间中的磁场,不但要有一定的磁场强度,还必须有适当的磁场梯度。

磁场中某点的磁场梯度目前还不能直接测量,需要根据测得的磁场强度随空间距离的变化值,通过计算或作图求出该点的磁场梯度。例如,已经测得永磁筒式磁选机分选空间中距磁极表面不同高度的磁场强度见表 2.4。

表 2.4　距磁极表面不同高度的磁场强度

距离/m	0	0.010	0.020	0.030	0.040	0.050	0.060
磁场强度/($A \cdot m^{-1}$)	127 200	93 600	77 600	64 800	55 200	48 000	41 600

以到磁极表面的距离为横坐标,以磁场强度为纵坐标,将不同距离各点所对应的磁场强度标示在坐标系中,连接各点的曲线称为磁场强度的分布线(图 2.33)。若需要求 A 点的磁场梯度,可过 A 点作曲线的切线,切线的斜率就是该点的磁场梯度,其单位是 $A \cdot m^{-2}$。由此可见,磁场梯度就是沿磁场强度最大变化率方向上,单位距离的磁场强度变化值。如果

已知磁场强度在最大变化率方向上的分布函数 $H(x)$，则这一分布函数的导数就是磁场梯度的分布函数式。

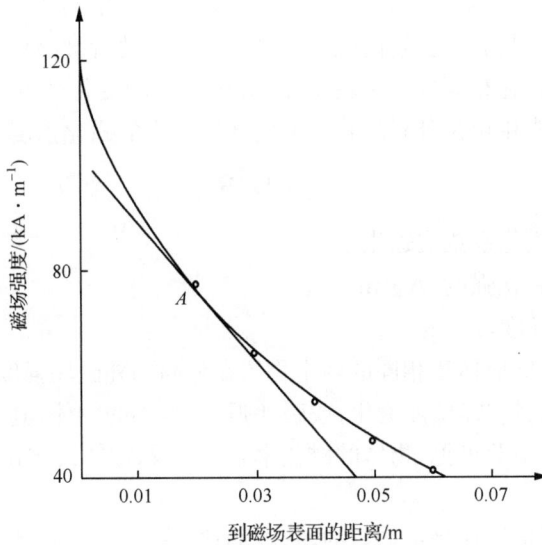

图 2.33　磁场强度分布曲线

必须指出，在数量场中梯度有一个重要性质，即数量场中某点的梯度垂直于过该点的等位面，而且指向数量场分布函数增大的方向。另外，只有在下述情况下，梯度的概念才可以用在矢量场中，即在矢量场中选定了这样一些特定的方向，在这些方向上矢量场（如磁场强度）具有同一方向，在此方向上场矢量对距离的变化率可认为是场数量对距离的变化率，而且数值最大。

3. 物体的磁化

原子是有磁性的，由原子或分子组成的物体也具有磁性。原子中各个电子产生的磁效应用原子磁矩表示；分子产生的磁效应用分子磁矩表示。物体在不受外磁场作用时，分子的热运动使得分子磁矩的取向分散，其矢量和为零，所以物体不显示磁性。当把物体置于磁场中时，分子磁矩沿外磁场方向取向，其矢量和不等于零，从而使物体显示出磁性，这就是物体被磁化的实质。

不同磁性的物体，在相同的磁场中被磁化时，分子磁矩取向程度的不同，使其磁性有强弱之分。所谓非磁性物体，只是这种物体中的分子磁矩在磁场中的取向程度极小而已，并不是绝对没有磁性。假如将其置于极强的外磁场中，它也可能显示出较强的磁性。

物体被磁化的程度用磁化强度 M 表示，磁化强度是单位体积物体的磁矩，即

$$M = \sum P_{\mathrm{m}}/V \tag{2.29}$$

式中，$\sum P_{\mathrm{m}}$——物体中各原子（或分子）磁矩的矢量和；

V——物体的体积。

磁化强度的物理意义是在磁感应强度为 B 的外磁场作用下，单位体积物体的磁矩，

是一个体现在外磁场作用下物体被磁化程度的物理量,其单位为 $A \cdot m^{-1}$。

如果把磁性和体积都相同的甲乙两个物体,分别置于不同的外磁场中磁化,若甲物体在较强的磁场中被磁化,乙物体在较弱的磁场中被磁化,则甲物体的磁化强度必然比乙物体的大,但这并不表明甲物体的磁性比乙物体的强,因为两者被磁化的条件(外磁场强度)不一样。如果两个物体在相同的外磁场中磁化,则它们的磁化强度必定是相同的。所以对于质地均匀的物体常用单位外磁场强度使物体所产生的磁化强度来表示它的磁性,即

$$\kappa_0 = M/H \tag{2.30}$$

式中,κ_0——物体的磁化系数或磁化率;

M——物体的磁化强度,$A \cdot m^{-1}$

H——外磁场强度,$A \cdot m^{-1}$。

这样一来,质地不同而体积相同的两个物体在相同的外磁场强度下被磁化时,磁矩大的物体,其 κ_0 也大,说明它容易被磁化,或磁性强;磁矩小的物体,其 κ_0 也小,说明它不容易被磁化,或磁性弱。由此可见,物体的磁化率 κ_0 是表示物体被磁化难易程度的物理量,是一个无量纲的量。

实际上,物体的质地往往是不均匀的,其内部常存在一些空隙,因而对于同一性质(化学组成相同)、体积相同的两物体在相同的外磁场中被磁化时,可以有不同的磁化强度,亦即有不同的 κ_0,这主要是由于物体内存在的空隙影响的结果,空隙越多,取向的分子磁矩数量就越少,物体的磁性也就越弱。为了消除物体中空隙的影响,需要用单位磁场强度在单位质量物体上产生的磁矩,即物体比磁化系数或比磁化率 χ_0 来表示物体的磁性,即

$$\chi_0 = \sum P_m/(V\rho_1 H) = \kappa_0/\rho_1 \tag{2.31}$$

式中,χ_0——物体的比磁化率,$m^3 \cdot kg^{-1}$;

ρ_1——物体的密度,$kg \cdot m^{-3}$。

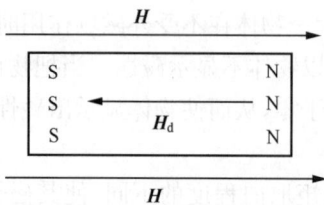

图 2.34　物体在外磁场中磁化
时的退磁场

4. 退磁场

物体在外磁场中被磁化后,如果两端出现磁极,将在物体内部产生磁场,其方向与外磁场方向相反或接近相反,因而有减退磁化的作用,这个磁场称为退磁场,其示意图如图 2.34 所示。

退磁场强度 H_d 在物体内部的方向是从 N 极到 S 极,恰好与外磁场的方向相反。在一般的物体中,退磁场往往是不均匀的,因而使原来有可能均匀的磁化也会变成不均匀,在这种情况下,磁化强度和退磁场之间不能找出简单的关系。当磁化均匀时,产生的退磁场强度与磁化强度成正比,即

$$H_d = -NM \tag{2.32}$$

式中,M——物体的磁化强度,$A \cdot m^{-1}$;

H_d——退磁场强度,$A \cdot m^{-1}$;

N ——退磁系数,其数值取决于物体的形状。

当图 2.35 所示的几种典型形状的物体在均匀磁场中被磁化时,对于无限大的圆形薄片, $N_x = N_y = 0, N_z = 1$;对于无限长柱体, $N_x = N_y = 1/2, N_z = 0$;对于球体, $N_x = N_y = N_z = 1/3$。

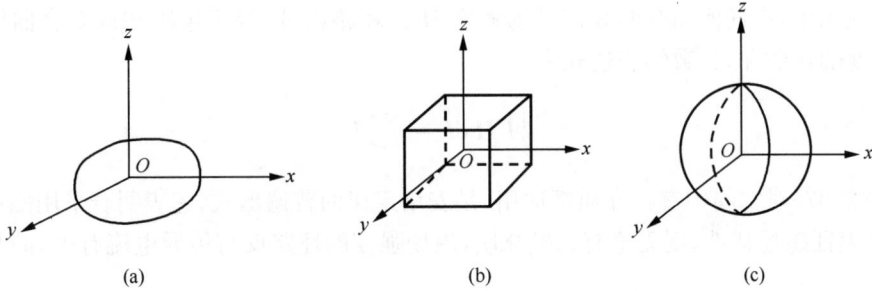

图 2.35　几种典型形状的物体

(a)无限大的圆形薄片；(b)无限长的柱体；(c)球体

在分选实践中,由于颗粒大多呈不规则的几何形状,所以 N 一般取为 0.16。

(二) 磁场的基本定律

与磁选有关的磁场的基本定律主要是磁场中的高斯定律和安培环路定律。

1. 磁场中的高斯定律

由普通物理学的知识可知,磁感应线(B 线)是一闭合线,因而穿入任意一个闭合曲面的磁感应线的条数必然等于穿出该闭合曲面的磁感应线的条数,即通过任何一个闭合曲面的总磁通量必然为零。若闭合曲面的面积为 S,它包含的体积为 ΔV,对于有限体积元 ΔV 有

$$\boldsymbol{\Phi}_{\mathrm{m}} = \oint_S \boldsymbol{B} \cdot \mathrm{d}S = 0 \tag{2.33}$$

根据场论的概念,对于磁场中任意一点均存在:

$$\mathrm{div}\boldsymbol{B} = 0 \text{ 或表示为 } \boldsymbol{V} \cdot \boldsymbol{B} = 0 \tag{2.34}$$

即磁感应强度 B 的散度为零,这就是磁场中的高斯定律,是磁场的一个重要性质。

2. 安培环路定律

安培环路定律简称安培定律,是电磁学中的重要定律之一,其内容是:在磁场中通过任何闭合线,磁感应强度的环流正比于闭合线所包围电流的代数和。在真空或空气中,安培定律的表达式为

$$\oint \boldsymbol{B} \mathrm{d}l = \mu_0 \sum I \tag{2.35}$$

式中, μ_0 ——真空中的磁导率, $\mu_0 = 4\pi \times 10^{-7}$ H $\cdot$ m^{-1};

$\sum I$ ——被闭合线包围的各导线中传导电流的代数和。

在有磁介质的情况下,式(2.35)可写成:

$$\oint \boldsymbol{B}\,\mathrm{d}l = \mu_0\left(\sum I + I_\mathrm{s}\right) \tag{2.36}$$

式中, I_s ——闭合线内的分子表面电流(磁化电流)。

在磁场中,沿任何闭合曲线作磁场强度 $\boldsymbol{H}$ 的环路积分,等于包围在该闭合曲线内各电流强度的代数和,其数学表达式为

$$\oint L\boldsymbol{H}\,\mathrm{d}l = \sum I \tag{2.37}$$

式(2.37)对空间中有无介质都适用,是安培定律的普遍形式,它表明若采用磁场强度矢量 $\boldsymbol{H}$ 表征磁场特性,则无论有无磁介质,磁场强度的环路仅与传导电流有关,而与磁化电流无关。

根据矢量场的旋度概念,磁场强度 $\boldsymbol{H}$ 的旋度为

$$\mathrm{rot}\boldsymbol{H} = J \text{ 或 } \boldsymbol{V}\times\boldsymbol{H} = J \tag{2.38}$$

式中, J ——传导电流密度。

如果所研究的磁场内不连环传导电流,即 $J = 0$,则

$$\mathrm{rot}\boldsymbol{H} = 0 \text{ 或 } \boldsymbol{V}\times\boldsymbol{H} = 0 \tag{2.39}$$

这样的磁场为无旋场,这是磁场的另一个重要性质。

在磁分离空间的磁场中,任何一点的磁感应强度 $\boldsymbol{B}$ 的散度为零,亦即磁分离空间的磁场是无源场;同时,因磁分离空间中任何一点磁场强度 $\boldsymbol{H}$ 的旋度为零,所以磁分离空间的磁场是无旋场。由于磁选设备分选空间的磁场是无源无旋场,其磁位函数必然满足拉普拉斯方程。根据相似原理,为无源无旋场造型时,几何相似是唯一的相似准则。这就是说,只要把待测的微小空间按几何相似条件放大若干倍,做成模型,则模型与原型具有相同的磁场特性。

(三)在磁介质中有关物理量之间的关系

根据物理学的知识,当电流所产生的磁场中有磁介质时,例如,在含有铁芯的螺绕环内(图2.36),安培环路定律可表示为

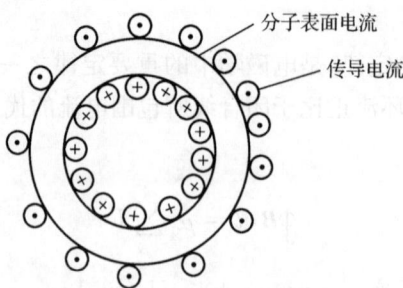

图 2.36　有铁芯的螺绕环

$$\oint \boldsymbol{B}\,\mathrm{d}l = \mu_0 \sum I + \mu_0 \oint \boldsymbol{M}\,\mathrm{d}l \tag{2.40}$$

移项后得

$$\oint [(\boldsymbol{B} - \mu_0 \boldsymbol{M})/\mu_0]/\mu_0 \,\mathrm{d}l = \sum I \tag{2.41}$$

式(2.41)中等号左边中括号内的代数式,整体可看作一个新的与磁场性质有关的矢量 $\boldsymbol{H}$,即令

$$\boldsymbol{H} = (\boldsymbol{B} - \mu_0 \boldsymbol{M})/\mu_0 \tag{2.42}$$

由式(2.42)得到 3 个磁矢量的普遍关系式为

$$\boldsymbol{B} = \mu_0 (\boldsymbol{H} + \boldsymbol{M}) \tag{2.43}$$

由式(2.43)可以看出,当电流所产生的磁场中有磁介质时,磁场中任意一点的磁感应强度 $\boldsymbol{B}$,除了包括电流产生的磁场外,还应考虑磁介质磁化后,分子电流产生的附加磁场。

因为 $\boldsymbol{M} = \kappa_0 \boldsymbol{H}$,所以式(2.43)又可写成

$$\boldsymbol{B} = \mu_0 (1 + \kappa_0) \boldsymbol{H} \tag{2.44}$$

令 $\mu_r = 1 + \kappa_0$,这里的 μ_r 是磁介质的相对磁导率,因而式(2.44)又可写为

$$\boldsymbol{B} = \mu_0 \mu_r \boldsymbol{H} = \mu \boldsymbol{H} \tag{2.45}$$

二、磁性颗粒在非均匀磁场中所受的磁力

当一个载流线圈在磁场中运动时,如果线圈中的电流强度不变,则磁力所做的功 ΔW 恒等于线圈中的电流 I 与通过线圈的磁通量的增量 $\Delta \Phi$ 的乘积,即

$$\Delta W = I \cdot \Delta \Phi \tag{2.46}$$

如图 2.37 所示,如果线圈所包围的面积为 A,它在不均匀磁场中移动了一段微小距离 ΔL,设线圈移动前所在处的磁场强度为 $\boldsymbol{H}$,移动后线圈所在处的磁场强度为 $\boldsymbol{H} + \Delta \boldsymbol{H}$,当介质的相对磁导率 $\mu_r = 1$ 时,磁力所做的功 ΔW 为

$$\Delta W = I \cdot \Delta \Phi = I[A(\boldsymbol{H} + \Delta \boldsymbol{H}) - A\boldsymbol{H}]\mu_0 = IA\Delta \boldsymbol{H}\mu_0 \tag{2.47}$$

式中, IA ——线圈的磁矩。

令 $P_m = IA$,则式(2.47)变为

$$\Delta W = \mu_0 P_m \cdot \Delta \boldsymbol{H} \tag{2.48}$$

如果载流线圈在磁场中受磁场作用的合力为 $\boldsymbol{F}_m$,则磁力所做的功 ΔW 又等于合力 $\boldsymbol{F}_m$ 与位移 ΔL 的乘积,即

$$\Delta W = \boldsymbol{F}_m \cdot \Delta L \tag{2.49}$$

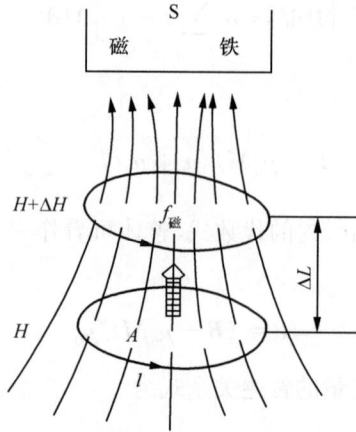

图 2.37　载流线圈在非均匀磁场中所受的力

比较式(2.48)和式(2.49),得

$$F_m = \mu_0 \cdot P_m \cdot \Delta H / \Delta L$$

式中的 $\Delta H / \Delta L$ 是线圈位移方向上的磁场强度变化率,即磁场梯度,用 $\mathrm{grad} H$ 表示,因而上式可写成

$$F_m = \mu_0 \cdot P_m \cdot \mathrm{grad} H \tag{2.50}$$

磁性颗粒在磁场中被磁化后,其磁效应也可用一个等效的元电流表示,这个元电流的磁矩为 P_m,它与一个小的载流线圈在磁场中受到的作用等效,所以磁性颗粒在不均匀磁场中所受的磁力同样可以用式(2.50)表示。设颗粒的体积为 ΔV,磁化强度为 M,则 $P_m = M \cdot \Delta V$,其中的 $M = \kappa_0 H$,所以有

$$P_m = \kappa_0 H \cdot \Delta V \tag{2.51}$$

把式(2.50)代入式(2.51),得

$$F_m = \mu_0 \kappa_0 \cdot \Delta V H \mathrm{grad} H \tag{2.52}$$

由式(2.31):

$$\chi_0 = \kappa_0 / \rho_1$$

得

$$\kappa_0 = \chi_0 \rho_1$$

代入式(2.52),得

$$F_m = \mu_0 \chi_0 \rho_1 \cdot \Delta V H \mathrm{grad} H = m \mu_0 \chi_0 H \mathrm{grad} H \tag{2.53}$$

式中, $m = \rho_1 \cdot \Delta V$ 是颗粒的质量,式(2.53)的等号两边同除以 m,即得到作用在单位质量颗粒上的磁力为

$$f_m = F_m/m = \mu_0 \chi_0 H \mathrm{grad} H \tag{2.54}$$

式中，f_m——比磁力，单位为 $N \cdot kg^{-1}$；

　　　　$H\mathrm{grad}H$——磁场力。

由式(2.54)可知，作用在单位质量磁性颗粒上的磁力 f_m，由反映磁性颗粒的比磁化系数 χ_0 和反映颗粒所在处磁场特性的磁场力 $H\mathrm{grad}H$ 两部分组成。在分选强磁性物料（矿物）时，由于颗粒的磁性强，χ_0 很大，克服机械力所需要的磁场力 $H\mathrm{grad}H$ 则可以小一些；分选弱磁性物料（矿物）时，由于颗粒的磁性很弱，χ_0 很小，克服机械力所需要的磁场力 $H\mathrm{grad}H$ 就很大。

从式(2.54)中还以可看出，如果颗粒所在处的磁场梯度 $\mathrm{grad}H = 0$，即使磁场强度很高，作用在磁性颗粒上的比磁力也等于零。这说明磁选必须在非均匀磁场中进行。为了提高磁场力 $H\mathrm{grad}H$，不仅需要设法提高磁场强度 H，而且应该研究提高磁场梯度 $\mathrm{grad}H$ 的措施。正是由于一系列场强高、梯度大的强磁场磁选机的陆续问世，磁选的应用范围才不断扩大。

应该指出的是，利用式(2.54)计算颗粒所受的比磁力时，一般采用颗粒中心处的磁场强度 H，因此，只有在磁场梯度 $\mathrm{grad}H$ 等于常数时，计算结果才是准确的。但在实际生产中，磁选设备分选空间的 $\mathrm{grad}H$ 不是常数，所以颗粒的粒度越小，其计算误差也就越小。对于粗颗粒或尺寸较大的物料块，必须将其分成许多体积很小的部分，先对每个小部分所受的磁力进行计算，然后求出总的磁力。这在实际工作中是很难做到的，所以在通常的情况下，多是根据磁选机的类型，结合实际情况，首先估算出作用在颗粒上的机械力的合力 $\sum F_{机}$，然后确定所需要的磁力。

磁性颗粒在磁场中所受比磁力的大小，按式(2.54)计算；磁力的方向是沿磁场梯度的方向，即颗粒所受磁力的方向指向磁场强度升高的方向。而某点处的磁场梯度方向可能与该点的磁场方向平行，也可能与磁场方向垂直或成某一角度，但磁场梯度一定与等磁场线（磁场中磁场强度相等的点的连线）垂直。一个"细长"磁性颗粒在不均匀磁场中，其长轴方向一定平行于磁场方向，而其所受磁力方向是沿磁场梯度方向。

三、磁选过程所需要的磁力

（一）磁选分离的基本条件

磁选是根据物料中不同颗粒之间的磁性差异，在非均匀磁场中借助于颗粒所受磁力、机械力等的不同而进行分离的一种方法。磁选是在磁选设备分选空间的磁场中进行的，被分选的物料给入磁选设备的分选空间后，受到磁力和机械力（包括重力、摩擦力、流体阻力、离心惯性力等）的作用，物料中磁性不同的颗粒因受到不同的磁力作用，而沿着不同的路径运动，在不同位置分别接取就可得到磁性产物和非磁性产物。

进入磁性产物的磁性颗粒的路径由作用在这些颗粒上的磁力和所有机械力的合力决定；而进入非磁性产物的非磁性颗粒的运动路径则由作用在它们上面的机械力的合力决定。因此，为了保证把被分选物料中的磁性颗粒与非磁性颗粒分开，必须满足的条件是

$$F_m > \sum F_{机} \tag{2.55}$$

式中，F_m——作用在磁性颗粒上的磁力；

　　$\sum F_机$——作用在颗粒上的与磁力方向相反的所有机械力的合力。

如果要分离磁性较强和磁性较弱的 2 种固体颗粒，则必须满足的条件为

$$F_{1m} > \sum F_机 > F_{2m} \tag{2.56}$$

式中，F_{1m} 和 F_{2m}——作用在磁性较强颗粒和磁性较弱颗粒上的磁力。

　　由此可见，磁选是利用磁力和机械力对不同磁性的颗粒产生的不同作用而实现的。两种颗粒（或矿物）的磁性差别越大，越容易实现分离。而对于磁性相近的固体颗粒，则不容易实现有效分离。

（二）回收磁性颗粒所需要的磁力

　　由磁选必须满足的条件可知，与磁力相竞争的力是作用在颗粒上的机械力。分选设备类型不同时，每种机械力的重要性也不同。磁性颗粒在磁场中分离有吸出型（图 2.38）、吸住型和偏移型（图 2.39）3 种基本形式。在上面给料的干式磁分离过程中，磁性颗粒（或物料块）所受的机械力主要是重力和离心惯性力。在湿式磁分离中，磁性颗粒所受的机械力主要是重力和流体对颗粒运动产生的阻力。

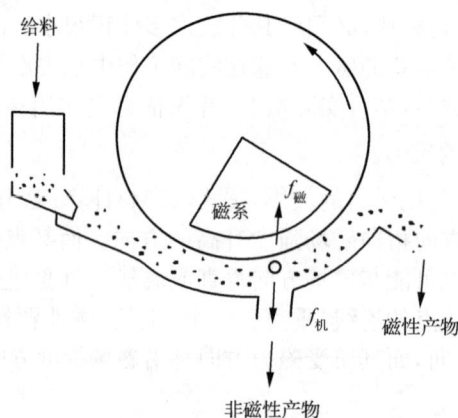

图 2.38　物料在磁选机中分离的示意图

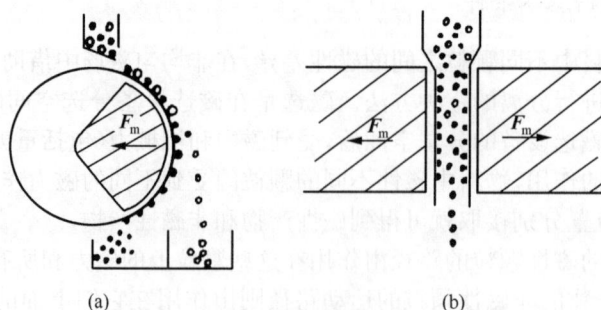

图 2.39　物料在磁场中分离的示意图
(a)吸住型；(b)偏移型

1. 上面给料的干式磁分离所需要的比磁力

上面给料时,颗粒或物料块直接给到回转的筒面或辊面上,磁性颗粒或物料块作曲线运动。这时磁分离的任务是将磁性颗粒或物料块吸在筒面或辊面上,非磁性颗粒或物料块在离心惯性力和重力的作用下,脱离辊面,从而实现两种性质颗粒或物料块的分离。为了便于分析问题,考虑作用于单位质量的磁性颗粒上的磁力和机械力,在这种情况下,作用在颗粒上的各种力如图 2.40 所示。

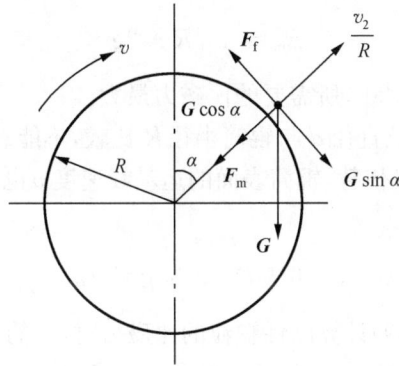

图 2.40　颗粒在磁滑轮上的受力分析图

设分选圆筒的半径为 R,圆周速率为 v,颗粒或物料块在圆筒上的位置到圆筒中心的连线与圆筒垂直直径之间的夹角为 α。在惯性系(以地面为参考)中,忽略颗粒之间的摩擦力和压力以后,作用在单位质量磁性颗粒上的力有重力 G、筒皮对颗粒的摩擦力 F_f、磁系对磁性颗粒的磁吸引力 F_m、与磁力方向相反的离心惯性力 F_c。

重力在圆筒表面切线上的分力会引起磁性颗粒在圆筒表面上滑动,为了避免颗粒在筒面上滑动,必须满足的条件为

$$F_f \geqslant g \sin\alpha$$

或

$$(F_m + g \cos\alpha - v^2/R)\tan\varphi \geqslant g \sin\alpha$$

由此得

$$F_m \geqslant v^2/R - g \cos\alpha + g \sin\alpha/\tan\varphi$$
$$= v^2/R + g \sin(\alpha - \varphi)/\sin\varphi \tag{2.57}$$

式中,φ——颗粒和筒面之间的静摩擦角;

$\tan\varphi$——颗粒和筒面之间的静摩擦系数。

从式(2.57)中可以看出,在辊筒半径、旋转速率和静摩擦角一定时,颗粒在不同位置上(即 α 角不同)时,所受的机械力也不同。要把磁性颗粒吸在辊筒表面上,所需要的磁力也不同,因而必须求出所需要的最大磁力。

当 $\mathrm{d}F_m/\mathrm{d}\alpha = 0$ 时,F_m 有最大值,为此对式(2.57)求导得

$$\mathrm{d}F_m/\mathrm{d}\alpha = g\{\mathrm{d}[\sin(\alpha - \varphi)/\sin\varphi]/\mathrm{d}\alpha\} = g \cos(\alpha - \varphi)/\sin\varphi$$

若令 $\mathrm{d}\boldsymbol{F}_{\mathrm{m}}/\mathrm{d}\alpha = 0$，由于 $\boldsymbol{g}/\sin\varphi \neq 0$，必有

$$\cos(\alpha - \varphi) = 0, \text{或} \alpha - \varphi = 90°$$

亦即当 $\alpha = 90° + \varphi$ 时，颗粒所需要的磁力最大，此时

$$\boldsymbol{F}_{\mathrm{m}} = v^2/R + \boldsymbol{g}/\sin\varphi \tag{2.58}$$

对于表面较为粗糙的皮带，$\varphi = 30°$ 或 $\sin\varphi = 0.5$，因而有

$$\boldsymbol{F}_{\mathrm{m}} = v^2/R + 2\boldsymbol{g}$$

此时颗粒所在的位置角 $\alpha = 120°$，所需要的比磁力最大。

需要指出的是，如果颗粒直径 d 与辊筒半径 R 比较，不能忽略（$d/R > 0.05$）时，上述计算式中的 R 应以 $R + 0.5d$ 代替，辊筒表面的运动线速度 v 也应以 $v(R+0.5d)/R$ 代替，此时，式（2.57）变为

$$\boldsymbol{F}_{\mathrm{m}} = v^2(R + 0.5d)/R^2 + \boldsymbol{g}\sin(\alpha - \varphi)/\sin\varphi \tag{2.59}$$

利用式（2.58）和式（2.59）计算磁性颗粒的比磁力时，v 的单位为 m/s，R 和 d 的单位为 m，重力加速度 $\boldsymbol{g}$ 取为 $9.81\mathrm{m} \cdot \mathrm{s}^{-2}$，$\boldsymbol{F}_{\mathrm{m}}$ 的单位为 $\mathrm{N} \cdot \mathrm{kg}^{-1}$。

2. 下面给料湿式磁分离所需要的比磁力

干式分选时，空气对颗粒运动的阻力可以忽略不计，而当分选过程在水介质中进行时，水对颗粒运动的阻力，特别是对微细颗粒的运动阻力则不能忽略。当矿浆经给料槽流入磁选机的工作区后，在矿浆沿一弧形槽运动的过程中，包含在矿浆中的磁性颗粒被吸向圆筒，磁性颗粒的受力情况如图 2.41 所示。

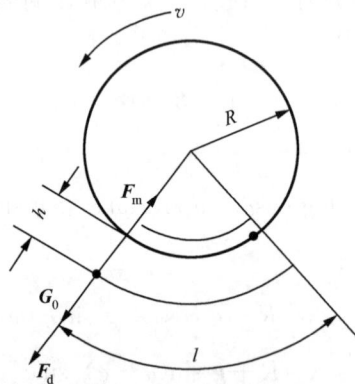

图 2.41　下面给料湿式磁选机中颗粒的受力分析

在水介质中，作用在单位质量磁性颗粒上的比重力 $\boldsymbol{g}_0$ 为

$$\boldsymbol{g}_0 = \boldsymbol{g}(\rho_1 - 1000)/\rho_1 \tag{2.60}$$

式中，ρ_1——磁性颗粒的密度，$\mathrm{kg} \cdot \mathrm{m}^{-3}$。

由于水介质的作用，磁性颗粒在磁力作用方向上的运动速度下降。在实际分选过程中，水介质对颗粒运动的比阻力（介质对单位质量颗粒的运动阻力）$\boldsymbol{F}_{\mathrm{d}}$ 一般用下式进行

计算：

$$F_d = 18\mu v/(d^2 \rho_1) \tag{2.61}$$

式中，F_d——作用在颗粒上的比阻力，$N \cdot kg^{-1}$；

　　μ——水介质的黏度，$Pa \cdot s$；

　　v——磁性颗粒在磁力作用方向上的运动速度，$m \cdot s^{-1}$；

　　d——颗粒的粒度，m。

　　由上述分析可知，在磁力作用方向上，作用在单位质量磁性颗粒上的合力的最小值 F 为

$$F = F_m - g(\rho_1 - 1000)/\rho_1 - 18\mu v/(d^2 \rho_1) \tag{2.62}$$

　　由牛顿第二定律得磁性颗粒在磁力作用方向上的运动方程为

$$F_m - g(\rho_1 - 1000)/\rho_1 - 18\mu v/(d^2 \rho_1) = a \tag{2.63}$$

式中，a——磁性颗粒在磁力作用方向上的加速度，$m \cdot s^{-2}$。

　　如果分选空间中距圆筒表面最远点到圆筒表面的距离为 h，磁性颗粒在加速度 a 的作用下，从该点运动到圆筒表面所需的时间为 t_1，则三者之间的关系为

$$h = a\,t_1^2/2$$

　　如果矿浆在磁选机的分选空间内运动的距离为 L，平均运动速度为 v_0，则磁性颗粒通过分选空间的运动时间 t_2 为

$$t_2 = L/v_0$$

　　在上述情况下，把通过分选空间的矿浆中携带的磁性颗粒全部吸到圆筒表面的条件为

$$t_1 \leqslant t_2$$

或

$$a \geqslant 2hv_0^2/L^2$$

　　把这一条件代入式(2.63)，得

$$F_m \geqslant g(\rho_1 - 1000)/\rho_1 + 18\mu v/(d^2 \rho_1) + 2hv_0^2/L^2 \tag{2.64}$$

　　从式(2.64)中可以看出，在湿式磁选过程中，吸出磁性颗粒所需要的磁力，与颗粒的粒度、密度、矿浆通过分选空间的平均运动速度等有关，颗粒的粒度越小，密度越大，所需要的磁力也就越大。

四、磁化焙烧的原理和分类

　　磁化焙烧是矿石加热到一定温度后，在一定的气氛中进行化学反应的过程。经磁化焙烧后，铁矿物的磁性显著增强，脉石矿物的磁性则变化不大。铁锰矿石经磁化焙烧后，其中的弱磁性铁矿物转变成强磁性铁矿物，而锰矿物的磁性则变化不大。因此，各种弱磁

性铁矿石或铁锰矿石,经磁化焙烧后都可以用弱磁场磁选设备对其进行有效分选。

磁化焙烧除了增加矿物的磁性外,还能排除矿石中的结晶水、二氧化碳和硫、砷等一些有害杂质,并能使坚硬致密的矿石结构疏松,有利于降低磨矿费用。

常用的磁化焙烧法可分为还原焙烧、中性焙烧、氧化焙烧和氧化还原焙烧。

(一) 还原焙烧

赤铁矿、褐铁矿和铁锰矿石在加热到一定温度后,与适量的还原剂作用,就可以使弱磁性的赤铁矿转变为强磁性的磁铁矿。常用的还原剂有 C、CO 和 H_2。赤铁矿(Fe_2O_3)与还原剂作用的反应如下:

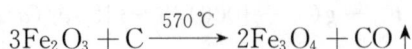

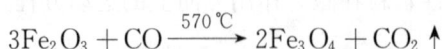

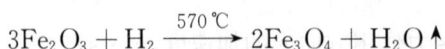

$$3Fe_2O_3 + C \xrightarrow{570\,℃} 2Fe_3O_4 + CO \uparrow$$

$$3Fe_2O_3 + CO \xrightarrow{570\,℃} 2Fe_3O_4 + CO_2 \uparrow$$

$$3Fe_2O_3 + H_2 \xrightarrow{570\,℃} 2Fe_3O_4 + H_2O \uparrow$$

褐铁矿($Fe_2O_3 \cdot nH_2O$)在加热到一定温度后开始脱水,变成赤铁矿,按上述反应被还原成磁铁矿。

在铁锰矿石的磁化焙烧过程中,发生的还原反应为

$$MnO_2 + CO \longrightarrow MnO + CO_2$$

$$MnO_2 + H_2 \longrightarrow MnO + H_2O \uparrow$$

$$3Fe_2O_3 + CO \longrightarrow 2Fe_3O_4 + CO_2 \uparrow$$

$$3Fe_2O_3 + H_2 \longrightarrow 2Fe_3O_4 + H_2O \uparrow$$

矿石的还原焙烧程度一般用还原度 R 表示,其定义式为

$$R = [w(FeO)/w(TFe)] \times 100\%$$

式中,$w(FeO)$——还原焙烧矿石中 FeO 的质量分数;

$w(TFe)$——还原焙烧矿中全铁的质量分数。

若赤铁矿全部还原成磁铁矿,则还原程度最佳,矿物的磁性最强,此时的还原度 $R=42.8\%$。

(二) 铁矿物磁化焙烧图

弱磁性铁氧化物矿物转变为强磁性铁氧化物矿物,可用铁-氧系图来研究其磁化焙烧过程。一般将其称为铁矿物磁化焙烧图(图 2.42)。

图 2.42 表示温度不同时各种铁氧化物相互转变的关系。图中 A 点为赤铁矿(约 30% 的氧和 70% 的铁),L 点为褐铁矿,C 点为菱铁矿。

菱铁矿在 400℃ 以下开始分解,到 500℃ 时结束(CBD 线段),完成磁化过程。褐铁矿在 300~400℃ 下开始脱水,脱水结束后,褐铁矿变成赤铁矿。赤铁矿在还原气氛中加热

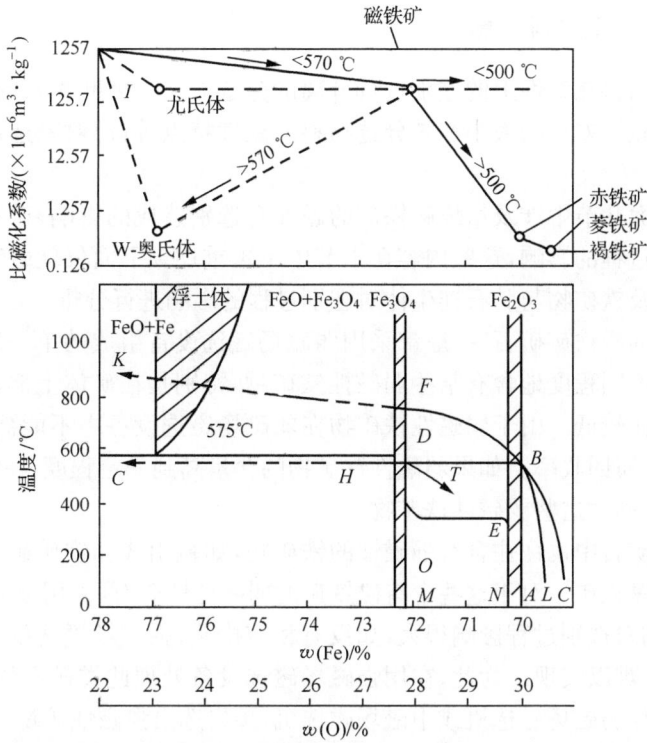

图 2.42　铁矿物磁化焙烧图

到 400 ℃时,还原反应开始进行,但还原速率很慢,在温度为 570 ℃时,赤铁矿在较短的时间内即可完全被还原为磁铁矿(D 点)。当赤铁矿还原反应终止于 D 点或 G 点时,变成磁铁矿,并完成了磁化过程。磁铁矿在无氧气氛中迅速冷却时,其组成不变,仍是磁铁矿(DM 线段)。磁铁矿在 400 ℃以下、在空气中冷却时,被氧化成强磁性的 γ-Fe_2O_3(DEN 线段);如在 400 ℃以上在空气中冷却,则被氧化成弱磁性的 α-Fe_2O_3(DB 线段)。Fe_3O_4、γ-Fe_2O_3 和 α-Fe_2O_3 的特性列于表 2.5 中。

表 2.5　几种铁氧化物的特性

分子式	晶形	晶格常数/nm	磁性
Fe_3O_4	立方晶系	0.84	强磁性
γ-Fe_2O_3	立方晶系	0.84	强磁性
α-Fe_2O_3	菱形晶系	0.542	弱磁性

由图 2.42 可以看出,最佳磁化过程是沿着 $ABDM$ 线段或 $ABDEN$ 线段进行的。所以磁化焙烧过程的温度必须适当,温度过高时将生成弱磁性浮士体(Fe_3O_4-FeO 固溶体)和硅酸铁;温度过低时,还原速率慢,影响生产能力。在工业生产中,赤铁矿矿石的有效还原温度下限是 450 ℃,上限为 700~800 ℃,最佳为 570 ℃。当采用固体还原剂时,还原温度是 800~900 ℃。

五、物料的磁性对磁选过程的影响

磁选是根据物料在磁性上的差别进行分离的分选方法。因此物料的磁性强弱、物料中不同组分之间磁性差异的大小和被分选物料的磁性特点等,都对磁选过程有着显著的影响。

在本章的前面几节中涉及焙烧磁铁矿的磁性对选别造成的影响,矿石粒度引起矿石磁性不同对选别过程的影响,这些内容在本节中不再重述。下面仅就磁铁矿矿石中含有铁矿物的种类以及铁矿物与脉石连生体对选别过程的影响进行分析。

处理强磁性的磁铁矿矿石,一般都采用弱磁场磁选设备组成的单一磁选工艺。而磁铁矿矿石中又都不同程度地含有某些弱磁性铁矿物,特别是在矿体上部,由于氧化作用,矿石的磁性率都比较低。由于弱磁性铁矿物在弱磁场磁选设备中不能被回收,所以造成金属流失,影响金属回收率。如果弱磁性铁矿物的含量高到一定程度,在技术条件允许的情况下,需要考虑回收这些弱磁性铁矿物。

在弱磁性铁矿石中也往往含有强磁性的铁矿物,如鞍山式赤铁矿矿石中和假象赤铁矿矿石中都含有磁铁矿。对于这些含有磁铁矿的弱磁性铁矿石,采用强磁选-浮选工艺处理时,强磁性矿物对选别过程影响很大,如没有相应措施,强磁场磁选设备会发生磁性堵塞,造成选别工艺难以实现。为此,在用强磁场磁选设备处理此类矿石的流程中,在强磁场磁选设备前面加弱磁场磁选机或中磁场磁选机,预先选出强磁性矿物。

在磁铁矿矿石的分选过程中,经常出现磁铁矿与脉石矿物的连生体进入磁性产物而影响选别产物质量的现象。因此研究连生体中磁铁矿含量对连生体磁性的影响是很有必要的。根据测定,连生体的比磁化系数与其中磁铁矿含量的关系如图 2.43 所示。

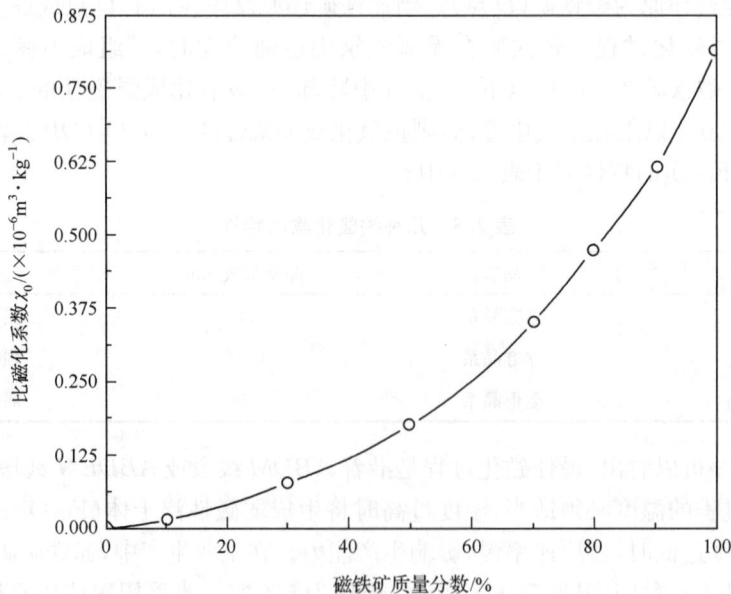

图 2.43　磁铁矿含量对连生体颗粒比磁化系数的影响

图 2.43 中的曲线表明,连生体的比磁化系数随其中磁铁矿含量的增加而提高,但不是直线关系,开始增加缓慢,当磁铁矿的质量分数大于 50％以后增加很快。从图 2.43 中可以看出,当连生体中磁铁矿的质量分数为 10％时,它的比磁化系数为 0.04×10⁻³ m³·kg⁻¹;当质量分数为 50％时为 0.19×10^{-3} m³·kg⁻¹。由此可见,即使是磁铁矿的贫连生体,其比磁化系数也比脉石矿物的要高得多(石英的比磁化系数为 0.13×10^{-6} m³·kg⁻¹)。一些研究者通过研究提出了计算连生体比磁化系数(磁化磁场强度为 80～120 kA·m⁻¹)的公式:

$$\chi_{连} \approx 1.13 \times 10^{-5} w_磁{}^2 / (127 + w_磁) \tag{2.65}$$

式中,$\chi_连$——连生体的比磁化率,m³·kg⁻¹;

$w_磁$——连生体中磁铁矿的质量分数,％。

在目前的恒定磁场磁选设备的分选过程中,连生体进入磁性产物的可能性是很大的。表 2.6 是分选磁铁矿矿石所得磁性产物的显微镜观察结果。

表 2.6　磁性产物的显微镜观察结果

−0.074mm 含量/％	铁品位/％	各种颗粒所占的百分数/％		
		单体磁铁矿	单体石英	连生体
85	64.08	43.78	8.36	47.86
85	63.94	58.90	5.90	35.20
71	58.35	55.79	5.89	38.32

表 2.6 中的数据表明,在磁选所得的磁性产物中,单体状态存在的脉石是较少的,而以连生体状态存在的脉石却是较多的。因此,可以认为大量连生体的存在是影响磁选精矿质量的主要因素。鉴于此,在磁铁矿矿石的选矿厂中,常采用细筛再磨工艺,提高最终精矿的质量。一些选矿厂曾经应用细筛工艺获得了表 2.7 所示的技术指标。

表 2.7　几个选矿厂应用细筛的指标

厂名	产品名称	产率/％	铁品位/％	筛分效率/％	筛分段数
南芬选矿厂	给料	100.00	60.91		
	筛下产物	33.58	66.09	33.43	2
	筛上产物	66.42	58.29		
大石河选矿厂	给料	100.00	63.15		
	筛下产物	57.42	67.68	46.67	2
	筛上产物	42.58	57.64		
齐大山选矿厂	给料	100.00	53.20		
	筛下产物	65.38	59.40	60.07	2
	筛上产物	34.62	42.42		
大孤山选矿厂	给料	100.00	60.36		
	筛下产物	48.62	64.09	33.43	3
	筛上产物	51.38	58.01		

当然细筛的应用需要具备一定的条件,即要求单体铁矿物与连生体存在粒度界限,也就是大于某一粒级的颗粒主要为连生体,小于某一粒级的颗粒主要是单体铁矿物。对于连生体部分通过再磨达到矿物单体解离,再一次去分选。细筛在流程中起到了控制分级和提高分选产物质量的作用。某选矿厂磁选所得磁性产物(细筛给料)的粒度筛析结果列于表 2.8 中。

表 2.8　南芬选矿厂细筛给料的筛析结果

粒级/mm	产率/%		铁品位/%	
	部分	累计	部分	累计
+0.125	1.90	100.00	15.19	64.82
−0.125+0.1	1.90	98.10	21.91	65.82
−0.1+0.071	11.20	96.20	52.57	66.68
−0.071+0.063	11.80	85.00	64.61	68.44
−0.063+0.05	20.30	73.20	68.04	69.15
−0.05	52.90	52.90	69.55	69.55

从表 2.8 中可以看出,以 0.1 mm 为粒度分界线,分出大于 0.1 mm 的低品位粗粒级后,可以明显提高细粒级的铁品位。

第六节　深度还原-磁选分离技术中的常用术语

复杂难选铁矿石深度还原后的磁选分离过程中经常遇到的术语如下:

(1) 原料(原矿)　给入深度还原装备的物料。

(2) 熟料(还原物料)　深度还原后的待分选物料。

(3) 给料　给入某一个选别回路或者分选设备的物料。

(4) 磁性产物　经过磁选而得到的、主要由磁性颗粒组成的产品。

(5) 非磁性产物　经过磁选而得到的、主要由非磁性颗粒组成的产品。

(6) 中间产物(中矿)　分选过程产出的、需要进一步处理的产品。

(7) 精矿　分选作业或选矿厂得出的、富含一种或几种欲回收成分的产物,如铁精矿(富含铁的产物)。

(8) 尾矿　分选作业或选矿厂得出的、主要由脉石矿物或残渣组成的产物。

(9) 品位　给料或产物中某种成分(如元素、化合物或矿物等)的质量分数,常用百分数或 $g \cdot t^{-1}$、$g \cdot m^{-3}$ 表示。

(10) 产率　某一产物与给料或原料的质量比,常用字母 γ 表示。

(11) 回收率　产物中某种成分的质量与给料或原料中同一成分的质量之比。在工业生产实践中,回收率又细分为理论回收率和实际回收率两种。理论回收率是用给料和产物的化验品位,基于物质量平衡的原理计算出来的。对于一个两产物的分选过程,若给料和两种产物的质量分别为 Q_0、Q_1 和 Q_2,相应的某种成分的品位分别为 α、β 和 θ,则有

$$Q_0\alpha = Q_1\beta + Q_2\theta \qquad (2.66)$$

$$Q_0 = Q_1 + Q_2 \qquad (2.67)$$

由式(2.66)和式(2.67),得

$$Q_0(\alpha - \theta) = Q_1(\beta - \theta)$$

亦即

$$\frac{Q_1}{Q_0} = \frac{\alpha - \theta}{\beta - \theta} \qquad (2.68)$$

根据回收率的定义,得该成分在产物 Q_1 中的理论回收率 ε 为

$$\varepsilon = \frac{Q_1\beta}{Q_0\alpha} = \frac{\beta(\alpha - \theta)}{\alpha(\beta - \theta)} \times 100\% \qquad (2.69)$$

式(2.69)就是理论回收率的计算式。根据定义,产物 Q_1 的产率 γ 的计算式为

$$\gamma = \frac{Q_1}{Q_0} = \frac{(\alpha - \theta)}{(\beta - \theta)} \times 100\% \qquad (2.70)$$

因此,理论回收率的计算式又可以表示为

$$\varepsilon = \frac{\beta}{\alpha}\gamma \qquad (2.71)$$

实际回收率,则是直接对给料和产物进行计量和品位化验,并根据所得数据直接计算出的回收率,亦即

$$\varepsilon_{实际} = \frac{Q_1\beta}{Q_0\alpha} \times 100\% \qquad (2.72)$$

(12) 选分比(选矿比)　选得 1 t 销售产物(最终精矿)所需原料(原矿)的吨数。

(13) 富集比　产物中某种成分的品位与给料中同一成分的品位之比。

(14) 分选工艺流程图　表示分选过程的作业顺序及产品流向的线路图。

(15) 单体颗粒　仅含有一种化学成分(组分)或物质的颗粒。

(16) 连生体颗粒　含有两种或两种以上组分或物质的颗粒。

(17) 单体解离度　给料或分选所得的产物中,某种组分呈单体颗粒存在的量占给料或产物中该组分总量的百分数。

第三章　复杂难选铁矿石深度还原工艺装备

第一节　复杂难选铁矿石深度还原对工艺装备的基本要求

复杂难选铁矿石深度还原-高效分离技术的核心是将复杂难选铁矿石中的难以用传统的选矿技术和设备实现铁矿物与脉石的单体分离或难以实现分离、富集的铁矿物转化为一定粒度的金属铁颗粒,然后通过适宜的设备粉碎、磁选达到铁的富集。

为了实现复杂难选铁矿石深度还原-高效分离,对还原装备要求是:

(1) 以非焦煤为能源。

(2) 还原装备能耗低。

(3) 环境友好,对环境的负面影响小。

(4) 能快速、稳定地将铁矿物还原为金属铁,并能将还原出来的金属铁聚合成一定粒度的颗粒,以保证铁与脉石的有效分离。

(5) 还原装备操作简单,运行稳定性好。

复杂难选铁矿石深度还原-高效分离工艺中的还原装备与传统的炼铁设备、直接还原铁设备有明显的差异。既不能像炼铁高炉、熔融还原炉还原产品——金属铁、脉石均熔化为液态依靠密度实施分离;又不像直接还原设备中待处理原料在不熔化、不造渣的条件下完成铁矿物的还原,还原出来的金属铁结构、形态基本维持原有结构、状态,脉石保留在最终产品中。复杂难选铁矿石深度还原-高效分离技术中还原装备的还原温度和物料的形态变化介于传统的炼铁设备、直接还原铁设备之间,物料的形态处于脉石、还原剂灰分、添加剂产生固相造渣反应,但不产生熔化,还原出来的金属铁产生聚合长大但不熔化的状态。

系统地分析传统的炼铁高炉、熔融还原炉、各种直接还原炉的结构、基本作业条件、所用能源种类、能耗、对环境的影响、设备的投资等因素,结合已完成试验研究结果,复杂难选铁矿石深度还原-高效分离工艺中的还原装备可供选择的有以下类型:内配碳固定床深度还原炉(转底炉、车底炉),煤基回转窑(粒铁回转窑、直接还原回转窑),气基竖炉,煤基竖炉等。

内配碳固定床深度还原炉是铁矿物与还原剂混合造块(球团、压块)或铁矿物与还原剂混合料在敞焰快速加热的条件下实现快速还原的工艺设备统称。为改善其还原动力学条件,常采用铁矿物与还原剂混合造块或铁矿物与还原剂混合料为原料,改善待还原矿物与还原剂的接触条件以及还原气体与还原产物气体之间的扩散条件,提高还原速率和设备的工作效率。

内配碳固定床深度还原炉通常采用敞焰快速加热,物料平铺在还原炉炉底上,炉料在还原炉内炉底上为固定床,炉料相对于炉底是静止的。在料层上面的还原炉自由空间设有燃料燃烧器,燃料燃烧器所产生的热量通过辐射传热的方式向物料提供提高温度和还原所需要的热量。待还原物料被加热到一定温度后,矿石中铁的氧化物被物料中的还原剂 C 和碳气化产生的 CO 还原,还原反应所产生的 CO 从料面逸出,在料面形成一个 CO 气膜。这个 CO 气膜将还原炉自由空间燃料燃烧器燃烧形成的氧化性气氛与料层内的还原性气氛隔离开,保证了还原炉自由空间燃料燃烧器的加热和料层内的还原两大功能同时存在和完成。

在物料还原反应进行剧烈时,还原反应单位时间内产生的 CO 量大,物料表面所形成的 CO 气膜厚度大。随着物料还原反应逐渐进行在接近完成时,还原速率逐渐减慢,单位时间内产生的 CO 量逐渐减少,料层表面的 CO 气膜逐渐减薄,料层表面的 CO 气膜对料层的保护能力下降。而物料还原新生成的金属铁活性极高,极易氧化,因此,燃料燃烧器所产生的火焰必须远离待还原物料的表面,物料的加热和还原所需要的热量必须全部依靠辐射方式传热传递,还原炉燃料燃烧器产生的火焰不能与炉料产生对流传热。尤其是还原带的末端,控制还原炉燃料燃烧火焰对物料表面的再氧化是保证物料金属化率的重要条件。

转底炉是已经实现了工业化生产的还原设备。车底炉是转底炉的一种变形,加热、还原的控制与转底炉完全相同,仅将物料的平面旋转运动改为平面直线运动,减少了设备的运转部件,降低了设备的投资,有益于减低生产运行成本。双相加热推板炉是车底炉的变形,为了改善物料的传热,将待还原物料置于导热性较高的底板上,在料面上的自由空间和底板下的自由空间同时设置燃料烧嘴,对底板上的待还原物料实施双相加热。

第二节　转　底　炉

转底炉(rotary hearth furnace,RHF)工艺是以一种煤基快速直接还原技术(周渝生等,2010)。该工艺思想最早由 Ross 公司(Midrex 公司前身)提出,并于 1964 年开始进行规模试验,从 1978 年在美国 Ellwood 市建成第一座具有商业意义的转底炉 INMETCO 工艺起,到现在转底炉的发展已经有 30 多年的历史。在转底炉发展过程中,美国、德国、日本等国都相继投入力量开发研究,先后建立起工业化生产厂。目前该技术已经逐渐趋于成熟并表现出一定的商业发展潜力。

转底炉由环型的平面转动的炉底、炉底的转动机构及控制系统,在环型的平面转动的炉底上方的加热炉及燃料烧嘴、燃气系统、尾气处理系统、燃烧及温度控制系统,装料及布料系统,出料系统,还原物料的冷却及处理系统等组成。

转底炉工艺及转底炉还原的过程的示意图如图 3.1 和图 3.2 所示。

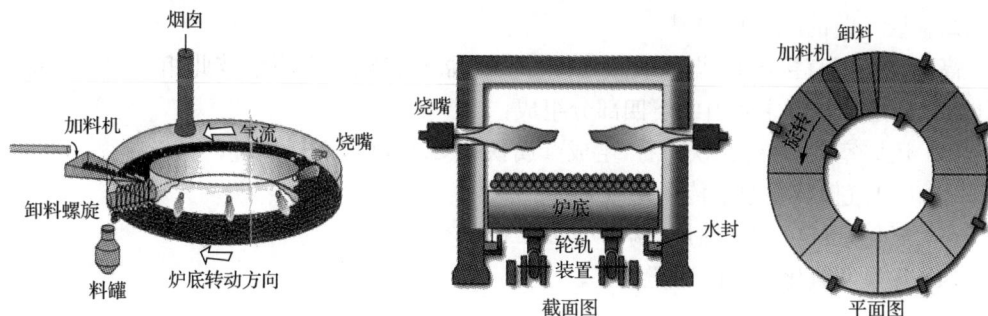

图 3.1　转底炉工艺示意图

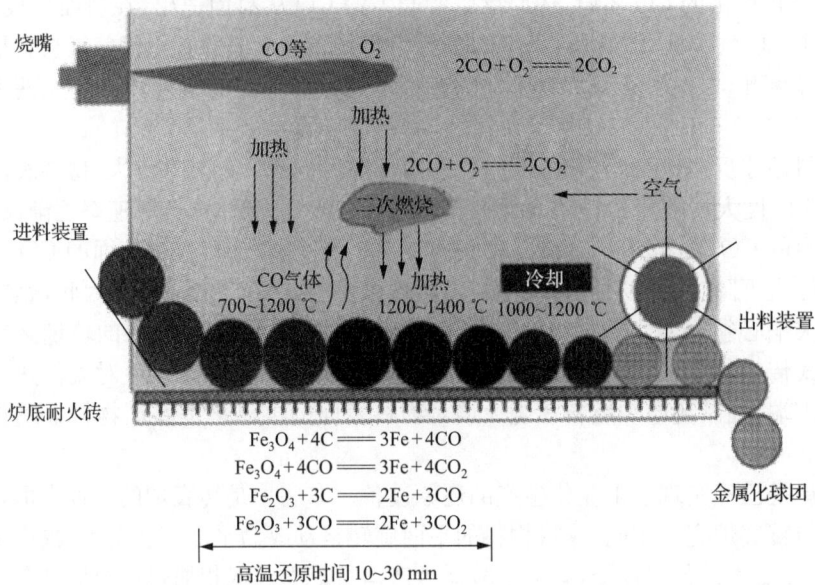

图 3.2　转底炉还原的过程示意图

第三节　车底炉、往复式车底炉(并行直底炉/PSH)

　　鉴于转底炉运行设备多、投资大、运行费用高等问题,车底炉、往复式车底炉(并行直底炉)的工作原理与转底炉完全相同,仅将炉底的水平旋转改为水平直线运动,旋转的炉底用多个"台车"替代,卸料后的"台车"在炉外或另一条对行炉内循环。以期降低设备造价,减少设备的运行费用(汪翔宇等,2013)。

　　由加拿大籍华裔冶金学家 Lu 教授提出的高温高料层直接还原工艺(PSH)中设想的还原设备——"并行直底炉"与唐山奥特斯科技有限公司汪寿平、高波文、汪翔宇等设计并正付诸实施的 OTS 工艺中的还原设备——"往复式车底炉"有异曲同工之妙。在高温高料层工艺实验室试验成功后,还原设备能否适应工艺要求并走向工业化至关重要,将高温高料层直接还原工艺的工艺要求贯穿于 OTS 往复式车底炉的应用之中,使其成为高温高料层工艺的核心装备已达成共识。核心技术和核心装备两者的有机结合,将极大地加快高温高料层工艺的工业化进程。

　　高温高料层直接还原,即将直接还原分为还原室和氧化室两个彼此相互独立的部分(图 3.3)。还原过程主要由以下四部分组成:

　　(1) 还原室:由碳还原铁矿石,生成金属铁和 CO 气体,消耗热量。

　　(2) CO 气体从还原室传递到氧化室。

　　(3) 氧化室:CO 完全燃烧(氧化)生成 CO_2,释放热量。

　　(4) 热量从氧化室传递到还原室。

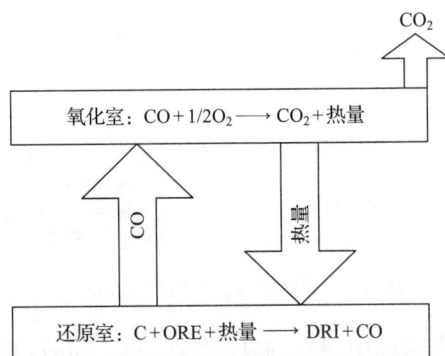

图 3.3 转底炉、车底炉还原、传热过程示意图

该工艺的操作特点即"高温"和"高料层"。在能源利用方面,先利用 C 的化学能,作为还原剂还原铁矿石,生成 CO;再利用其热能,CO 完全燃烧成 CO_2 产生高温,作为热源为矿石的还原和加热提供热量,同时由于高料层的存在可防止直接还原铁(DRI)被 CO_2 再氧化,从而有效地提高了燃料利用率,降低燃耗。该工艺的两点关键问题是:

(1) 传热,即热量由上层球团传递到下层球团,从球团表面传递到球团内部。

(2) DRI 再氧化,防止 DRI 被氧化室的 CO_2 和 O_2 再氧化。正是由于同时采取了"高温"和"高料层"的操作特点,可有效解决这两个关键问题,从而实现"既燃料利用率高又金属化率高"。其主要原因如下:

① 高温操作——加快传热,提高反应速率。

所谓高温,即使还原室产生的 CO 在氧化室完全燃烧,生成 CO_2。高温操作具有如下四个优点:

a. 提高燃料利用率,降低燃耗。

b. 有利于辐射传热。在球团与炉壁相对静止的直接还原工艺中,热量传递以辐射传热为主,而辐射传热量与温度的四次方成正比。因此,提高温度可大大提高热辐射传递给炉料的热量。

c. 加快球团收缩。前期研究表明,热量传输是整个工艺过程(包括质量传输和热量传输)的限制性环节。还原初期,上层球团很容易接受热辐射传递的热量,但下层球团难以直接获得辐射传热。高温条件下,有利于第一层球团还原后体积收缩,料层空隙度增大,则有利于对第二层球团的辐射传热,依次类推。因此高温可加快球团收缩,从而有利于给下层球团进行辐射加热。还原后期底层球团所需要的热量来自传导和辐射传热的共同作用,此时上层球团的良好还原和收缩使 DRI 具有优良的导热性能。

d. 高温有利于加快还原速率,提高生产效率。同时有利于铁颗粒的长大,尤其适合于特殊矿石的冶炼。

② 高料层操作——防止 DRI 再氧化,提高金属化率和生产效率。

传统的球团与炉壁相对静止的直接还原工艺由于传热方式以辐射传热为主,球团层数超过 2 层以后,辐射传热难以将热量传递给 2 层以下的球团,因此生产工艺中的实际料层多数仅为 1 层或 2 层(图 3.4)。

火焰	$CO/CO_2 > 2.0$
料层高度	$1300 \sim 1350\ ℃$
	$1 \sim 2$ 层
	$20 \sim 25\ mm$
煤	高固定碳

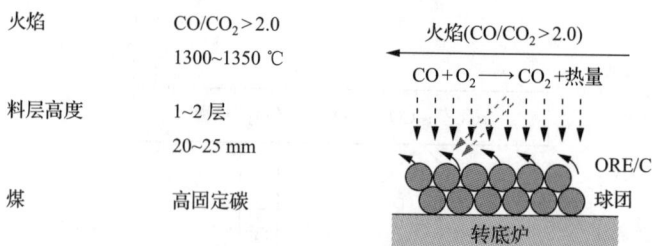

图 3.4　薄料层的直接还原示意图

　　薄料层操作（$1 \sim 2$ 层含碳球团，料层高度约 $20 \sim 25\ mm$），存在燃料利用率与 DRI 再氧化之间的矛盾。即若提高燃料利用率，降低 CO/CO_2 值，则 DRI 容易被再氧化，导致金属化率低；若为了防止再氧化，必须提高 CO/CO_2 值，则燃料利用率降低，火焰温度也随之下降，难以保证传热，球团内部还原不充分，导致金属化率低。通常，薄料层操作时 CO/CO_2 值约为 2.0，火焰温度 $1300 \sim 1350\ ℃$，燃料利用率约 52%，但温度超过 1000 ℃时，仍会有部分 DRI 被再氧化，导致金属化率较低，约 70%。

　　为实现提高燃料利用率的同时提高金属化率，高温高料层的工艺原理如图 3.5 所示。

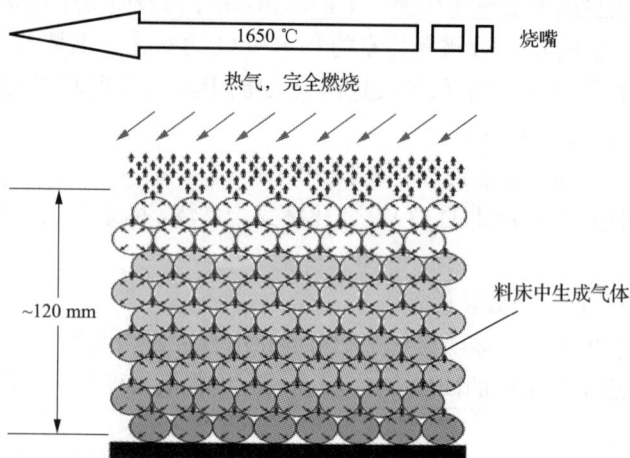

图 3.5　高温高料层直接还原工艺原理示意图

　　所谓高料层，即 $5 \sim 7$ 层含碳球团，总高为 $80 \sim 120\ mm$。高料层操作的理论依据如下：

　　a. 防止 DRI 再氧化。下层球团还原产生的自下而上的 CO 气流，对上层已还原的 DRI 具有保护作用，可防止 DRI 被 CO_2 再氧化甚至熔化问题的发生。只有到还原后期时，若希望底层球团充分收缩，具有足够的强度和密度，顶层球团才可能被部分氧化，使顶层球团金属化率略有降低（1% ~ 2%）。

　　b. 煤气完全燃烧成 CO_2。由于 DRI 可以被上升的 CO 保护，防止再氧化。因此整个工艺过程中，从料层（还原室）上升的 CO 可在氧化室完全燃烧成 CO_2，实现高温操作，提供大量的热量，可用于含碳球团的加热和还原，或预热空气。因此，高料层操作可实现提高燃料利用率，降低燃耗。

　　c. 高料层操作可缩短每层的平均还原时间，有利于提高生产效率。

③"高温"和"高料层"必须同时采用。

该工艺过程中,高温操作与高料层操作必须同时实现,二者缺一不可。若只有高料层没有高温,则传热速率慢,且上层DRI难以收缩,使得下层球团更难接收到辐射传热;若只有高温没有高料层,则单层球团还原过程中缺乏自下而上的还原性保护气氛,使得DRI在高温条件下容易再氧化,进而熔化。因此"高温"和"高料层"必须同时实现,二者缺一不可。正是在这二者合力的共同作用,使得该工艺具有四高的特点:即高生产效率、高能源利用率、高金属化率、高DRI强度和密度。

一、车底炉、并行直底炉(PSH)试验效果与分析

(一)电加热炉试验

电加热炉试验所用原料为柬埔寨高品位铁精矿和国产的烟煤以及膨润土,其化学成分见表3.1和表3.2。

表3.1　铁精矿化学成分　　　　　　　　单位:%(质量分数)

TFe	FeO	SiO$_2$	Al$_2$O$_3$	CaO	MgO	H$_2$O
69.78	25.16	0.68	0.32	<0.05	<0.05	0.02

表3.2　煤粉与膨润土化学成分　　　　　　　　单位:%(质量分数)

煤粉	固定碳	全碳	挥发分	灰分
	60.49	75.4	31.23	8.28
膨润土	Fe$_2$O$_3$	SiO$_2$	Al$_2$O$_3$	CaO	MgO
	2.03	69.74	16.60	2.41	1.14

如前面所述,热量传输是高温高料层工艺过程的限制性环节,本工艺能否成功的关键一点便是一维传热条件下,辐射传热能否由料层顶端传递到料层底部球团。分析认为,高温条件下,铁晶粒长大,DRI体积缩小,料层空隙度增大,有利于辐射传热和底层球团的充分还原。图3.6所示为还原后四层的DRI试样。由图可见,DRI还原收缩后,整个料层结构产生很大的空隙度,足以保证热量以辐射传热的方式传递给第5层球团。因此,只要保证DRI良好的还原和收缩,辐射传热完全可以提供底层球团加热和还原所需的热量。各层DRI的金属化率如图3.7所示。由图可见,第1~4层球团的金属化率约为90%,只有第5层球团略低,约为85%。

图3.6　四层DRI试样

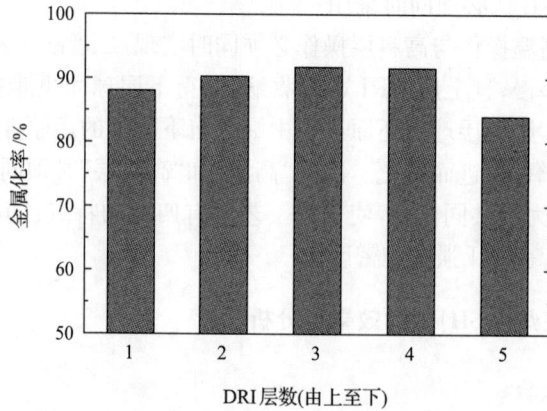

图 3.7　各层 DRI 的金属化率

为了比较单料层与高温高料层的工艺指标,分别在实验室条件下做了单料层与多料层的直接还原试验,两种试验的最佳指标汇总于表 3.3。由表可见,高温高料层直接还原工艺的金属化率高,为 89.2%;生产率高,为 55.40 kg·h^{-1}·m^{-2},都明显高于单料层操作。而且,吨铁碳耗低,约 263.85 kg·t^{-1}。在全球范围内高度重视 CO_2 排放量的今天,燃料利用率的提高是减少 CO_2 排放的直接措施。因此,降低 CO_2 排放量,有利于实现节能减排也是本工艺的特色之一。

表 3.3　单料层与多料层生产指标的比较

生产指标	单料层	高料层
坩埚面积/m^2	0.005 024	0.005 024
还原时间/h	0.5	0.83
金属化率/%	51.03	89.2
生产金属铁/kg	0.029	0.231
生产率/(kg·h^{-1}·m^{-2})	11.64	55.40
碳耗/kg	0.011 88	0.060 95
吨铁碳耗/(kg·t^{-1})	409.55	263.85
CO_2 排放量/(kg·t^{-1})	1 490	968

(二)天然气加热炉试验

与其他非高炉炼铁工艺相比,高温高料层工艺的最大优势在于能高效、低成本地对待还原物料实施快速深度还原。天然气加热炉扩大型试验的原料见表 3.4 和表 3.5。

表 3.4　铁精矿化学成分　　　　　　　　　　　　单位:%(质量分数)

TFe	FeO	SiO$_2$	Al$_2$O$_3$	CaO	MgO	S	P$_2$O$_5$
66.73	30.28	4.09	1.11	0.27	0.62	0.01	0.046

表 3.5　煤粉工业分析　　　　　　　单位:%(质量分数)

成分	全碳	固定碳	挥发分	灰分	粒度
煤粉	77.54	57.34	34.53	6.90	50~200 目

天然气加热炉试验装置如图 3.8 所示。盛装生球为 230 mm×170 mm 矩形坩埚(可装含碳球团 6~7 kg),生球直径 16~19 mm,料层高度 120 mm。加料时炉温为 1150~1250℃,10 min 后迅速将火焰温度升高至 1500~1600℃,全部加热时间为 60 min,温度控制如图 3.9 所示。

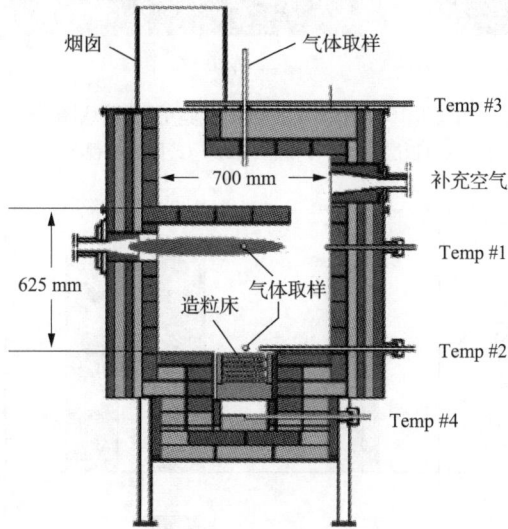

图 3.8　天然气加热炉试验装置

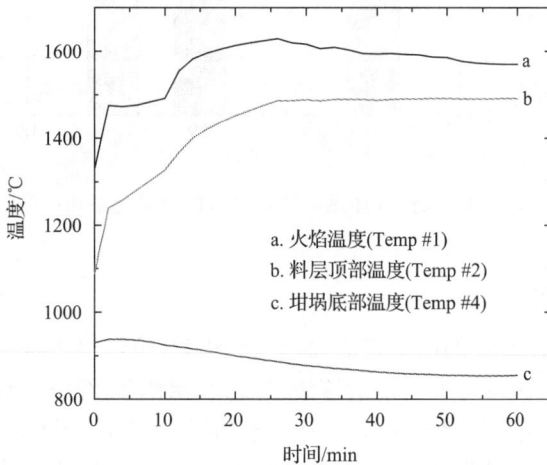

图 3.9　天然气加热炉试验温度控制曲线

图 3.10 所示为还原后 DRI 的外观形貌。图 3.11 所示为不同配碳条件下 DRI 的金属化率和密度。由图可见,C/O 为 0.8~0.95 时(C 含量以煤粉中的全碳计算),DRI 的金

属化率都在91%以上,密度为 $3.5\sim4.0$ g·cm^{-3}。因此,高温高料层直接还原工艺得到的 DRI 既可以热装入熔化炉生产铁水,也适合于远距离运输(强度大,密度大,粉末少)。

(a)　　　　　　　　　　　(b)　　　　　　　　　　　(c)

图 3.10　天然气加热炉试验 DRI 示意图

(a)顶层 DRI;(b)底层 DRI;(c)DRI 侧视图

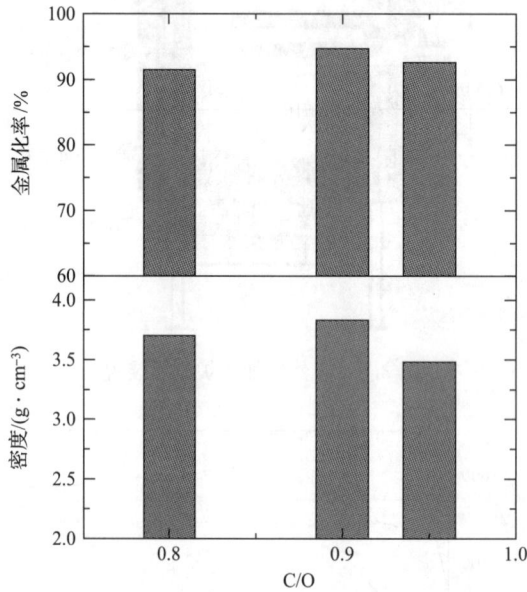

图 3.11　天然气加热炉试验 DRI 的金属化率和密度

(三)红土镍矿试验

通常红土镍矿采用常规的冶炼方法(高炉、矿热炉、预热预还原回转窑-矿热炉),可回收铁镍金属总量低(Fe+Ni<20%),冶炼渣量过大,能耗高,经济效益差。采用深度还原-高效分离工艺可大幅度降低能耗,提高经济效益,是红土镍矿冶炼的发展方向。

以红土镍矿为原料,以非结焦煤为还原剂采用 PSH 工艺进行的试验结果如图 3.12和图 3.13 所示。从宏观照片可见,红土镍矿还原后球团表面有肉眼即可看见的金属颗粒,而还原后产品的显微照片可见金属颗粒也发育得比较完全。因此,高温高料层直接还原红土镍矿,得到的产品有利于后期的磨矿和磁选分离。

图 3.12　红土镍矿还原后宏观照片

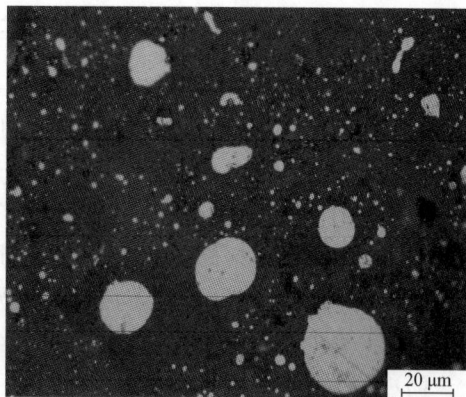

20 μm

图 3.13　红土镍矿还原后显微照片

红土镍矿中镍金属含量低、分布稀散、含镍矿物的粒度仅 5～20 μm，采用深度还原-高效分离工艺为红土镍矿创造良好的还原后铁镍金属的聚合长大条件，使还原成金属的铁镍聚合是提高金属回收率的关键。高温有利于金属颗粒的聚集和分离，因此高温高料层工艺适合红土镍矿的冶炼需要。鉴于镍铁合金按镍含量评定等级，按镍含量计价，在保证镍回收率的条件下可不考虑铁的回收率。

二、往复式车底炉机组的还原工艺过程

两台以若干辆台车为炉底的隧道式还原炉（车底炉）并列并首尾相接，根据工艺要求，在往式炉的进车端，台车在装料区被铺设金属氧化物物料后，在驱动力作用下，台车依次进入预热升温区与高温还原区传过来的废热烟气逆向运行使其物料完成预热过程，物料在高温还原区完成还原反应过程后，进入卸料区将还原后的金属化球团 DRI 卸下台车，该 DRI 即可以热装如熔化炉生产铁水，也可以冷却后进入下步工序。空台车横向移至毗邻的复式炉的进车端，在装料区铺设金属氧化物物料，在驱动力作用下，台车依次进入复式炉的预热升温区与高温还原区传过来的废热烟气逆向运行，使其物料完成预热过程，物料在高温还原区完成还原反应过程后，在卸料区卸料。空台车再横向移至毗邻的往式炉的进车端，完成一个往复循环作业周期。

往复式车底炉可设计为单联（即由两台车底炉组成）机组、双联（即由两台单联车底炉机组组成）、多联（即由两台以上单联车底炉机组组成）模式，在炉内宽度一定的情况下，机组长度决定产量规模。当年处理量在 30 万 t 以下的生产规模时，可选用单联往复式车底炉机组为一生产单元；当年处理量大于 30 万 t 的生产规模时，可选用双联（或多联）往复式车底炉机组为一生产单元。

物料进入往式炉预热升温区后半部时，在该区域内由碳还原铁矿石，生成大量的还原性气体，将该气体传递到毗邻的复式炉的高温还原区的后半部，促使金属氧化物料达到还原终点，保证物料的高金属化率，从而完成高温高料层的还原工艺过程。

三、高温高料层-往复式车底炉工艺的技术特点

与其他煤基深度还原设备相比,高温高料层-往复式车底炉具有如下特点:

(1)高生产效率、高能源利用率、高金属化率、高DRI强度和密度,这是高温高料层工艺的核心优势。

(2)节省土地:在同样规模的情况下,车底炉的占地面积为转底炉的45%～55%。

(3)可实现在线检修,由于炉子是固定的,只有台车列入生产性维修项目,而台车是活动的可在炉外检修,故可在不停炉的状况下实现在线检修。

(4)投资少,见效快。

(5)生产线可实现自动化。

(6)设备对原料的适应性强,可以深度还原-高效分离工艺处理低品位复杂难选矿、多金属伴生矿、含铁废料,也可以高品位矿为原料生产炼钢用直接还原铁(DRI)。

第四节 回 转 窑

一、传统的回转窑

传统的炼铁回转窑依据窑内的温度和物料的形态分为:生铁-水泥法回转窑、粒铁回转窑、直接还原铁回转窑。传统的炼铁回转窑的分类示意图如图3.14所示(史占彪等,1990)。

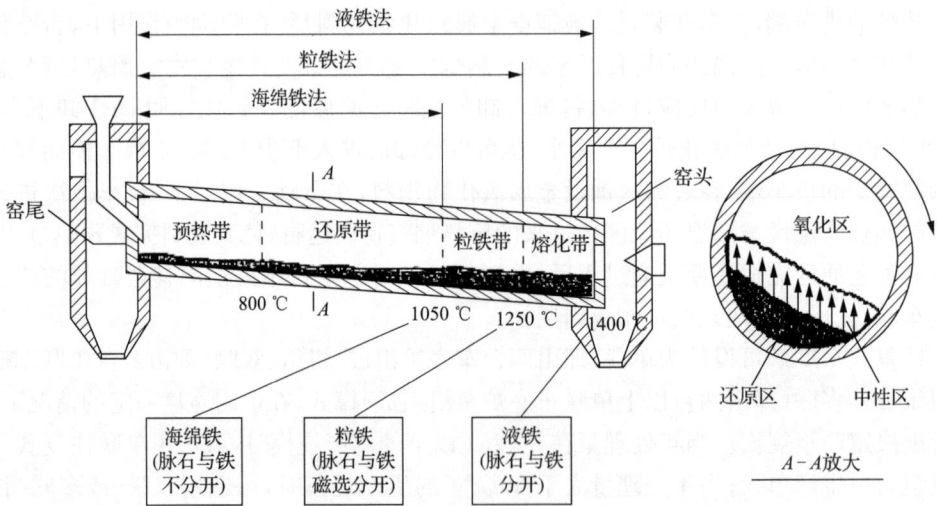

图3.14　传统的炼铁回转窑的分类示意图

1. 生铁-水泥法回转窑

生铁-水泥法回转窑——以碱性脉石的贫铁矿为原料,炉料以粉状、颗粒状、球团与还原剂、熔剂混合进入窑内,物料在窑内完成铁的还原,并熔化成铁水,脉石、熔剂、还原剂灰分造渣形成高碱度熔渣,铁水从窑头最低点的出铁口定期排出,高碱度熔渣从回转窑卸料

端连续排出。由于生铁-水泥法回转窑内最高温度达 1350~1450 ℃,内炉料最终全部形成熔融状态,铁水与高碱度炉渣密切接触,脱硫条件好,铁水含硫极低,但窑衬受到铁水和熔融炉渣的连续冲刷,侵蚀严重,吨铁耐火材料的消耗高达 30~100 kg,成为生铁-水泥法无法生存、发展的重要原因。该法目前已无生产的报道。

2. 粒铁回转窑

粒铁回转窑——以酸性脉石的贫铁矿为原料,炉料以粉状、颗粒状、球团与还原剂、熔剂混合进入窑内,物料在窑内完成铁的还原,并随温度的升高聚合形成"粒铁"颗粒 (1.20~50.0 mm),脉石、熔剂、还原剂灰分造渣形成黏度很大的半熔态熔渣,"粒铁"包裹在半熔态熔渣中。还原后的炉料从回转窑排出后经水淬、破碎、磁选获得颗粒状的产品——"粒铁"。粒铁回转窑内最高温度为 1200~1350 ℃。由于粒铁回转窑中物料呈半熔态,窑内温度及其温度分布、炉料成分、还原过程的轻微变化,极易产生炉料黏附在窑衬上,形成"结圈"。"结圈"是粒铁回转窑生产中常发生性的故障,是造成粒铁回转窑的年作业率时间仅约 250 天,造成生产成本升高的主要原因,是影响粒铁回转窑生存和发展的最重要原因。

粒铁法目前仍有工业化生产,朝鲜有数十座粒铁回转窑,其在生产上是朝鲜铁生产的重要组成之一,日本、希腊等国以粒铁法处理红土镍矿生产颗粒状镍铁,生产成本远低于其他工艺。

3. 直接还原回转窑

直接还原铁回转窑——窑内的铁矿石一直维持在纯固态的形态,窑内物料的温度低于物料中软熔温度最低的物料的开始软熔温度 100~150 ℃,炉料中铁矿物在不熔化、不造渣的条件下完成还原过程,还原产生的金属铁呈现海绵状结构,故直接还原铁(DRI)也被人们称为"海绵铁",产品中包含铁矿石中所有的脉石。

直接还原铁回转窑窑内最高温度通常低于 1000 ℃,炉料在窑内停留时间长达 8.0~10.0 h。因此,直接还原铁回转窑的单机(ϕ4.8 m×80 m)年生产能力通常小于 20 万 t。当前世界有 350 座回转窑在生产,直接还原铁的产量占世界直接还原铁总产量的 25% (赵庆杰等,1997)。

二、深度还原回转窑

深度还原-磁选分离技术中的深度还原回转窑是依据直接还原回转窑与粒铁回转窑经验提出的。深度还原回转窑的原材料的准备、入窑控制、温度控制及操作与直接还原回转窑完全相同;回转窑的运行温度、还原程度、还原后铁的聚合长大均介于直接还原铁回转窑和粒铁回转窑之间。深度还原回转窑的出料、炉料的处理与粒铁回转窑相同。已完成的半工业化试验证明回转窑作为复杂难选铁矿石深度还原装备是可行的、可靠的。其主要特点有以下几方面(朝鲜粒铁生产技术考察组,1972):

(1) 深度还原回转窑是与传统的还原性回转窑完全相似的冶金设备。我国有丰富的制造、运行、控制等各方面的经验可以借鉴、利用。

(2) 深度还原回转窑的预热带、还原带的窑内的温度、化学反应、气氛、运行控制操作与直接还原铁回转窑相同。铁颗粒聚合长大带气氛、运行控制操作与粒铁回转窑相同,仅造渣、炉料的状态与粒铁回转窑有明显区别,深度还原回转窑内炉料仅仅产生烧结、聚合,但炉料不产生半熔、熔化。

（3）深度还原回转窑具备实施深度还原的作业条件,窑内温度、还原过程有充足的调控空间。

（4）深度还原回转窑单机处理量大（单机年处理量可达 30～50 万 t）,有利于实现大型工业化生产,已工业化的大型回转窑（$\phi6.0$ m×125 m）年处理量可达 50 万 t。

（5）单位处理量的设备投资低,还原性回转窑单位处理量的投资比转底炉、车底炉低。

（6）对原料的适应性强,可大幅度简化原料的预处理的环节,减少原料的预处理环节的投资。

（7）以非结焦煤为还原剂。

三、复杂难选铁矿石深度还原-高效分离技术工艺流程

深度还原回转窑的炉料有两种:由细颗粒（<5～10 mm）矿石和熔剂及低挥发分（<10%）非结焦煤为还原剂组成的混合物;矿石、熔剂、添加剂、还原剂经配料、混合、磨细造球/压块制成的球团、压块。经准备处理的炉料从回转窑尾部（高端）经给料系统连续进入回转窑。还原性回转窑通常为低斜度（1%～2%）,低转速（0.7～1.5 r·min^{-1}）,回转窑的长度与回转窑的内径比值（长径比）15～22 的细长型回转窑。在回转窑的卸料端装有煤气或煤粉的烧嘴。炉料在回转炉中呈薄层状分布,通过料层表面与窑内自由空间的燃烧气流的对流、辐射传热,以及炉料与高温炉衬接触时的传导传热对炉料加热。

回转窑沿长度方向,从装料端开始分为以下三个带。

1. 预热带

深度还原回转窑中炉料温度<600 ℃的区域被称为"预热带",预热带长度约占窑长 20%。进入深度还原回转窑内的待还原物料受回转窑内气流的加热温度升高,预热带的主要反应是:炉料被窑内气流通过对流传热加热到 600 ℃;炉料中吸附水和结晶水排除;当还原剂含有挥发分时挥发分放出。

2. 还原带

还原带长度约占窑长 60%。还原带内炉料的主要反应是:炉料通过与窑内气流对流传热加热,炉料与炽热的窑衬的传导传热被逐步加热到 1100 ℃;炉料中的碳酸盐完成分解;当炉料温度>570 ℃,炉料中铁的氧化物以炉料中碳为还原剂,开始依照逐级还原的方式进行还原;炉料中待还原的铁氧化物在还原带约 90% 被还原为金属铁。炉料中的脉石、还原剂灰分、添加剂在还原带末端开始产生固相造渣反应。

在还原带由于还原反应的不断进行,还原所产生的 CO 不断从料面溢出,在料面形成一个 CO 气膜,这个 CO 气膜将料层内的还原性气氛与窑自由空间的氧化性气氛有效分开。同时,CO 气膜中的 CO 燃烧产生的热量是还原所需要的热量的重要来源之一。

3. 金属铁聚合长大带

金属铁聚合长大带占窑长 20%。物料在还原带已基本完成了铁氧化物的还原,90% 呈金属铁状态,但未能完成聚合长大。炉料中的脉石、还原剂灰分、添加剂已开始发生固

相造渣反应,但未产生烧结、成渣。炉料进入金属铁聚合长大带的主要任务是:还原出来的金属铁聚合成铁颗粒,长大到适宜分选、富集的粒度(0.10~5.0 mm),并完成最终的还原反应。

在铁颗粒聚合长大带,由于炉料中铁的氧化物大部分已被还原,料层中单位时间内因还原从炉料中放出的一氧化碳减少,从而使还原出的金属铁与氧化性的炉气直接接触概率增大,使炉料表面部分已被还原出来的铁产生氧化量增大,当新还原出来的铁氧化时产生大量的热,促使料层内的温度上升、还原加剧。被氧化的铁随炉料运动重新回到炉料内再次被还原成金属铁。当温度>1200 ℃时,炉料中的脉石、熔剂、还原剂灰分固相造渣反应加剧产生烧结。

在铁颗粒聚合长大带,金属铁的聚合长大的条件是:新还原出来的金属铁原子依靠热运动和自由最小化原理,以及渗碳反应使铁的熔点下降等因素聚合长大成一定粒度的铁颗粒(>0.10 mm)。脉石、熔剂、还原剂灰分的造渣、烧结反应对金属铁的聚合长大也有重大影响,脉石、熔剂、还原剂灰分所形成渣相的熔点低、渣相的流动性好有利于金属铁的聚合长大。炉料最终形成由脉石、熔剂、还原剂灰分烧结成的团块,铁颗粒包裹在团块中。

炉料在回转窑内的总停留时间为 6~10 h,炉料在回转窑内的停留时间与炉料的形态、窑内温度及温度分布、给料量、回转窑的转速等因素密切相关。

从窑排出的物料呈烧结团块状,铁粒包裹在团块内。从窑排出的物料经水淬、破碎、粉碎、磁选获得以金属铁为主要组成的铁粉,铁粉经压块成产品——冷压铁块(cold pressed pellet,CPP)。以回转窑为还原反应器的复杂难选铁矿石深度还原-高效分离技术工艺流程示意图如图 3.15 所示。

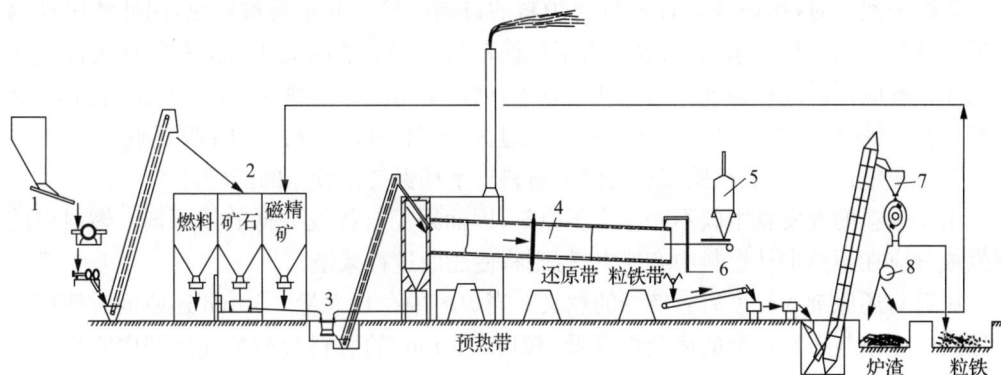

图 3.15　复杂难选铁矿石深度还原-高效分离工艺流程示意图
1. 矿石破碎；2. 料槽；3. 混料机；4. 回转炉；5. 煤粉烧嘴与煤粉仓；
6. 水淬及出料机；7. 特种专用磨细球磨机；8. 磁选机

四、深度还原回转窑内还原过程及控制

进入深度还原回转窑内的待还原物料受回转窑内气流的加热温度升高,在料层温度达到 600 ℃前,炉料的主要反应是:炉料中吸附水、结晶水的排除;当还原剂含有挥发分时挥发分的放出。深度还原回转窑中炉料温度<600 ℃的区域被称为"预热带"。

当炉料温度＞570 ℃,铁的氧化物开始依照逐级还原的方式进行还原。炉料中析出大量的一氧化碳在炉料表面形成一层保护层,料层内部为还原气氛,从上表面进入的氧化性气氛不多,对料层内部气相还原性质的影响不大,从上表面进入的氧化性气氛不多,对料层内部气相还原性质的影响不大。当一氧化碳燃烧时,对炉衬加热,当炉子转动时,赤热的炉衬再将热量传给炉料。

（一）以回转窑粒铁法和直接还原铁回转窑法

回转窑粒铁法是 1931~1933 年约翰逊提出并首先在马格基布的克房伯-格鲁金工厂采用处理含酸性脉石(含 SiO_2 达 30%)的难选贫矿的方法。炉料是由粒度＜5~10 mm 的矿石和熔剂及粒度 0~5 mm 低挥发分(＜10%)非结焦煤为还原剂组成的混合物,经准备处理的炉料进入斜度 1%~2%,转速 0.7~1.5 r·min^{-1} 的回转窑中。在回转窑的卸料端装有煤气或煤粉的烧嘴。炉料在回转炉中呈薄层状分布,通过料层表面与窑内自由空间的燃烧气流的对流、辐射传热,以及炉料与高温炉衬接触时的传导传热对炉料加热。

当矿石中存在大量结晶水或碳酸盐时,还原带的还原反应减慢;当还原不充分的矿石继续运动到高温区时,还原过程的减慢将导致还原不充分的矿石难于形成粒铁,并导致结瘤。

沿回转炉的长度在不同区域取样研究证明,在进入粒铁带前被还原成铁的量仅占炉料中铁量 30%~50%,大部分的铁是在粒铁带内残留在糊状渣中的碳从一氧化铁中还原出来的。炉料在粒铁带内停留 5~6 h,利用装在卸料端的烧嘴控制粒铁带温度为 1200~1330 ℃。

当炉子回转时,在炉渣中的 FeO 与炉料的过剩碳接触并重新被还原,因此渣中铁的总损失减少。正如杜列尔教授指出,由于粒铁带料层表面铁的氧化反应和料层内部氧化物的还原反应同时进行保证了高的铁回收率,创造了用此法处理难选贫矿经济的前提,这就是近代粒铁-矿石法(图 3.16)生产粒铁比过去冶炼粒铁的生吹法的主要优点。

为防止铁过氧化,在粒铁带利用耐火材料支承环保持比较厚的渣层。

由于燃料的挥发物中碳不能作为还原剂,因而采用含挥发分低的还原剂。燃料中的挥发成分应在预热带从燃料中有遗失,否则将使还原过程减慢。

矿石与还原剂的粒度有着特殊的意义。当炉料中存在大量＞5 mm 还原剂时使矿石还原反应速率与矿石还原的完全性降低;粒度＜0 mm 的燃料会被炉气从炉中吹出。因此,最好的冶炼指标是在还原剂的粒度约 2 mm 时取得。此外,当矿石与燃料粒度过大时,沿回转炉横断面与长度方向产生偏析,矿石的粒度大于燃料则产生分层从而引起反应速率大大减慢。

铁的氧化物通过气相发生下列还原反应:

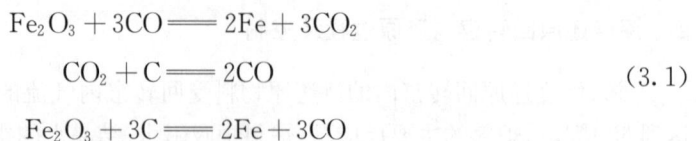

$$Fe_2O_3 + 3CO = 2Fe + 3CO_2$$
$$CO_2 + C = 2CO \tag{3.1}$$
$$Fe_2O_3 + 3C = 2Fe + 3CO$$

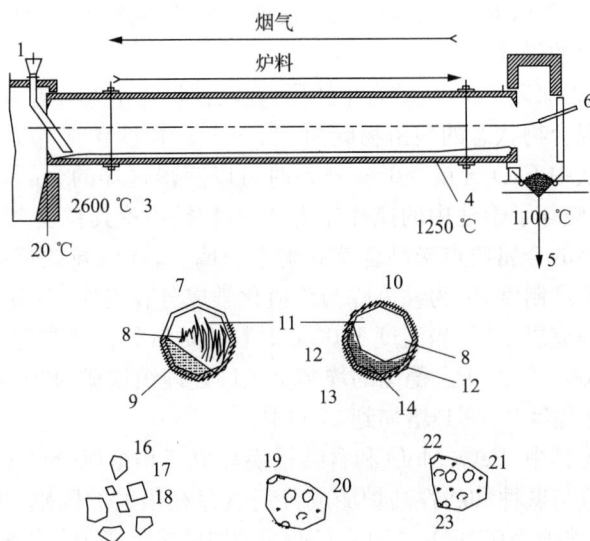

图 3.16　粒铁-矿石法冶金过程

1. 矿石和燃料(还原剂)的混合物；2. 脱水和给热带；3. 还原带；4. 粒铁带；5. 半成品出口；6. 烧嘴及空气入口；7. 还原带反应情况；8. CO 燃烧情况；9. 铁的氧化物在料层中还原情况；10. 粒铁带反应情况；11. 氧化性气体；12. 还原性气体；13. 熔渣表面上形成铁的氧化物的还原；14. 直接接触熔渣表面氧化性气氛；15. 粒铁带前边炉料成分；16. 燃料(还原剂)；17. 海绵铁；18. 矿石；19. 粒铁带料层中被充分还原的燃料；20. 粒铁；21. 含FeO 高的炉渣；22. 出铁前的炉料组成；23. 含 FeO 低的炉渣

　　由于块料空隙间空气中的氧对炉料的碳的氧化作用形成最初的一氧化碳,为使还原反应顺利进行必须保证矿石与还原剂紧密接触,因此被粉碎的炉料在装回转炉以前精细的混匀是必须的,混匀工作在专门的混料机中(垂直叶片式或螺旋混料机)。为使反应正常进行粒铁带渣量不小于 $0.6\sim0.8\ t\cdot t^{-1}$ 粒铁。用贫矿(30% Fe)时为 $1.5\sim2.0\ t\cdot t^{-1}$ 粒铁。用酸性脉石的贫矿工作时,渣碱度 $(CaO+MgO)/SiO_2$ 为 $0.15\sim0.3$ 时铁的回收率最高。一般 $(CaO+MgO)/SiO_2$ 约为 0.2。粒铁炉渣成分及其性质决定了粒铁-矿石法冶炼过程。无论粒铁带是由渣中还原出来小金属粒铁还是在还原带还原出来后生成的大金属粒铁都在粒铁带黏合长大成粒铁。

　　当炉子回转时,大粒铁迅速下降接触到炉衬而小粒铁仍在于炉渣中,随炉渣黏度减小,富集在料层下部的粒铁增加,重新还原的铁向料层下部的扩散条件改善,因而促进了粒铁的顺利形成。

　　从粒铁形成的观点看,最适宜的粒铁炉渣黏度为 1000～2000 P[①]。等温条件下,在粒铁炉渣中用 CaO 置换 SiO_2 和 Al_2O_3 时炉渣黏度降低形成短渣。CaO 等浓度几乎与等黏线平行。研究证明:在人工形成的粒铁渣 SiO_2-Al_2O_3-CaO 系统中,加入 MgO、FeO、MnO和 TiO_2,则炉渣黏度降低。以 MgO 代替 CaO 也可使炉渣黏度有某些降低。但在实际生产中炉渣中 MgO 量较少,所以在炉料计算中将二者合并。粒铁炉渣中增加 FeO、MnO含量对炉渣黏度的降低比增加炉渣碱度时降低得更加急剧,不过含铁的粒铁炉渣虽然降

———————
　　① 1 P＝10^{-1} Pa·s。

低了炉渣黏度,但由于炉渣对铁的浸润加剧,反而使粒铁形成过程变坏了。此外,含铁炉渣会加快粒铁带炉衬的侵蚀。

回转炉工作时,为保证 FeO 从矿石中还原,在粒铁炉渣中要存在某些过剩的还原剂。一般炉渣中呈机械混合物状态的残留物碳为 3%~6%,粒铁含碳 0.7%~1.0%,对形成粒铁最有利。当粒铁中 FeO 含量>6%~8%时可以获得这样的金属含碳量。当粒铁炉渣的流动性很好时,破坏了熔池中的搅拌作用,所有粒铁不论其粒度大小均集聚在料层下部。沉到熔池下部小的金属质点未黏合就黏附于炉墙上,导致粒铁带炉墙结瘤。因此粒铁必须保持严格的温度制度,因为黏度除与炉渣化学成分有关外,在很大程度上取决于温度条件。在德国的马克思工厂,当温度 1500℃时粒铁炉渣的自然黏度为 20~820 P,温度 1300℃时增加到 1000~2700 P。德国的埃契金工厂处理镍铁矿时炉渣温度从 1500℃降低到 1300℃时,自然黏度从 19 P 增加到 2700 P。

粒铁炉渣不考虑其中,FeO、MnO 和含碳量换算成三相组成(SiO_2、Al_2O_3、CaO)为 100%时,粒铁渣成分与碱性和酸性高炉渣成分仍然存在很大的区别,虽然根据拉宝的资料,酸性高炉渣和粒铁炉渣在 SiO_2-Al_2O_3-CaO 相图中(图 3.17)的位置部分重合。

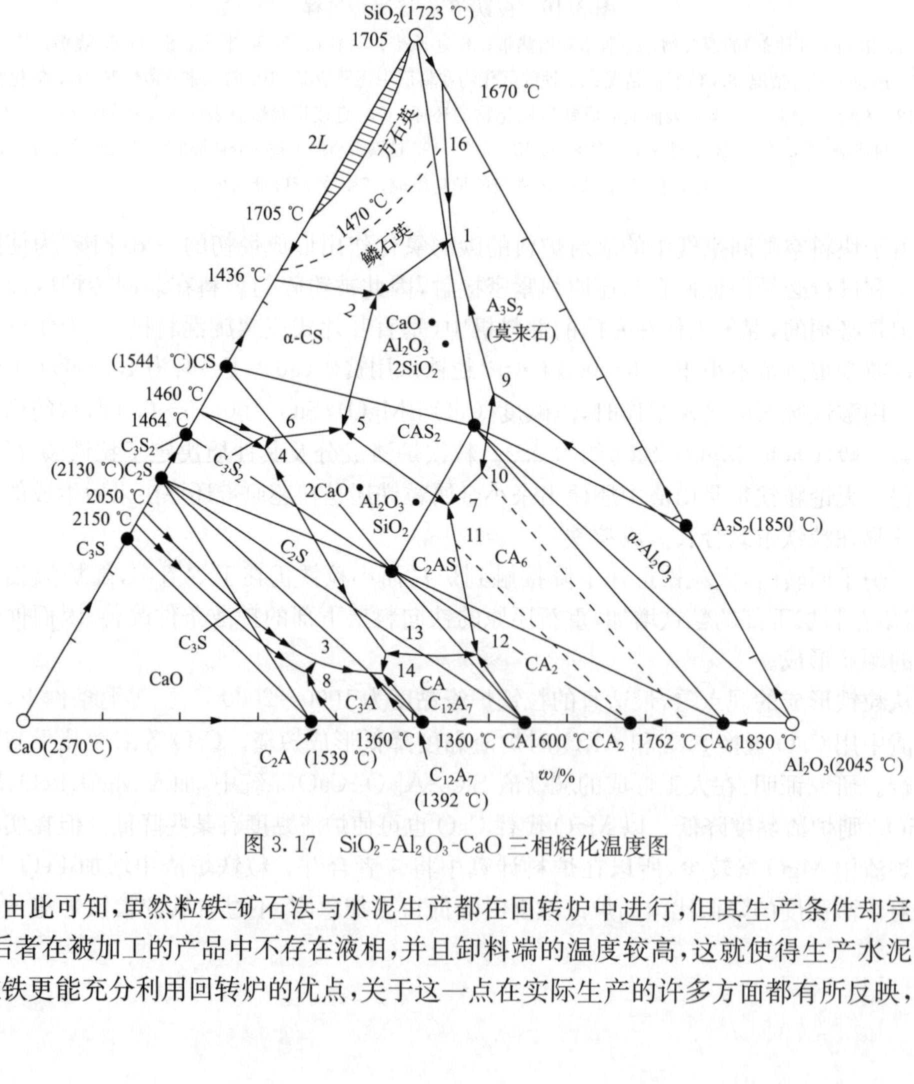

图 3.17　SiO_2-Al_2O_3-CaO 三相熔化温度图

由此可知,虽然粒铁-矿石法与水泥生产都在回转炉中进行,但其生产条件却完全不同,后者在被加工的产品中不存在液相,并且卸料端的温度较高,这就使得生产水泥比生产粒铁更能充分利用回转炉的优点,关于这一点在实际生产的许多方面都有所反映,用接近共晶成分炉渣工作,减少了生产炉瘤的危险。

对于一般高炉渣,可以用(CaO+MgO)/SiO$_2$进行评价,但评价粒铁炉渣时必须更加有区别地估计个别成分对炉渣冶金性能的影响。高炉渣与粒铁炉渣性质与成分的不同表明:用(CaO+MgO)/SiO$_2$估价后者时必须考虑个别成分对炉渣冶金性能的不同影响。粒铁渣的成分见表3.6。

表 3.6 [CaO+1.4MgO+0.8(FeO+MnO)+0.7TiO$_2$]/(SiO$_2$+Al$_2$O$_3$)粒铁终渣成分

FeO	MnO	S	P$_2$O$_5$	SiO$_2$	Al$_2$O$_3$	CaO	MgO	碱金属
4~6	0.26~1.0	0.10~0.25	0.3~0.5	53~63	18~20	10~12	3~4	1.2

由于炉渣黏度高,不能将粒铁(特别是小粒度的)和炉渣按比例分离。从炉中排出包裹着粒铁(图3.18)的糊状渣冷却并在球磨机中磨碎得到粒铁,此时炉渣破碎到1 mm,而粒铁仍未碎,粒度达50 mm大粒铁(主要是3~8 mm)定期从球磨机中卸出,粒度1 mm小粒铁与炉渣一起送去磁选,中间产品(含铁50%~75%磁精矿)作为返矿入炉。返矿量占矿重10%~15%,磁选尾矿(含少于5% FeO,含金属铁少于0.6%的终渣)丢弃。在回转炉中生产粒铁的主要工艺流程如图3.19所示。

图 3.18 从回转炉中取出的样品

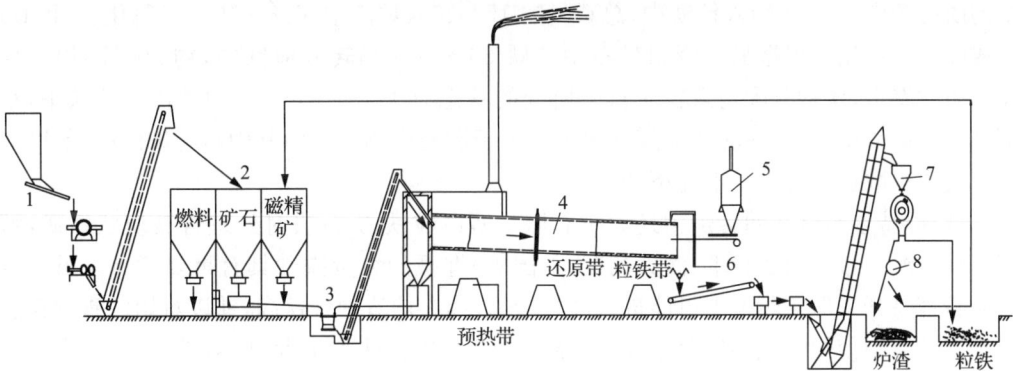

图 3.19 回转炉中生产粒铁的主要工艺流程

1. 矿石破碎;2. 料槽;3. 混料机;4. 回转炉;5. 煤粉烧嘴与煤粉仓;6. 带式冷却机;
7. 带有筛子的球磨机;8. 磁选机

炉料在回转炉中总停留时间平均为 6～8 h,还原剂用量取决于燃料中固定碳含量,并在很大程度上取决于其粒度的组成,随颗粒增大而增加实际还原剂的用量约超过理论消耗量的 100%。这是因为燃料还原剂与炉中氧化气氛接触常燃烧并损失于渣中,由于如此之大,以致矿石中含铁粉变化时很少影响这个用量的多少,对含铁 25%～35% 的贫铁矿燃料-还原剂量平均为料重的 22%～25%,此时生产 1 t 粒铁的矿石消耗量为 3.2～3.5 t。

粒铁-矿石法热平衡中的热收入是由下列几项组成的:烧嘴中燃料燃烧热(20%～30%),燃料-还原剂燃烧热(70%～80%),此外约 4% 的热量是由其他放热反应产生的,有效的热消耗包括:炉料加热,水分蒸发吸热,碳酸盐分解为 13%～14%,还原反应为 27%～29%。表面散热损失大炉子为 7%～8%,小炉子约 10%,然而热损失中主要部分(～48%)是由于炉中热交换不充分由 250～450 ℃烟气带出。整个看来,以粒铁-矿石法工作的回转炉热效率为 40%～43%,增加炉子长度降低烟气出口温度可提高热利用率。

当处理含铁 30%～40% 矿石时,生产 1 t 粒铁的燃料用量为 1.05～1.25 t,其中 0.85～0.95 t 焦粉作为还原剂,0.2～0.3 t 煤或 300～400 m³ 焦炉煤气用于加热。总的热量消耗约为 7×10^6 Cal·t⁻¹[①] 粒铁,对近代回转炉生产 1 t 粒铁消耗电 80～130 kW·h,水 50 m³,耐火材料 8～15 kg,劳动力 4 人。

粒铁中铁的回收率与燃料的还原能力密切有关,一般为 80%～90%,也有达到 92%～95% 的。粒铁含量和渣中 FeO 含量成反比,而后者取决于粒铁带残余碳量。粒铁的渗碳能力取决于反应温度,并随粒铁带温度提高而增加,一般粒铁含碳为 0.5%～1.0%,有时达到 1.5%～2.0%。

和高炉生产一样,粒铁-矿石法硫的主要来源是燃料-还原剂,约占整个炉料总硫量的 80%,由于强酸性炉渣的黏度高,直接在回转炉中降低粒铁含硫量困难。然而在这种情况下,从图 3.20 可知粒铁含硫量的降低与炉渣碱度成正比。粒铁含硫随渣量增加而降低。粒铁含硫由表面到中心减少,由此看来粒铁吸收硫主要在粒铁带。通常炉料总流量的 20%～30% 转入粒铁中,10%～30% 转入炉渣中,由于炉料在炉中连续搅拌并存在氧化气氛从煤气中挥发的硫占 50%～60%。

由于回转炉温度降低于高炉,因而在回转炉中铁和磷对氧的亲和力大于高炉。矿石中的磷有 70%～85% 转入粒铁中,总磷量的 15% 转入炉渣中,6%～10% 以磷化氢(PH₃)形成随煤气逸出。根据另一资料矿石中的磷 60%～70% 转入粒铁中,约 20% 随煤气挥发。由此看来,磷的分配与磷在矿石中所处的状态有关。砷 60%～70% 转入粒铁中,小部分进入炉渣中,20%～30% 随煤气逸出。由于燃烧产物量大而其中磷与砷浓度低,因而从煤气中提取这些元素是不经济的。

锰、硅特别是钛在回转炉中还原很有限。所以粒铁-矿石法对处理含钛块状铁矿,特别对靠沿海一带(苏联、日本、澳大利亚、美国等)埋藏的大量铁砂具有重要意义。虽然这些矿石容易开采但实际上不可能进行高炉冶炼,因为炉渣中含钛高,钛以难熔的碳化钛悬浮于高炉渣中使炉渣流动性急剧降低,导致高炉炉腰结瘤,炉缸堆积,粒铁-矿石法中实际上钛完全转入炉渣中。

---

① 1 Cal=1 kcal=4.1868 kJ。

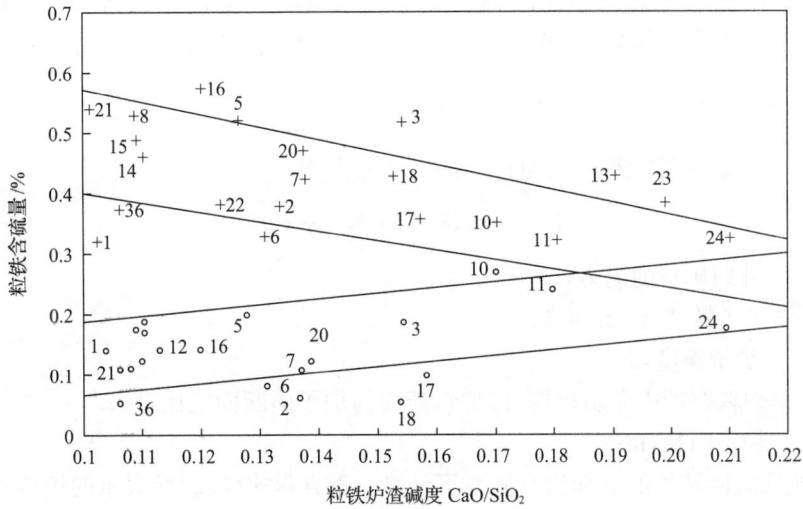

图 3.20　粒铁含硫量与炉渣碱度 CaO/SiO_2 的关系

+ 粒铁含硫量；○ 炉渣含硫量；数字为试验号码

由于铬和镍在粒铁-矿石法产品中的分布不同，可以采用粒铁法成功地处理综合铬-镍矿获得含铬低（Cr 0.5%～0.9%）、含镍高（Ni 1.5%～1.7%）的粒铁。其中含镍高的粒铁用于制造含镍＞1%的优质铸铁造生铁。粒铁含铬量与渣中 FeO 含量成反比。粒铁炉渣最高含铁量为 10%，因为若炉渣中 FeO 含量更高，则炉渣过分流动，失去了保持粒铁的能力。在处理含酸性脉石的铬-镍矿石时，根据物料平衡 20%铬、95%镍转入粒铁中，约 80%铬、5%镍转入粒铁炉渣中。

用粒铁-矿石法也可以处理氧化镍矿，此时粒铁含镍 3.5%～8%，铁的回收率约85%，镍的回收率为 90%～97%，而在竖炉中利用还原-硫化法冶炼成含镍的硫化物，镍的回收率仅 69%～72%，在处理含镍镁矿（硅镁镍矿 Ni 0.9%～1.0%，Fe 10%～19%，SiO_2 55%～33%，MgO 16%～21%）时，为降低炉渣黏度，粒铁带必须保持在 1450～1500 ℃温度范围内，因而粒铁含铬量升高（1%～1.5%），粒铁中含镍约 9%。当矿石中含镍 1%和 2%时，镍的回收率分别为 80%～85%与 93%。

粒铁-矿石法可以使铬、铜、金、银、铂转入粒铁中，同时使锌与铅升华以氧化物的形式回收。在处理含铜 7.8%、银 453 g·t^{-1}、金 3.7 g·t^{-1} 的复合矿石时，粒铁中铜、银、金的回收率分别为 96%、97%、99%。

处理含酸性脉石的贫铁矿时，成品粒铁中一般含炉渣 2%～4%（有时达到 20%），粒铁成分见表 3.7。

表 3.7　成品粒铁成分

元素	Fe	Mn	P	S	C
成分/%	92～94	0.03～0.04	0.6～1.0	0.3～0.8	0.5～1.5

根据杜列尔教授的意见,采用粒铁-矿石法处理富铁矿几乎在所有情况下都需要加入二氧化硅,因而是不经济的。富矿粉面可以采用其他方法成功地进行冶炼。

(二)回转炉的大小与生产能力的分布

任何一个回转炉按处理矿石量计算的生产能力为

$$P = 0.548 \cdot n \cdot N \cdot \varphi \cdot d^3 \tag{3.2}$$

式中,P——处理矿石的能力,$t \cdot d^{-1}$;

　　　n——炉子转速,$r \cdot min^{-1}$;

　　　N——炉子斜度,%;

　　　φ——炉料在炉中充满程度,即炉料断面与炉子内断面之比,%;

　　　d——炉子内径,m;

生产粒铁时回转炉的实际生产能力不仅取决于方程式(3.2)所表示的炉料通过能力,还取决于炉子热负荷,实际上当其他条件相同时实际传热量取决于有效加热面积的大小,同时,有效加热面与炉子直径成直线变化,但是与通过炉中炉料量和炉子的直径是三次方变化。因此,从计算炉子热负荷与热平衡考虑,每种直径的炉子仅有一个最好的生产率。

根据马赫对不同尺寸的粒铁回转炉观察和计算,炉子内径与最好通过能力指标之间关系是

$$P = (13.2 - 15)d^3 \tag{3.3}$$

式(3.3)是以炉子转速、倾角以及炉料充满程度一定为前提,实际生产粒铁的回转炉条件附后。此时当炉料块度一定,最大矿石与石灰石块度为 25 mm,最大还原剂不超过 5 mm 时是正确的。

在设计计算中,当回转炉生产能力已定,在式(3.3)中备用采取 13.2。回转炉内径可按下式确定:

$$d = 0.41P^{0.338} \tag{3.4}$$

对工业粒铁回转炉长度与直径之比为 15~25。增加炉子长度,使排出烟气中热量减少,生产能力降低。

处理冷料当矿石通过能力一定时,最好的炉子长度可由下式确定:

$$L = 4.22P^{0.453} \tag{3.5}$$

应当指出,在将来,对于处理能力比较高的炉子来讲,炉料在炉外预热比增加炉子长度要合理,炉料的预热可以在比回转炉热效率高些的设备内进行,比回转炉中热交换条件除与断面尺寸有关外,还受到炉料填充程度的限制。炉料填充限制在 10%~15%,根据实际测定炉料在炉子圆断面堆的扇形角不超过 100°,最好条件下为 85°~95°。根据实际资料,炉料在炉中最好的填充程度可按接下来经验公式确定:

$$\varphi = 12.52P^{-0.038} \tag{3.6}$$

在填充度一定时,回转炉的倾角和转速取决于工艺上必需的炉料在炉中停留时间,一般斜度为 1‰~2‰。炉子回转速度为 $0.7\sim1.5\ r\cdot min^{-1}$,炉子的回转速度对粒铁质量和粒铁大小具有重要意义,当炉子快速回转时,还原的铁质点在熔池中移动,小铁粒相焊接成大铁粒所必需的时间减少,增加炉子转数时形成大量较大粒铁含铁低的小粒精矿,此外,当转速增加,由于炉料的机械作用,炉衬的磨损增加,在正常的粒铁炉渣黏度下,回转炉每分钟最适宜转速可按下式确定:

$$n = 1.33P^{-0.085} \qquad (3.7)$$

当炉子直径增加时每分钟的转速应降低。

炉子斜度在生产中实际上是固定不变的,建设具有可变倾角的回转炉由于存在很大的技术困难,投资剧增。在设计计算中,为确定最适宜的炉子斜度,马赫推荐采用下式:

$$N(\text{‰}) = 1.545P^{0.119} \qquad (3.8)$$

回转炉卸料端门坎直径决定了粒铁带料面高度,其形象粒铁形成条件,设计中有着重大作用。实际炉子内径与卸料端门坎直径之比为 2~2.215,对小回转炉门坎直径为炉子内径的 1/2,而大炉子小于 1/2。装料端直径大些。

对粒铁带不扩大直径的回转炉炉料在炉中停留时间可按下式确定:

$$t = 59.4\frac{L}{n\cdot N\cdot d} \qquad (3.9)$$

式中, t ——炉料在炉中停留时间,min。

在此式中代入上述各式,则

$$T = 290P^{0.0848} \qquad (3.10)$$

按上述关系马赫指定了确定回转炉主要参数的计算图标(图 3.21)。

必须指出,战后发展趋势是增加炉子尺寸,在很大程度上是以降低单位投资为前提,生产和设计的回转炉的主要参数见表 3.8。

表 3.8　生产粒铁回转炉的主要参数

回转炉直径(外径)/m	长度/m	日产量/t(按矿石,熔剂混合物)
3.0	40~50	120~150
3.3	50~60	200~250
3.6	60~70	300~400
4.2	90~100	500~650
4.6	110~120	700~850
5.0	130~150	1000~1200

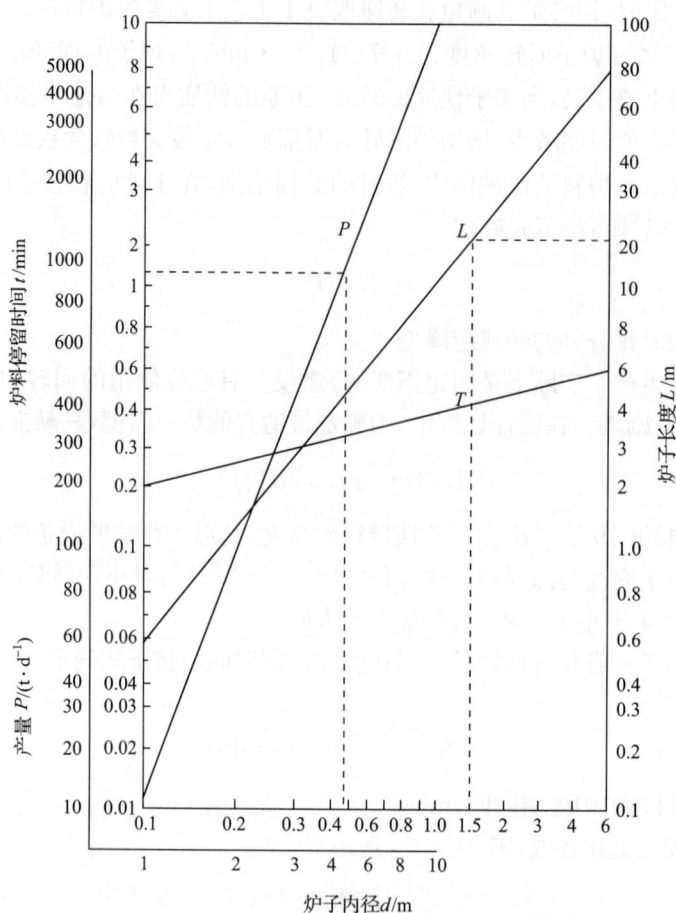

图 3.21　回转炉长度、内径、通过炉料能力与产量的关系

　　根据克虏伯公司的资料基建投资与炉子尺寸有关,炉子尺寸对粒铁成本有重要影响,为确定这个关系,马赫用百分之比关系做了技术经济计算,以长 60 m,直径 3.6 m 回转炉中生产的含铁低的粒铁(80% Fe)、粒铁中铁回收率 80%的成本为 100%,按熔化炉料的含铁量可分为五类:28.3%、30%、35、40%和 45%,在所有料中都加入了矿重 6.8%的石灰石。

　　计算中采用的粒铁含铁量与铁的回收率都相同。此外在计算中,不只考虑了粒铁生产指标而且考虑了下一步高炉冶炼或炼钢冶炼生产指标,计算是在考虑了粒铁生产中的消耗和进一步加工中的消耗下根据 1 t 生铁或含铁量为 95%的废钢来进行的。

　　下面研究如表 3.9 所示的几种炉型方案。

表 3.9　常见的炉型方案

长度/m	60	110	90	130
直径/m	3.6	4.6	4.2	5.0

　　炉子尺寸与炉料中含铁量增加时,粒铁成本降低。炉子直径从 3.6 m 增加到 4.2 m 时,由于工艺过程根本改变,炉子尺寸增加的效果特别明显,当继续增加炉子尺寸时,仅使生产能力增加,对降低单位投资效果较小。炉子直径从 3.6 m 改为 4.2 m(铁的回收率为 90%),成本降低 12.8%;炉子直径从 4.2 m 改为 4.6 m,在其他条件相同的情况下成本降低 4.8%;而炉子直径从 4.6 m 改为 5.0 m,成本仅降低 4%。

　　所以说,粒铁生产的继续发展与增加炉子尺寸直接有关;可以认为目前回转炉的极限直径是 5 m,其原因是由于炉衬寿命与大型金属结构的运输产生的。

第四章 还原物料分选工艺与装备

第一节 还原物料的分选工艺

根据复杂难选铁矿石深度还原后物料的特性,目前试验研究的原则工艺流程主要有一段磨矿-磁选流程、预选-阶段磨矿-阶段磁选流程、阶段磨矿-重磁联合分选流程以及阶段磨矿-中矿返回分选流程等。流程的选择除要考虑物料的特性外,处理能力也是重要的参考因素。四种原则流程结构及特点如下所述。

一、一段磨矿-磁选流程

一段磨矿-磁选原则工艺流程如图 4.1 所示。

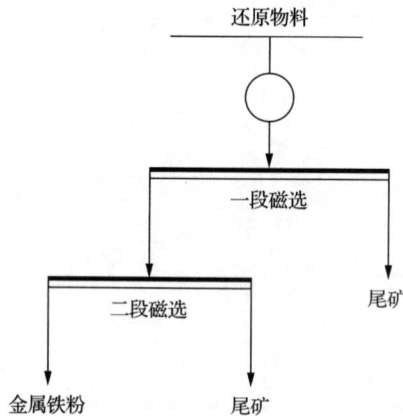

图 4.1 一段磨矿-磁选原则工艺流程图

该流程的优点是流程结构简单、投资少;缺点是单位处理能力低、能耗高,磨矿过程中会造成还原好的金属颗粒粉化和氧化,导致回收率下降。因此,该工艺适宜于处理能力较小的企业。

二、预选-阶段磨矿-阶段磁选流程

预选-阶段磨矿-阶段磁选原则工艺流程如图 4.2 所示。该流程的优点是单位处理能力大,能耗低,生产成本较低,残碳可以回收利用,达到节能的目的,同时过磨现象得到缓解。

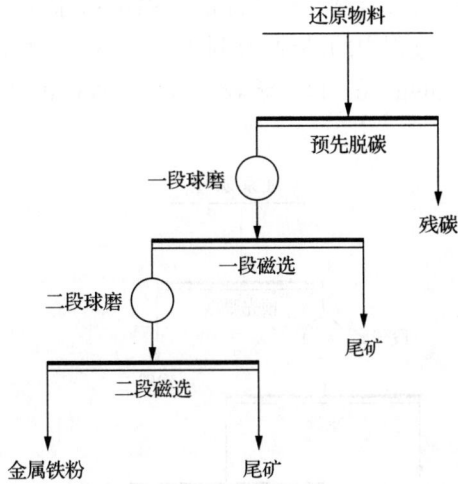

图 4.2　预选-阶段磨矿-阶段磁选原则工艺流程图

三、阶段磨矿-重磁联合分选流程

　　阶段磨矿-重磁联合分选原则工艺流程如图 4.3 所示。该工艺的最大优点是有效地防止了过磨。

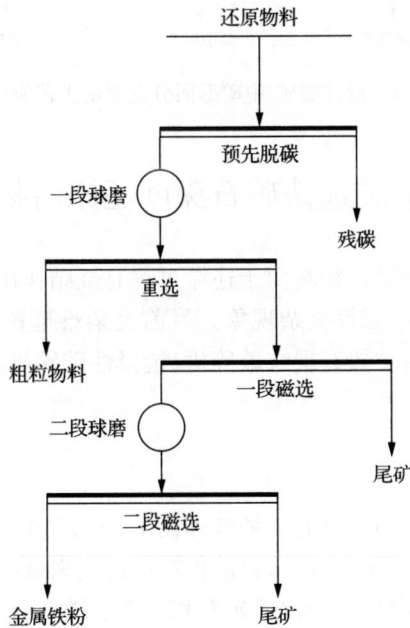

图 4.3　阶段磨矿-重磁联合分选原则工艺流程图

四、阶段磨矿-中矿返回分选流程

　　阶段磨矿-中矿返回分选原则工艺流程如图 4.4 所示。该工艺在获得合格金属铁粉和抛除合格尾矿的前提下,将没有被完全还原的金属矿物综合回收,进入中矿,中矿返回深度还原炉,作为深度还原过程中的晶种,有利于深度还原过程的顺利进行,改善深度还原效果,降低深度还原过程的能耗。该工艺较适合红土镍矿深度还原后熟料的选矿分离,综合回收率较高。

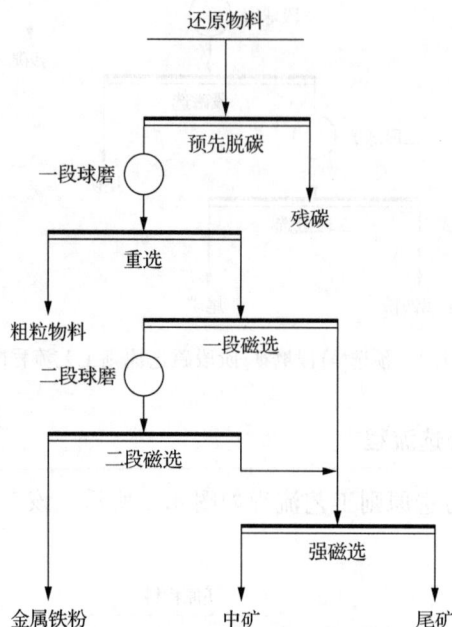

图 4.4　阶段磨矿-中矿返回分选原则工艺流程图

第二节　复杂难选铁矿石深度还原后物料破碎装备

复杂难选铁矿石深度还原后物料由于还原过程有烧结作用,造成了结块,但一般硬度不大,破碎的目的主要是减小磁性夹杂现象。目前复杂难选铁矿石深度还原后物料生产中可应用的中碎和细碎设备主要有辊式破碎机、选择性破碎机、高压辊磨机等(段希祥等,2012)。

一、辊式破碎机

辊式破碎机是工业上应用最早的一种破碎设备,于 1806 年首次用于工业生产中。由于这种破碎设备的结构简单、工作可靠,目前仍被广泛用来破碎脆性、黏结、冻结和不耐研磨的物料(如石灰石、煤炭、白垩、石膏、钨矿石和较软的铁矿石等)。

图 4.5 是标准弹簧双辊破碎机的结构简图。这种设备的破碎工作件是两个水平放置的圆辊。工作时两个辊子相对旋转,当物料通过两个辊子之间的间隙时,经受很大的压力而破碎。这就是说物料经过辊式破碎机时仅经受一次破碎,这一点与物料在颚式破碎机、旋回破碎机和圆锥破碎机中经受多次破碎,形成了鲜明的对比。

在双辊破碎机中,一个辊子的轴承是固定的,称为固定辊;另一个辊子的轴承可以沿

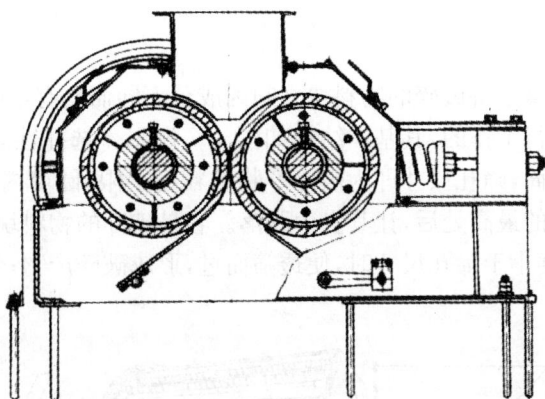

图 4.5　双辊破碎机的结构示意图

辊子的径向作水平移动,称为可动辊。调整两个辊子轴承之间的间隙,即可改变辊子之间的间隙(亦即排料口)。可动辊的轴承座与保险弹簧相连接,设备正常工作时,弹簧的压力足以使可动辊保持不动。当两个辊子之间落入不能被破碎的物料块时,因载荷过大而使弹簧进一步压缩,可动辊后移,排料口增大,从而起到过载保护的作用。

有些辊式破碎机仅有一个相对于固定板旋转的辊子,称为单辊破碎机。此外,还有3个、4个和6个辊子的辊式破碎机,分别称为三辊、四辊和六辊破碎机。在某些辊式破碎机中,辊子的直径和旋转速度都可能是不同的。

辊式破碎机的辊子表面有光滑的和带齿的2种形式,后者通常被称为齿辊破碎机(图 4.6)。光滑辊面的辊式破碎机通常用作细碎设备,而齿辊破碎机则往往用在破碎粗粒物料的场合。破碎物料时,突出的齿插入物料内部,实现了压碎和割裂的联合作用,因此,在辊径相同的条件下,齿辊破碎机可以处理较大粒度的物料。齿辊破碎机通常用来破碎较软或较黏的铁矿石、较脆的石灰石和煤炭等,辊子直径为 1000 mm 的齿辊破碎机可以破碎最大块粒度为 400 mm 的物料。

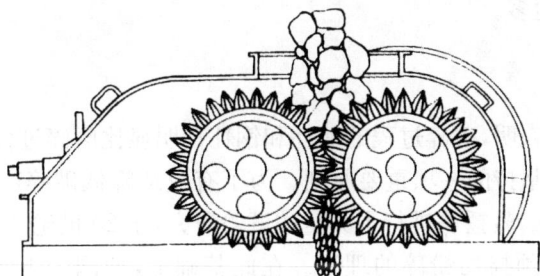

图 4.6　双齿辊破碎机的结构简图

辊式破碎机的规格用辊子的直径和长度 $D \times L$ 来表示。这种设备的主要优点是结构简单、紧凑、轻便,工作可靠,产品粒度细而均匀,自由给料时过粉碎轻。但这种设备的生产能力低,占地面积大,且磨损严重。

二、选择性破碎机

选择性破碎机是基于待破碎的物料块之间因成分不同而具有不同的抗冲击破碎强度（如煤和煤矸石）而进行工作的，其基本结构如图 4.7 所示。选择性破碎机的主要工作部件是一个带筛孔的圆筒，筛孔尺寸即为破碎产物的粒度上限，圆筒内设置有提升板，将待碎物料块提升到圆筒的最高处后，让其自由跌落。容易破碎的物料块落下时，因受到冲击而得以破碎，当其粒度小于筛孔尺寸时，便透筛而过，形成破碎产物；但较为坚硬的物料块却不能得到破碎。

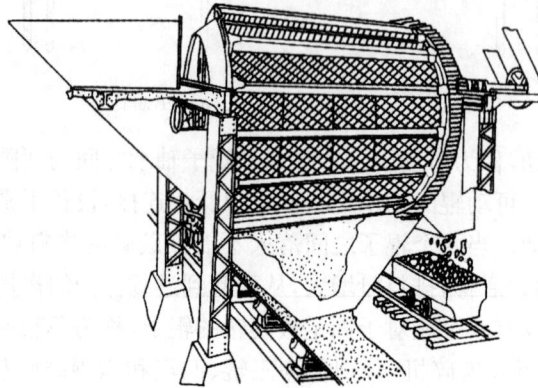

图 4.7　选择性破碎机的结构

选择性破碎机的圆筒有 $4°\sim10°$ 的锥角，提升板也有一定的倾斜度，使圆筒内的物料随着圆筒的旋转而不断前进，使不能得到破碎的物料块最终从圆筒的末端排出，从而起到破碎和分选的双重作用。选择性破碎机的圆筒直径一般为 $2.5\sim3.0$ m，长度为 $4.5\sim6.0$ m，转速为 $10\sim20$ r·min^{-1}。

目前，选择性破碎机主要用于破碎原煤，其主要优点是维护工作量小，不易产生故障，但工作时噪声大、粉尘多。

三、高压辊磨机

长期的工作实践表明，破碎过程的能耗和钢耗都明显比磨碎过程的低，所以多碎少磨是物料粉碎过程一直坚持的一项重要原则。为了有效地降低破碎产品的粒度，德国的施温迪希（G. Schwendig）教授等进行了大量的试验研究，于 20 世纪 80 年代，提出了利用高压辊磨机对物料进行预损伤粉碎的理论。在此基础上，德国的 Krupp Polgsius 公司于 1985 年制造出世界上第 1 台规格为 $\phi1800$ mm×570 mm 的工业型高压辊磨机，注册商标为 POLYCOM，于 1986 年在 Leimen 水泥厂正式投入工业使用。继 Krupp Polgsius 公司之后，德国的 KHD Humboldt Wedag 公司、美国的 Fuller 公司、丹麦的 F. L. Smith 公司等也先后生产出多种规格的高压辊磨机。生产中应用的高压辊磨机的最大规格为 $\phi2800$ mm×500 mm，驱动功率为 1200 kW，于 1987 年初在南非一金刚石矿山正式投入工业生产，处理的是含金刚石的金伯利岩，给料最大粒度约为 130 mm，生产能力达

$250\ t \cdot h^{-1}$。

　　高压辊磨机的机械结构与图 4.5 所示的光滑辊面双辊破碎机非常相似,其工作部件也是两个直径和长度相同的辊子,其中一个辊子的轴承座是固定的,称为固定辊;另一个辊子的轴承座与液压缸连接,随着缸内压强的变化,可以使辊子沿径向前后移动,因而称为活动辊。2 个辊子分别由 2 台电动机通过各自的减速装置带动,其中带动活动辊的电动机及其减速装置安装在一活动小车上,可以随着活动辊一起前后移动。高压辊磨机的工作原理如图 4.8 所示。

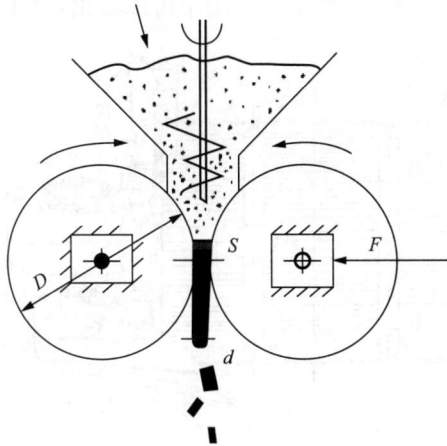

图 4.8　高压辊磨机的工作原理示意图

　　物料由给料装置给入 2 个沿相反方向旋转的辊子之间,辊子便对物料施加一较大的挤压力,首先是形状不规则的大物料块受到点接触压力,使物料的整体体积减小而趋于密实,并随辊子一起向下移动,与此同时物料也由受点接触压力变为受线接触压力,使物料更加密实。随着物料密实程度的急剧增加,内应力也迅速上升。当物料通过 2 个辊子之间的最小间隙时,将受到更大的压力,使物料内部的应力超过其耐压强度极限,这时物料块内便开始出现裂纹并不断扩展,致使物料块从内部开始破碎,形成一动即碎的饼状小块(图 4.8),在下一个工序中,仅用少量能量即可将其碎解。这一破碎过程就是预损伤粉碎理论的一个具体实施。

第三节　深度还原产品磨矿装备

　　复杂难选铁矿石深度还原后物料的磨矿机械按照产物粒度的粗细分为粗磨设备和细磨设备,主要包括球磨机、棒磨机、搅拌磨、离心磨等。

一、球磨机

(一)球磨机的类型与构造

　　球磨机以钢球作为磨矿介质,其规格以筒体的内径和长度($D \times L$)来表示,例如,中国生产的最大规格的球磨机为 $\phi 7.9\ m \times 13.6\ m$。按照排料方式球磨机又分为格子型、溢流型和周边排料型 3 种；按照简体的形状球磨机又分为短筒型$(L \leqslant D)$、长筒型$[L=(1.5 \sim 3.0)D]$、锥形$[L=(0.25 \sim 1.0)D]$和管形$[L=(3 \sim 6)D]$，其中管形球磨机习惯上称为管磨机。周边排料型磨机应用较少，而管磨机的结构又与常规球磨机的大同小异，只是简体内通常用隔板分成几个研磨室，在同一个设备内实现多段磨碎。因此，生产中常用的球磨机的基本类型主要有格子型球磨机和溢流型球磨机两种。

1. 格子型球磨机

格子型球磨机的结构如图 4.9 所示。从图中可以看出，格子型球磨机主要由简体、给

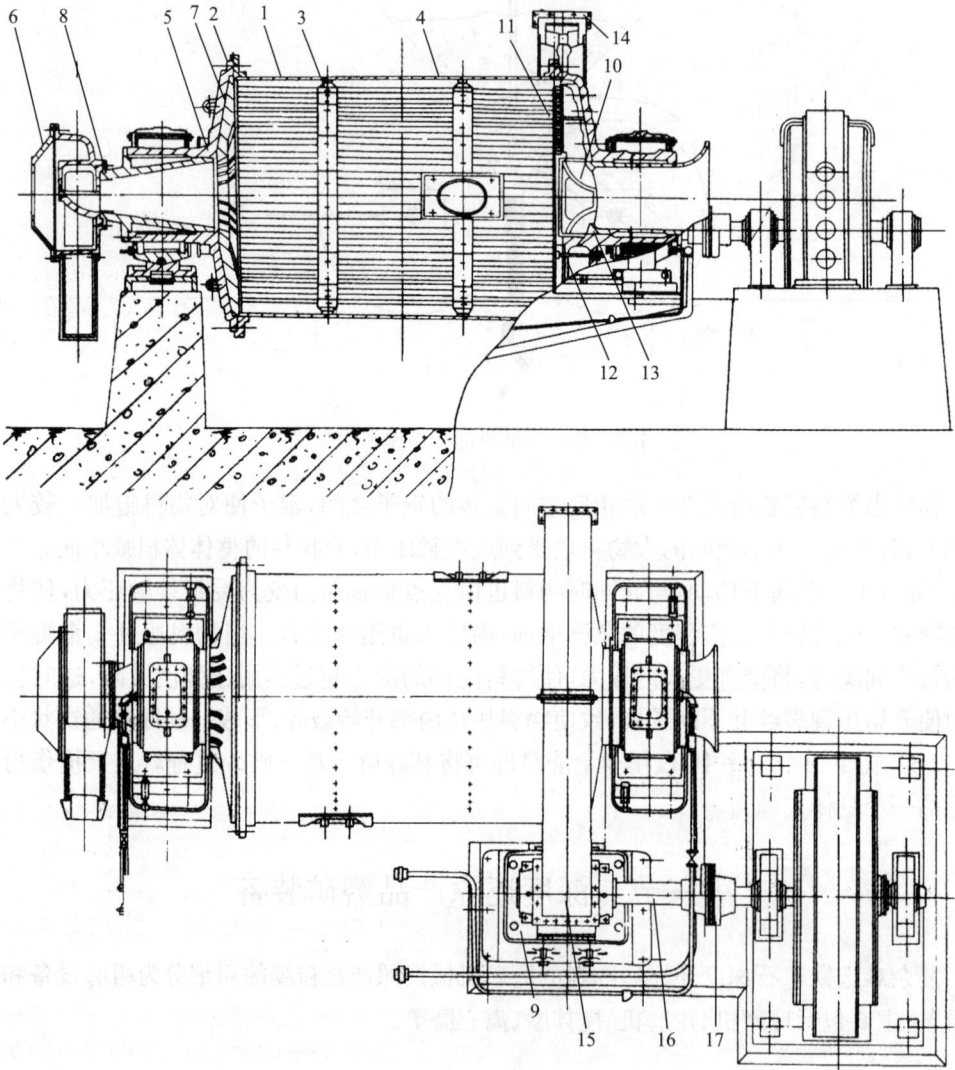

图 4.9　格子型球磨机的结构

1. 简体；2. 法兰盘；3. 螺钉；4. 人孔盖；5. 中空轴颈端盖；6. 联合给料器；7. 端衬板；8. 轴颈内套；
9. 防尘罩；10. 中空轴颈端盖；11. 格子衬板；12. 中心衬板；13. 轴承内套；14. 大齿圈；15. 小齿轮；
16. 传动轴；17. 联轴节

料端部、排料端部、主轴承和传动系统等部分组成。

　　磨机的筒体是 1 个空心圆柱筒,通常用 18～36 mm 厚的钢板卷制而成。筒体的两端焊有法兰盘,磨机的 2 个端盖用螺栓连接在法兰盘上。为了保护筒体不被磨损和调整磨机内介质的运动状态,筒体内壁上铺有耐磨衬板。衬板通常用高锰钢、橡胶或复合材料制造,常见的形状如图 4.10 所示。筒体中部还开有人孔,供检修磨机时使用。

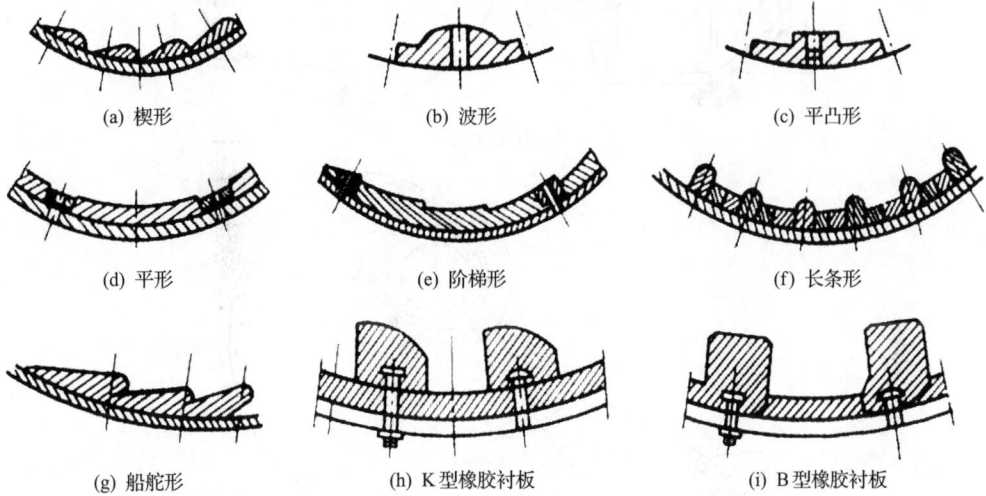

(a) 楔形　　　　　　　(b) 波形　　　　　　　(c) 平凸形

(d) 平形　　　　　　　(e) 阶梯形　　　　　　(f) 长条形

(g) 船舵形　　　　(h) K 型橡胶衬板　　　　(i) B 型橡胶衬板

图 4.10　衬板的常见形状

　　磨机的给料端部由端盖、中空轴颈和给料器等组成。端盖内壁铺有平的扇形衬板,端盖外焊有中空轴颈,中空轴颈内镶有带螺旋叶片的轴颈内套,除保护轴颈外还有向磨机筒体内推进物料的作用。给料器固定在中空轴颈的端部,其形式取决于磨机是开路作业还是闭路作业、是湿磨还是干磨。干磨时常采用某种形式的振动给料机,而湿磨时常用的给料器有图 4.11 所示的鼓式、蜗式和联合式 3 种。

　　鼓式给料器的端部为截头圆锥形盖子,盖子与外壳之间装有扇形孔隔板,外壳内装有螺旋,物料通过扇形孔由螺旋送入磨机内,这种给料器用于开路作业,且给料点位置较高的情况。

　　蜗式给料器有单勺和双勺 2 种,勺子将物料舀起,通过侧壁上的孔进入中空轴颈,由此进入磨机,这种给料器通常与给料点较低的第 2 段开路或闭路磨矿用磨机配合使用。

　　联合给料器由鼓式和蜗式 2 种给料器组合而成,可以同时给入磨机的新给料和分级机的返砂,所以它适合与第 1 段闭路磨矿用磨机配合使用。

　　格子型球磨机的排料端盖如图 4.12 所示,它主要由格子板、端盖和排料中空轴颈等组成。带有中空轴颈的端盖和筒体之间设置有一个格子板,格子板相当于一个屏障,将钢球和粗颗粒拦隔在筒体内,磨细的颗粒从格子板上的孔眼排出。排料端盖的内壁被放射状筋条分成若干个扇形室,扇形室内衬有簸箕形衬板,用螺栓固定在端盖上。扇形室朝向筒体的一面用格子衬板盖住。

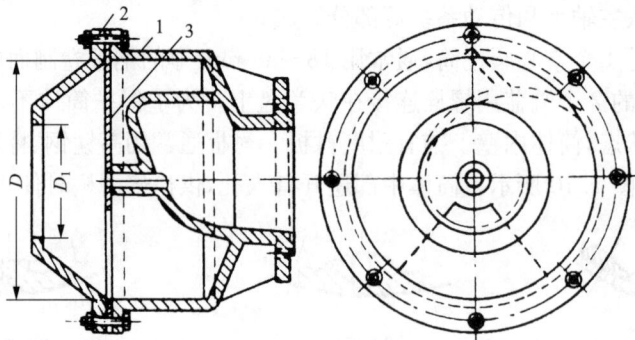

(a) 鼓式给料器

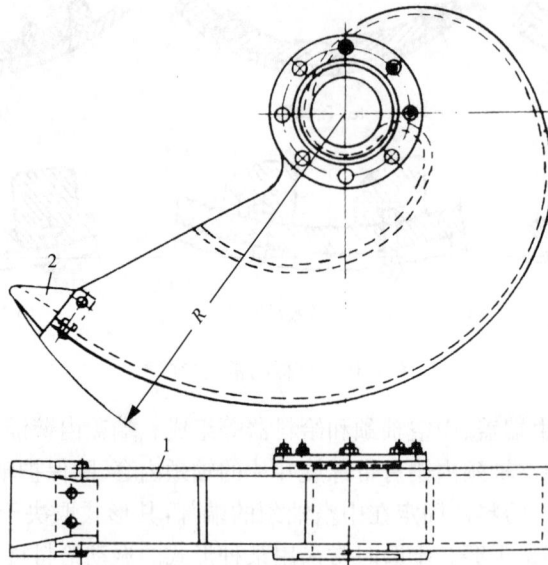

(b) 蜗式给料器

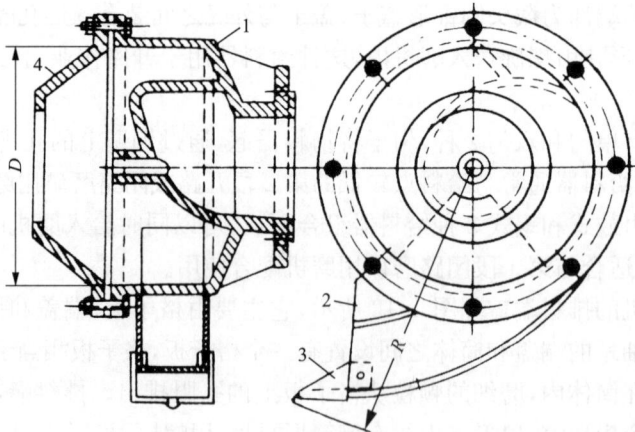

(c) 联合式给料器

图 4.11　给料器的结构

1. 给料器机体；2. 螺旋形勺子；3. 勺头；4. 端盖

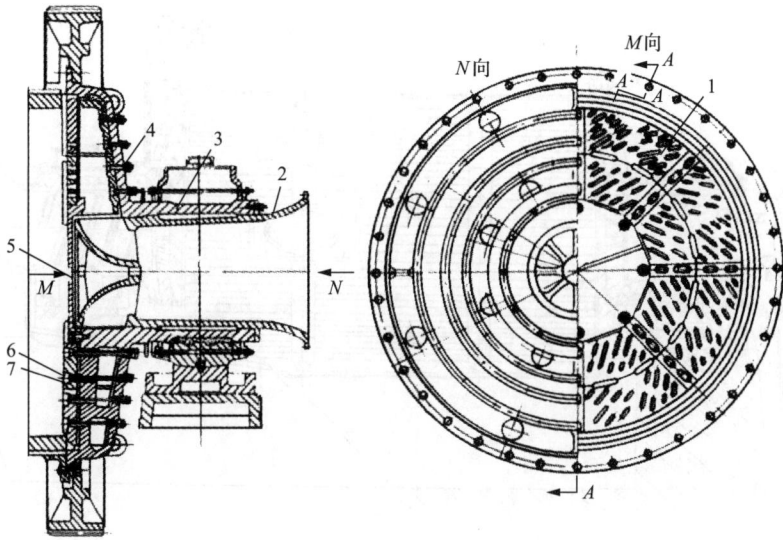

图 4.12　格子型球磨机的排料端盖
1. 格子衬板；2. 轴承内套；3. 中空轴颈；4. 簸箕形衬板；5. 中心衬板；6. 筋条；7. 楔铁

　　格子板上的孔眼的断面为梯形，向排料方向扩大，以防止格子板堵塞。磨细的颗粒随矿浆通过格子板进入扇形室，随着磨机的转动，扇形室内的矿浆被提升到高处，然后沿壁流入排料中空轴颈而排出。

　　干式格子型球磨机的排料中空轴颈内套上还设有与磨机转向同向的螺旋叶片，以帮助磨细的物料从磨机内排出。由于湿式格子型球磨机排料端的矿浆面低于排料中空轴颈中的矿浆面，所以属于低水平的强制排料，可以将磨细的物料颗粒及时排出，减少过磨。

　　球磨机筒体两端的中空轴颈分别支撑在两个主轴承上。由于主轴承的载荷很大，所以一般都采用稀油循环润滑。

　　滚筒式磨机的传动方式几乎都采用周边齿轮传动。

　　2. 溢流型球磨机

　　溢流型球磨机的结构如图 4.13 所示。

　　从图 4.13 中可以看出，溢流型球磨机的结构与格子型球磨机的基本相同，两者的区别主要是排料端部的结构。溢流型球磨机的排料端部没有排料格子板和扇形提升室，只是排料中空轴颈的直径明显比给料中空轴颈的直径大，从而在磨机的给料端和排料端之间形成一矿浆的液面差，磨细的颗粒和矿浆一起借重力从磨机中溢流出去。为了防止小钢球和粗颗粒随矿浆一起溢流出去，在溢流型球磨机的排料中空轴颈内镶有与磨机旋转方向相反的螺旋叶片，磨细的颗粒悬浮在矿浆中从螺旋叶片上面溢流出去，由矿浆带出的没有磨细的粗颗粒和小钢球则沉在螺旋叶片之间，被反向旋转的螺旋叶片送回磨机内。

　　（二）球磨机的工艺性能及用途

　　格子型球磨机属于低水平强制排料型磨碎设备，磨机筒体内储存的矿浆少，已磨细的颗粒能及时排出，因而发生过磨的可能性较小。同时由于有格子板拦住，磨机内可以多装

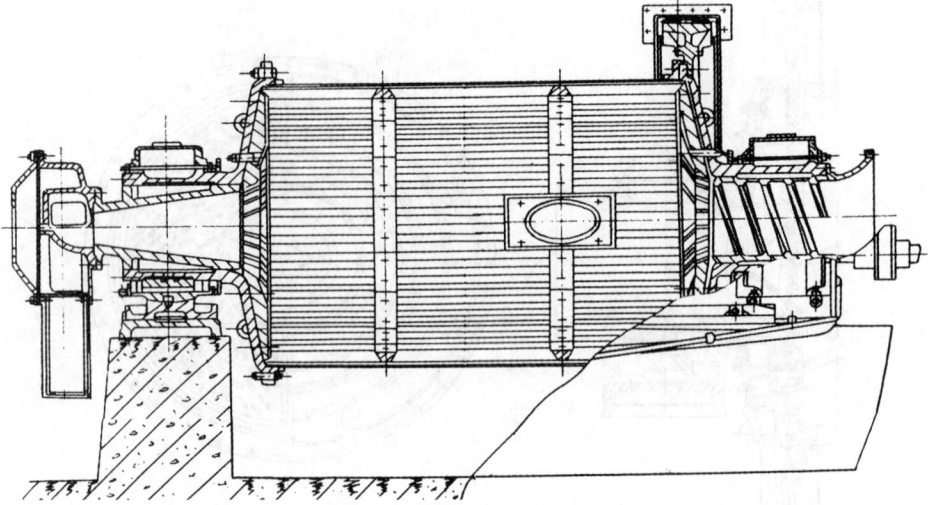

图 4.13　溢流型球磨机的结构

球,也便于装小球,从而增加了磨碎过程的研磨面积和单位时间内冲击破碎的次数,使磨机具有较强的磨碎能力,加上磨机筒体内矿浆的液面较低,对钢球落下时的缓冲作用弱,所以格子型球磨机的生产率比同规格溢流型球磨机的大 10%~15%,且磨矿效率也比后者的高。然而,由于格子型球磨机的排料速度快,物料在磨机内停留的时间短,产物粒度相对较粗,适宜的磨碎产物粒度为 0.3~0.2 mm 或 −0.074 mm 粒级的质量分数为45%~65%。因此,格子型球磨机常用作粗磨设备,或用在被磨物料容易发生泥化的磨碎作业。

　　与格子型球磨机相比,由于溢流型球磨机的磨细产物是从排料中空轴颈中溢流出去的,因而磨碎产物的粒度相对较细,设备规格相同时生产能率较小,磨碎过程的过粉碎现象严重,磨矿效率也明显较低;但由于溢流型球磨机的结构简单、价格低廉且适合于作细磨设备,所以溢流型球磨机在生产实践中同样得到了广泛应用。

二、棒磨机

(一)棒磨机的类型与构造

　　棒磨机以钢棒作为磨矿介质,与球磨机一样,其规格通常也以筒体的内径和长度$(D×L)$来表示。按照排料方式棒磨机可分为溢流型和周边排料型 2 种,且仅有 $L=(1.5~2.5)D$ 的筒形 1 种。虽然中心周边排料型棒磨机和端部周边排料型棒磨机在某些场合也有应用,但生产中使用的棒磨机绝大部分都是溢流型,其结构如图 4.14 所示。

　　对比图 4.13 和图 4.14 可以看出,溢流型棒磨机的结构与溢流型球磨机的大致相同,只是因前者采用比磨机筒体长度短 25~50 mm 的钢棒作为磨矿介质,为了保证钢棒顺利运动,溢流型棒磨机的筒体长度一般比同直径溢流型球磨机的要长一些,且内铺较平滑的波形衬板;两个端盖的曲率也较球磨机的小一些,且内铺平滑衬板。

　　此外,为了加快矿浆在棒磨机中的运动并使装棒容易,溢流型棒磨机的排料中空轴颈

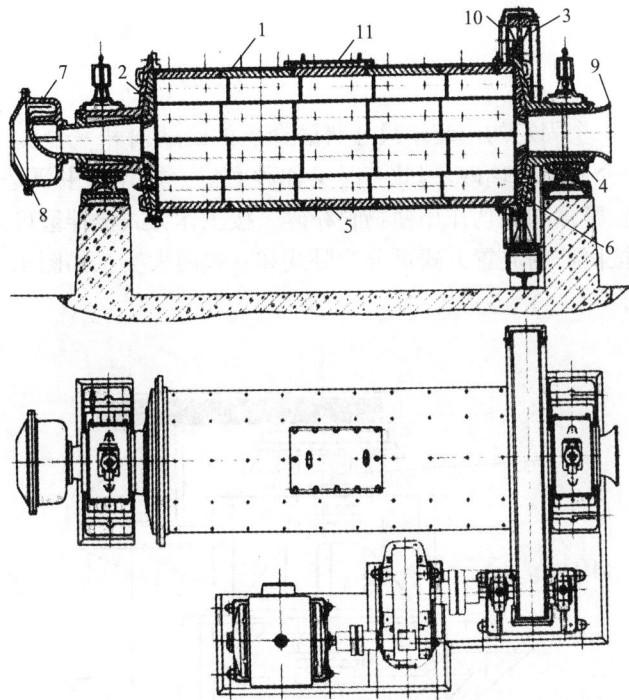

图 4.14 溢流型棒磨机的结构

1. 筒体；2. 端盖；3. 传动齿轮；4. 主轴承；5. 筒体衬板；6. 端盖衬板；7. 给料器；
8. 给料口；9. 排料口；10. 法兰盘；11. 检查孔

比同直径溢流型球磨机的要大很多,大型棒磨机排料中空轴颈的直径可达 1200 mm 以上,检修时人可以经此出入,因而筒体上可以不设人孔。

(二) 棒磨机的工艺性能及用途

与球磨机不同,棒磨机内的磨矿介质是钢棒,所以工作特性与球磨机的有着明显的差异。由于钢球之间是点接触,钢棒之间是线接触,当钢棒之间夹有颗粒时,粗颗粒首先受到破碎,而细颗粒则受到一定程度的保护。另外,当钢棒沿筒体内壁向上提升时,夹在钢棒之间的细颗粒从缝隙中漏出,从而使粗颗粒集中受到钢棒落下时的冲击破碎。正是由于棒磨机这种特有的选择性破碎粗颗粒的作用,这种磨碎设备的产物粒度均匀,且磨碎过程的过粉碎现象较轻,因而棒磨机通常开路工作。此外,钢棒介质单位体积的表面积比钢球介质的小,所以棒磨机的利用系数比相同筒体直径球磨机的要低一些,且不适宜作细磨设备。

一般来说,棒磨机的生产率比同规格格子型球磨机的低 15% 左右,比同规格溢流型球磨机的低 5% 左右。棒磨机的这些工作特性决定了它适宜作钨矿石、锡矿石及其他一些脆性物料的磨碎设备,以减轻过粉碎现象,提高分选作业的回收率。除此之外,棒磨机也可以在两段磨矿回路中用作粗磨设备,尤其是当处理黏性物料时,棒磨机常取代细碎破碎机,以解决细碎设备排料口的堵塞问题。在生产中,棒磨机的转速率一般为

50%～65%。

三、搅拌磨

　　搅拌磨主要由一个固定的内装小尺寸研磨介质的研磨筒和一个旋转搅拌器构成,由于最初使用的研磨介质是玻璃砂,因此有时又称砂磨机。搅拌磨主要是通过搅拌器搅动研磨介质产生冲击、摩擦和剪切作用使物料粉碎。按工作方式搅拌磨可分为间歇式、连续式和循环式三种;按筒体的放置方式可分为卧式和立式两大类。如图 4.15 所示为立式螺旋搅拌磨的结构图。

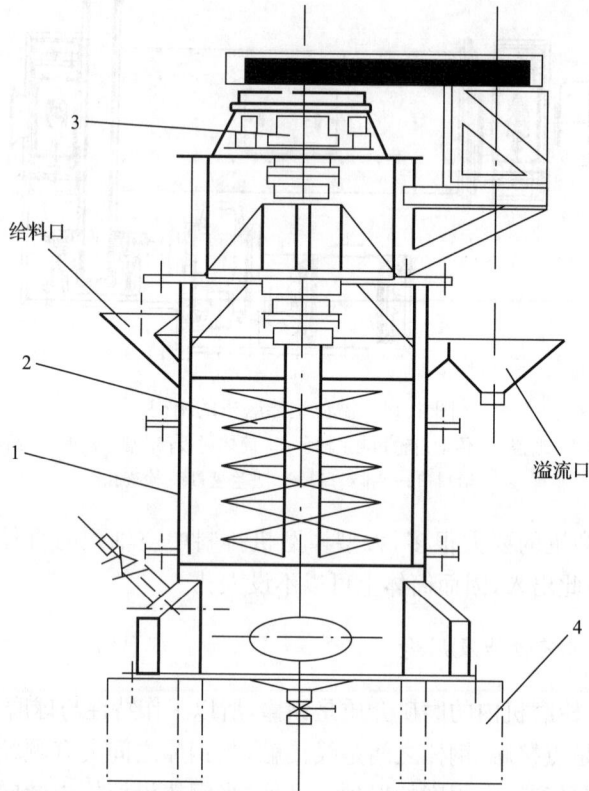

图 4.15　立式螺旋搅拌磨的结构图
1. 筒体;2. 搅拌器;3. 传动装置;4. 机架

　　间歇式搅拌磨主要由带冷却套的研磨筒、搅拌装置和循环卸料装置等组成。冷却套内可通入不同温度的冷却介质,以控制研磨物料时的温度;研磨筒内壁及搅拌装置的外壁可根据应用场合的具体情况镶上不同的材料;循环卸料装置既可保证物料在研磨过程中不断循环,又可保证最终磨碎产物及时排出。

　　连续式搅拌磨研磨筒的上下两端装有格栅,磨碎产物的粒度通过调节给料速度而控制物料在研磨筒内的停留时间来保证。

　　循环式搅拌磨是由一台搅拌磨和一个大容积的循环罐组成,循环罐的容积为磨机研磨筒容积的 10 倍左右。这种搅拌磨的优点是可以用小规格的研磨设备,一次生产出质量均匀、粒度分布范围较窄的大批量的最终磨碎产品。

搅拌磨可用于生产粒度小于 1 μm 的微细产品,广泛应用于颜料、高级陶瓷原料、煤浆以及高岭土、滑石、石灰石、云母等非金属矿产资源的超细粉碎。常用的研磨介质有天然砂、玻璃珠、氧化锆球、钢球等。

四、离心磨

离心磨的突出特点是它的研磨室在围绕一固定轴旋转的同时,还以某一预先确定的频率和振幅振动,因而无临界转速。图 4.16 是德国鲁奇公司生产的离心磨的结构示意图。装有衬板的可更换研磨筒,借助于夹紧螺栓固定在转臂上。当穿过横臂的两根偏心轴同步旋转时,固定在横臂 V 形槽中的磨机筒体也围绕一个平行于筒体轴心线的轴作圆周运动。筒体高速回转时,带动筒体内的物料和磨矿介质旋转和振动,夹在介质之间的物料在碰撞、冲击和研磨的作用下被粉碎。

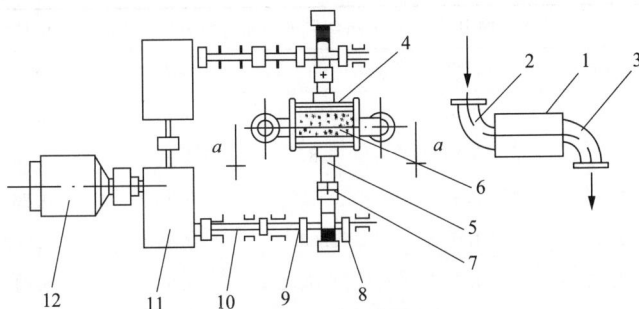

图 4.16　离心磨的结构示意图

1. 筒体;2. 进料口;3. 出料口;4. 衬板;5. 横臂;6. 物料及介质;7. 螺栓;
8. 平衡铁;9. 偏心轴;10. 传动轴;11. 变速箱;12. 电动机

与常规的球磨机相比,离心磨的突出优点有以下几点:

(1)磨矿效率高,单位磨机筒体容积或单位质量研磨介质的能量转换可达常规球磨机的 30 倍,因而输入功率相同时,离心磨的外形尺寸比球磨机的小很多,设备自身的质量仅为球磨机的 1/5~1/2。

(2)磨机筒体装卸方便,离心磨的筒体可以更换,备用筒体可随时装上。

(3)改变筒体的转速,可以在很大范围内获得不同的生产率和磨碎产物的细度,在一定范围内,磨碎产物的粒度随磨机筒体转速的增加而减少。

五、磨碎过程的影响因素

有介质磨碎过程的影响因素一般可归纳为物料性质、磨机的结构参数和磨机的工作条件 3 个方面。

(一)物料性质

待磨物料对磨碎过程的影响主要体现在物料的可磨性、给料粒度及产物粒度等方面。

1. 物料的可磨性

可磨性是指物料由某一粒度磨碎到规定粒度的难易程度,它既可以用相对方法表示,即可磨性,也可以用绝对方法表示,即可磨度。由这两个概念的定义可知,无论是采用相对表示方法还是采用绝对表示方法,都是物料的硬度越大,可磨性越小,磨机的生产率也就越低。

2. 给料粒度和产物粒度

给料粒度和产物粒度是磨机生产率的主要影响因素。一般来说,给料粒度越粗,磨碎到规定细度所需要的时间越长,磨机的生产率也就越低。然而这一影响并不是孤立的,其影响程度还会随物料性质和磨碎产物粒度的变化而改变。正如表 4.1 和表 4.2 中的数据所表示的那样,磨机的相对生产能力随着给料粒度的减小而增加,但上升的幅度却随着磨碎产物粒度的减小而下降,尤其是处理非均质物料时,其下降趋势更为明显。

表 4.1　处理不均匀物料时磨机的相对生产能力

给料粒度 /mm	最终产物中 -0.074 mm 级别的质量分数 $w(\%)$ 不同时的相对生产能力					
	40	48	60	72	85	95
$-40+0$	0.77	0.81	0.83	0.81	0.80	0.78
$-30+0$	0.83	0.86	0.87	0.85	0.83	0.80
$-20+0$	0.89	0.92	0.92	0.88	0.86	0.82
$-10+0$	1.02	1.03	1.00	0.93	0.90	0.85
$-5+0$	1.15	1.13	1.05	0.95	0.91	0.85
$-3+0$	1.19	1.16	1.06	0.95	0.91	0.85

表 4.2　处理均匀物料时磨机的相对生产能力

给料粒度 /mm	最终产物中 -0.074 mm 级别的质量分数 $w(\%)$ 不同时的相对生产能力					
	40	48	60	72	85	95
$-40+0$	0.75	0.79	0.83	0.86	0.88	0.90
$-20+0$	0.86	0.89	0.92	0.95	0.96	0.96
$-10+0$	0.97	0.99	1.00	1.01	1.02	1.02
$-5+0$	1.04	1.05	1.05	1.05	1.05	1.05
$-3+0$	1.06	1.06	1.06	1.06	1.06	1.06

磨碎产物粒度通常用其中最大颗粒的粒度或 -0.074 mm 粒级的质量分数表示(表 4.3),它对磨机生产率的影响表现在两个方面。①从被磨物料的粒度来看,随着磨碎时间的延续,被磨物料的平均粒度逐渐减小,从而使磨机的生产率不断上升;②从被磨物料的可磨性来看,在磨碎的初始阶段,易磨颗粒首先被磨碎,随着时间的推移,被磨物料的平均可磨性逐渐下降,从而使磨机的生产率不断减小。当磨机处理均质物料时,由于后一种现象不很明显,因而磨机的生产率随着磨碎产物粒度的下降而上升(表 4.2);然而,当磨机处理非均质物料时,后一种现象表现得特别突出,从而导致磨机的生产率随着磨碎产物粒度的下降而明显减小(表 4.1)。

表 4.3　磨碎产物粒度表示方法一览表

产物粒度/mm	0.5	0.4	0.3	0.2	0.15	0.1	0.074
网目	32	35	48	65	100	150	200
−0.074 mm 粒级的质量分数/%		35～45	45～55	55～65	70～80	80～90	95

(二) 磨机的结构参数

磨机的结构参数对磨碎过程的影响主要表现在磨机的类型和规格尺寸 2 个方面。

磨机类型对磨碎过程的影响在前面已作了详细分析。概括地说,格子型球磨机的生产率大,磨碎过程的过粉碎较轻,但磨碎产物的粒度较粗,不适宜作细磨设备;溢流型球磨机的生产率比同规格格子型球磨机的低 10%～15%,且磨碎过程的过粉碎现象严重,但产物粒度比较细,用作细磨设备时明显优于格子型球磨机;溢流型棒磨机的生产率比同规格溢流型球磨机和格子型球磨机的分别低 5% 和 15% 左右,但它的磨碎产物粒度均匀,适宜开路作业,节省分级设备。

磨机的规格尺寸主要是筒体的直径和长度,这 2 个参数主要影响磨机的生产率和磨碎产物粒度。实践表明,磨机的生产率 Q 与其筒体尺寸的关系为

$$Q = KD^{2.5～2.6}L \tag{4.1}$$

磨机筒体的长度在一定程度上决定了物料在磨机内的停留时间,长度太大,会因物料在磨机内停留的时间太长而导致过粉碎加剧;反之,若筒体过短,则又可能达不到要求的磨碎产物细度。所以棒磨机筒体的长径比一般为 1.5～2.5,而球磨机筒体的长径比则通常为 1～1.5。

(三) 磨机的工作条件

影响物料磨碎过程的磨机工作条件主要包括磨机的转速率 ψ、磨矿介质的填充率 φ、磨碎过程的矿浆浓度、磨机的给料速度、分级机的工作情况、循环负荷以及磨矿介质的形状、尺寸等。

1. 转速率 ψ 和充填率 φ

转速率和填充率是决定磨机所能产生的磨碎作用的关键因素。实践表明,当 $\varphi=$ 30%～50%、$\psi=40\%～80\%$ 时,磨机的有用功率随着转速率的增加而上升,这表明磨机的生产率将随着转速率的增加而上升;另外,当转速率为一适宜值时,理论分析和生产实践均表明,磨机的生产率在 $\varphi=40\%～50\%$ 之间出现最大值。因此,工业生产中球磨机的转速率一般为 70%～80%,磨矿介质填充率一般为 40%～50%;而棒磨机的转速率通常为 50%～65%,磨矿介质的填充率通常为 35%～45%。

2. 磨矿介质的形状和尺寸

磨矿介质的形状除了钢球和钢棒以外,由于钢质短柱、钢质柱球等异形磨矿介质的磨碎效果比钢球的要好一些,所以在一些铁矿石选矿厂的第 2 段磨矿作业中,已经用异形磨矿介质替代了钢球。

当采用钢球作磨矿介质或采用异形磨矿介质时,在一定的填充率下,磨矿介质的尺寸越小,装入的磨矿介质的个数就越多,磨矿介质的表面积也就越大,因而单位时间内磨矿介质冲击固体颗粒的次数也越多,介质研磨物料的面积也越大,而打击颗粒的冲击力却比较小。随着磨矿介质尺寸的增加,颗粒所受到的打击力增大,但单位时间内打击颗粒的次数和研磨物料的面积却随之而下降。所以,对于一定粒度的物料,总存在着一个最佳的磨矿介质尺寸,使得物料的磨碎速度最大。人们从长期的生产实践中总结出物料块的直径 d 与有效破碎所需要的磨矿介质尺寸 D 之间的关系为

$$D = id^n \tag{4.2}$$

式中的 i 和 n 是两个随被磨物料性质而变的参数,可以通过试验确定。当无法进行试验或作粗略估算时,可以采用如下的邦德经验公式进行计算。

$$D = 25.4 \sqrt{d} \tag{4.3}$$

上述两式中的 D 和 d 的单位均为 mm,且 d 是按 80% 过筛计的给料最大粒度。

3. 矿浆浓度和给料速度

磨碎过程的矿浆浓度通常以矿浆中固体物料的质量分数表示。所以矿浆浓度越高,单位体积矿浆内颗粒的数目也就越多,矿浆的黏度也越大,颗粒越容易黏附在磨矿介质上,这无疑会有利于物料的磨碎,但黏稠的矿浆又会对下落的磨矿介质产生较大的缓冲作用,从而削弱了它们对固体颗粒的冲击力。综合上述 2 个方面的作用,在磨碎过程中,矿浆的浓度存在着最佳范围。对中等转速率的磨机而言,磨碎产物粒度大于 0.15 mm 或处理密度较大的物料时,适宜的磨矿矿浆浓度为 $75\% \sim 80\%$;磨碎产物粒度小于 0.1 mm 或处理密度较小的物料时,适宜的磨碎矿浆浓度为 $65\% \sim 75\%$。

磨机的给料要求均匀连续,较大的波动会导致严重问题。因为若给料量太少,磨机内下落的磨矿介质会直接打在衬板上,使磨损加剧,过粉碎严重;而给料量过大时,又容易产生"胀肚"现象。所谓胀肚现象,就是磨机内的磨矿介质和被磨物料黏结在一起,使磨碎作用大大降低。胀肚现象是磨机的常见故障之一,严重时需要停止生产,进行专门处理。

4. 循环负荷

循环负荷是磨机采用闭路作业时,分级设备分出的、返回磨机的粗粒级物料量与新给入磨机的物料量之比,记为 C。循环负荷对磨机生产率的影响情况如图 4.17 所示。从图 4.17 中可以看出,理论曲线和经验曲线都表明,当循环负荷较小时,适当增加其数值,可以加速已磨碎颗粒从磨机中排出,提高磨机的处理能力,降低磨碎能耗。然而,当循环负荷达到一定数值(600%)后,磨机的生产率将不再随着循环负荷的增加而明显上升,而是趋近于一条渐近线,借助于增加循环负荷提高磨机生产率的幅度不大于 40%。通常情况下,磨机循环负荷的适宜值为 $150\% \sim 600\%$。

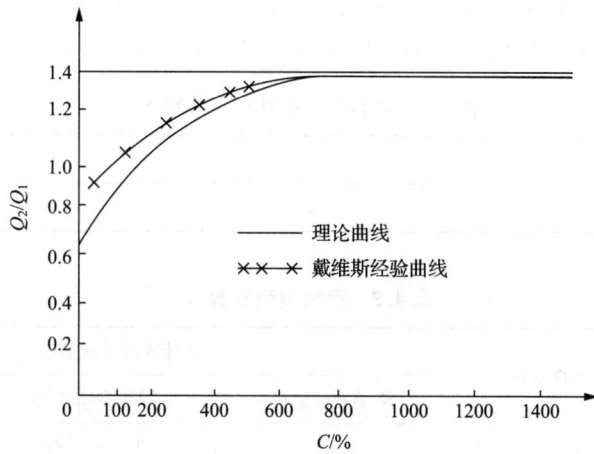

图 4.17　磨机生产率与循环负荷的关系

六、磨碎设备的生产率计算

迄今为止,已提出的计算球磨机和棒磨机生产率的方法主要有容积法、邦德功指数法、汤普森(C. F. Thompson)法和转换系数法等。限于本书的篇幅,仅介绍容积法。

采用容积法计算磨机的生产率时,首先需要确定磨机的比生产率 $q_{-0.074}$,采用的计算公式为

$$q_{-0.074} = K_1 K_2 K_3 K_4 q_{0,-0.074} \tag{4.4}$$

而磨机的生产率计算公式为

$$Q_{-0.074} = K_1 K_2 K_3 K_4 q_{0,-0.074} V \tag{4.5}$$

式中,$Q_{-0.074}$——待计算磨机按新生 -0.074 mm 计的生产率,$t \cdot h^{-1}$;

$q_{-0.074}$——工业生产磨机或工业试验磨机的比生产率,$t \cdot m^3 \cdot h^{-1}$;

V——待计算磨机的筒体有效容积,m^3;

K_1——物料可磨性校正系数,需要通过试验确定,无试验资料时,可近似地从表 4.4 中选取;

K_2——磨机类型校正系数,亦即待计算磨机的类型系数与标准磨机的类型系数之比,磨机的类型系数如表 4.5 所示;

K_3——磨机直径校正系数,其计算式为

$$K_3 = \sqrt{D - 2\delta} / \sqrt{D_0 - 2\delta_0} \tag{4.6}$$

式(4.6)中的 D 和 D_0 分别是待计算磨机和工业生产或工业试验磨机的筒体内径(m),δ 和 δ_0 分别是相应的衬板厚度(m);

K_4——磨机的给料粒度和产物粒度校正系数,其计算式为

$$K_4 = m_1 / m_2 \tag{4.7}$$

式(4.7)中的 m_1 和 m_2 分别是在一定的给料及产物粒度下,待计算磨机和工业生产或工业试验磨机的相对生产能力,其值可以从表4.1和表4.2中查得。

表 4.4　物料的可磨性校正系数 K_1

待磨物料的软硬情况	很软	软	中硬	硬	很硬
K_1	2.00	1.50	1.00	0.75	0.50

表 4.5　磨机类型系数 K_2

工业生产或试验磨机的类型	待计算磨机的类型		
	格子型球磨机	溢流型球磨机	棒磨机
格子型球磨机	1.0	0.91~0.87	
溢流型球磨机	1.10~1.15	1.0	
棒磨机			1.0

由于磨机按新生 -0.074 mm 计的生产率 $Q_{-0.074}$ 与按新给料计的生产率 Q 之间存在如下关系:

$$Q_{-0.074} = Q(\beta_{排-0.074} - \beta_{给-0.074})$$

所以按新给料计的磨机生产率计算公式为

$$Q = Q_{-0.074}/(\beta_{排-0.074} - \beta_{给-0.074}) \qquad (4.8)$$

式中, $\beta_{排-0.074}$、$\beta_{给-0.074}$——磨机排料和给料中 -0.074 mm 粒级的质量分数,无试验资料时,可分别从图 4.18 和图 4.19 中选取。

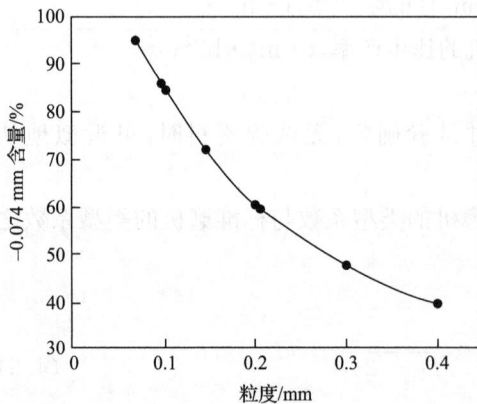

图 4.18　磨碎产物中 -0.074mm 含量与产物粒度的关系

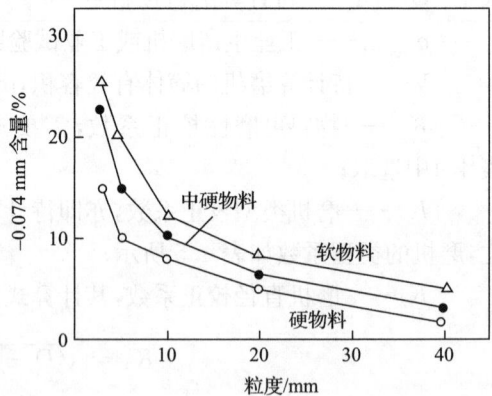

图 4.19　破碎产物中 -0.074 含量与产物粒度的关系

第四节　深度还原产品分选装备

复杂难选铁矿石经过深度还原之后,绝大部分铁已经被还原为次性很强的金属铁,因此后续深度还原产品的分选设备主要为弱磁选机,常见的装备主要包括永磁筒式磁选机、磁滑轮(磁滚筒)、磁力脱水槽、磁团聚重力选矿机和磁选柱等(王常任,2008)。

一、永磁筒式磁选机

永磁筒式磁选机是处理铁矿石的选矿厂普遍应用的一种磁选设备。复杂难选铁矿石深度还原后金属矿物多被还原成金属合金,都具有强磁性,因此永磁筒式磁选机应用最为广泛。根据磁选机槽体(或底箱)的结构,永磁筒式磁选机分为逆流型、半逆流型和顺流型3种类型,其槽体的示意图如图4.20所示。

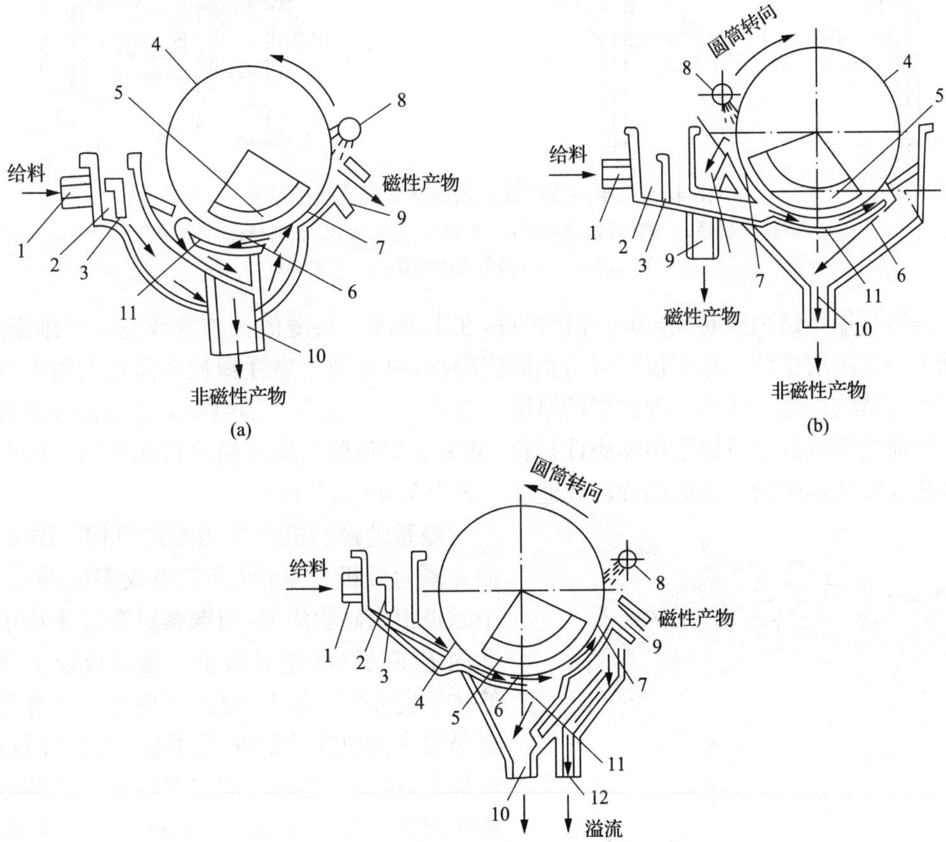

图4.20　3种类型磁选机底箱示意图

(a)半逆流型;(b)逆流型;(c)顺流型

1.给料管;2.给料箱;3.挡板;4.圆筒;5.磁系;6.扫选区;7.脱水区;8.冲洗水区;
9.磁性产物管;10.非磁性产物管;11.底板;12.溢流管

目前生产中应用的主要有 CT 系列、CTB(半逆流型)系列、CTN(逆流型)系列、CTS(顺流型)系列、DPMS 系列和 ZCT 系列永磁筒式磁选机。其中 CT 系列永磁筒式磁选机 3 种类型的槽体都有。

(一)半逆流型永磁筒式磁选机

图 4.21 是半逆流型湿式弱磁场筒式磁选机的结构图。这种设备主要由圆筒、磁系和槽体(或称底箱)等 3 个部分组成。

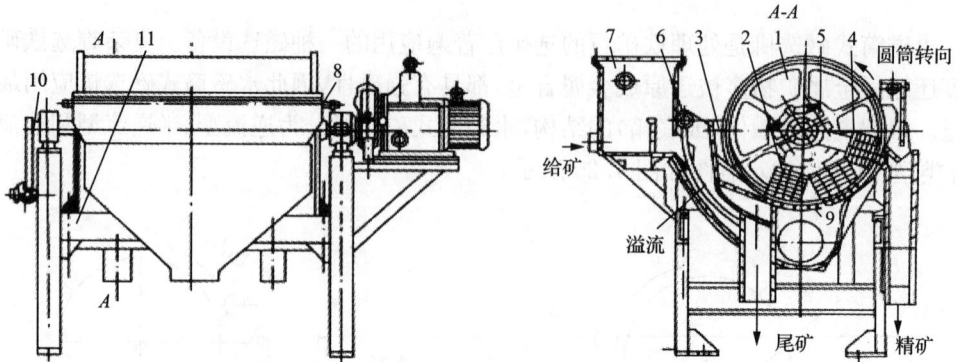

图 4.21　半逆流型湿式永磁筒式磁选机的结构
1. 圆筒;2. 磁系;3. 槽体;4. 磁导板;5. 支架;6. 喷水管;7. 给料箱;8. 卸矿水管;
9. 底板;10. 磁偏角调整装置;11. 支架

圆筒是用不锈钢板卷成,为了保护筒皮,在上面加一层薄的橡胶带或绕一层细铜线,或粘上一层耐磨橡胶。这不仅可以防止筒皮磨损,也有利于磁性颗粒在筒皮上附着及圆筒对磁性产物的携带作用。保护层的厚度一般为 2 mm 左右。圆筒端盖是用铝或铜铸成的。圆筒的各部分之所以采用非磁性材料,是为了避免磁力线与筒体形成短路。圆筒由电动机经减速机带动。圆筒的旋转线速度一般为 $1.0 \sim 1.7$ m·s^{-1}。

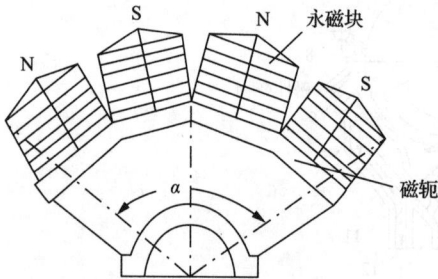

图 4.22　四极磁系结构示意图

磁系是磁选机产生磁场的机构。图 4.22 的磁系为四极磁系(也有三极或多极的)。每个磁极由永磁块组成,用铜螺钉穿过磁块中心孔固定在马鞍状磁导板上。磁导板经支架与筒体固定在同一轴上,磁系不旋转。也有的磁系是用永磁块黏结组成,用黏结的方法固定在底板上,再用上述方法固定在轴上。磁系磁极的极面宽度为 130 mm(65 mm×2),中间磁极为 170 mm(85 mm×2)。磁极的磁性是沿圆周交替排列(N-S-N-S 或 S-N-S-N)的。同一极沿轴向极性相同。磁系包角 α 为 106°~128°。磁系偏角(磁系中心线偏向磁性产物排出端与垂直中心线的夹角)为 15°~20°。磁系偏角可以通过装在轴上的转向装置调节。

半逆流型槽体如图 4.20(a)和图 4.21 所示。矿浆从它的下方给到圆筒的下部,非磁性产物的移动方向和圆筒的旋转方向相反,磁性产物的移动方向和圆筒旋转方向相同。具有这种特点的槽体称为半逆流型槽体。槽体靠近磁系的部位需要使用非导磁材料,其余可用普通钢板制成,或用硬质塑料板制成。

槽体的下部为给料区,其中插有喷水管,用来调节选别作业的矿浆浓度,把矿浆吹散成较松散的悬浮状态进入分选空间,有利于提高选别指标。在给料区上部有底板(现场称为堰板),底板上开有矩形孔,用于排出非磁性产物。底板和圆筒之间的间隙为 30～40 mm(可以调节)。

磁选机的磁场特性是指磁系所产生的磁场强度及其分布规律。磁选机的磁场特性一般都是实际测量的。图 4.23 是 CT-718 型磁选机的磁系磁场分布特性曲线。

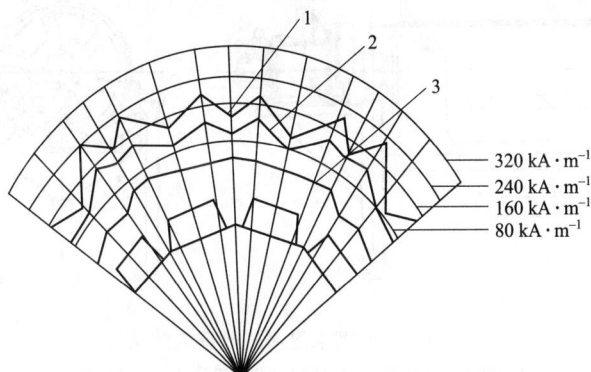

图 4.23 CT-718 型磁选机的磁系磁场分布特性曲线
1. 磁极表面;2. 距磁极表面 10 mm 处;3. 距磁极表面 50 mm 处

由图 4.23 的磁场特性曲线可以看出,磁场强度随着距磁极表面距离的增加而减少。在圆筒表面,磁极边缘处的磁场强度高于磁极面中心和极间隙中心处的磁场强度;距磁极表面 50 mm 以后,除磁极最外边两点外,其余各点磁场强度均相近。圆筒表面的平均磁场强度一般为 120 kA·m⁻¹左右。

矿石在磁选机中的分选过程大致为:矿浆经过给料箱进入磁选机槽体以后,在喷水管喷出水(现场称吹散水)的作用下,呈松散状态进入给料区;磁性颗粒在磁场力的作用下,被吸在圆筒的表面上,随圆筒一起向上移动;在移动过程中,磁系的极性交替,使得磁性颗粒成链地进行翻动(现场称为磁翻或磁搅拌);在翻动过程中,夹杂在磁性颗粒中间的一部分非磁性颗粒被清除出去,这有利于提高磁性产物的质量。磁性颗粒随圆筒转到磁系边缘磁场较弱的区域时,被冲洗水冲进磁性产物槽中;非磁性颗粒和磁性很弱的颗粒,则随矿浆流一起,通过槽体底板上的孔进入非磁性产物管中。

在半逆流型磁选机中,矿浆以松散悬浮状态从槽底下方进入分选空间,给料处矿浆的运动方向与磁场力方向基本相同,所以,颗粒可以到达磁场力很高的圆筒表面上。另外,非磁性产物经槽体底板上的孔排出,从而使溢流面的高度保持在槽体中矿浆的水平面上。半逆流型磁选机的这两个特点,决定了它可以得到较高的磁性产物质量和选别回收率。这种类型的磁选机常用作粗选设备和精选设备,尤其适合用作 0～0.15 mm 的强磁性物料(矿石)的精选设备。

（二）逆流型永磁筒式磁选机

逆流型永磁筒式磁选机的底箱结构如图 4.20(b)和图 4.24 所示,这种类型磁选机的给料方向和圆筒旋转方向或磁性产物的移动方向相反。矿浆由给料箱直接进入圆筒的磁系下方,非磁性颗粒和磁性很弱的颗粒随矿浆流一起,经位于给料口相反侧底板上的孔进入尾矿管中;磁性颗粒被吸在圆筒表面,随着圆筒的旋转,逆着给料方向移动到磁性产物排出端,被排到磁性产物槽中。

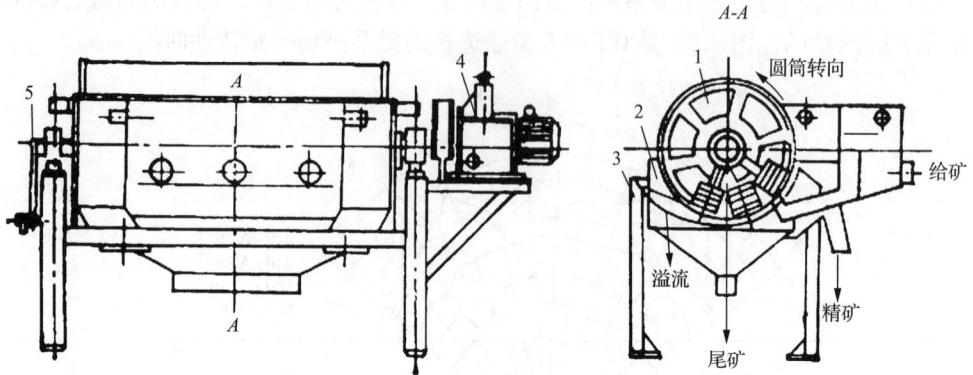

图 4.24　逆流型永磁筒式磁选机的结构
1. 圆筒;2. 槽体;3. 机架;4. 传动部分;5. 转向装置

逆流型磁选机的适宜给料粒度为 0.6～0 mm,用在细粒强磁性物料的粗选和扫选作业。由于这种磁选机的磁性产物排出端距给料口较近,磁翻作用差,所以磁性产物质量不高,但它的非磁性产物排出口距给料口较远,矿浆经过较长的选别区,增加了磁性颗粒被吸着的机会,另外两种产物排出口间的距离远,磁性颗粒混入非磁性产物中的可能性小,所以这种磁选机对磁性颗粒的回收率高。

（三）顺流型永磁筒式磁选机

顺流型永磁筒式磁选机的底箱结构如图 4.20(c)和图 4.25 所示,这种类型磁选机的给料方向和圆筒的旋转方向或磁性产物的移动方向一致。矿浆由给料箱直接给入磁系下方,非磁性颗粒和磁性很弱的颗粒随矿浆流一起,由圆筒下方两底板之间的间隙排出;磁性颗粒被吸在圆筒表面上,随圆筒一起旋转到磁系的边缘磁场较弱处排出。顺流型磁选机适用于粒度为 6.0～0 mm 的粗粒强磁性物料的粗选和精选作业。

二、磁滑轮(磁滚筒)

磁滑轮(也称磁滚筒或干式大块磁选机)有永磁的和电磁的 2 种。永磁磁滑轮的结构如图 4.26 所示。这种设备的主要组成部分是一个回转的多极磁系,套在磁系外面的是用不锈钢或铜、铝等不导磁材料制成的圆筒。磁系的包角为 360°。磁系和圆筒固定在同一个轴上,安装在皮带机的头部(代替首轮)。

目前使用的磁滑轮的磁系结构一种是磁极沿物料运动方向同极性排列(极性沿轴向

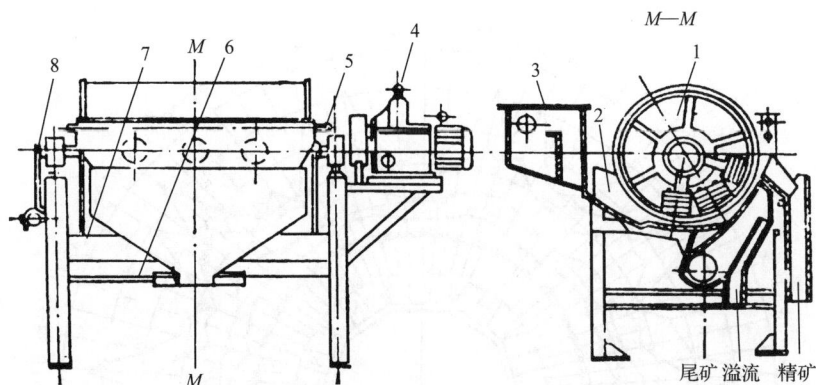

图 4.25　顺流型永磁筒式磁选机的结构

1. 圆筒；2. 槽体；3. 给矿箱；4. 传动部分；5. 卸矿水管；6. 排矿调节阀；7. 机架；8. 转向装置

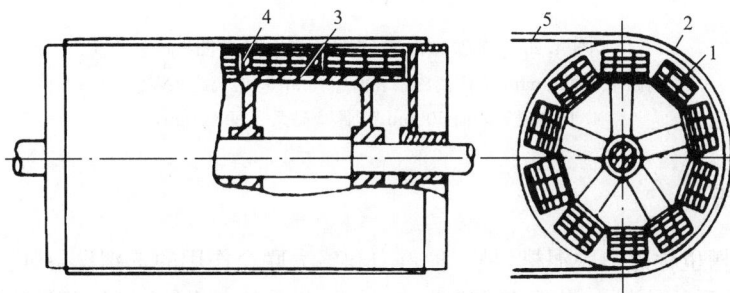

图 4.26　永磁磁滑轮的结构

1. 多磁极系；2. 圆筒；3. 磁导板；4. 铝环；5. 皮带

是交替排列的）；另一种是磁极沿物料运动方向异极性排列。由于磁极沿圆筒方向极性交替，减少了两端的漏磁，提高了圆筒表面的磁场强度，所以近年来采用后一种排列方式的较多。图 4.27 是永磁磁滑轮的磁场强度分布曲线。

　　在实际使用中，物料均匀地给到皮带上，当物料随皮带一起经过圆筒时，非磁性或磁性很弱的颗粒在离心惯性和重力的作用下脱离皮带面；而磁性较强的颗粒则受磁力的作用被吸在皮带上，并由皮带带到圆筒的下部，当皮带离开圆筒伸直时，由于磁场强度减弱而落入磁性产物槽中。磁性产物的产率和质量，通过调节装在圆筒下方的分离板的位置来控制。在大多数情况下，永磁磁滑轮只能选出可直接丢弃的非磁性产物和尚需进一步处理的中间产物。用永磁磁滑轮对磁铁矿型铁矿石进行干式预选，可以预先抛弃混入矿石中的废石，恢复地质品位，实现节能增产。对于直接入炉的富矿，在入炉前应用这种设备选出混入的废石，以提高入炉矿石的品位。

　　在磁化焙烧铁矿石的选矿厂中，用永磁磁滑轮处理块状焙烧矿，选出焙烧质量较好的矿石送入下一作业（如破碎、磨碎和磁选），而将未焙烧好的矿块返回还原焙烧炉再次焙烧，用这种设备控制焙烧矿的质量。

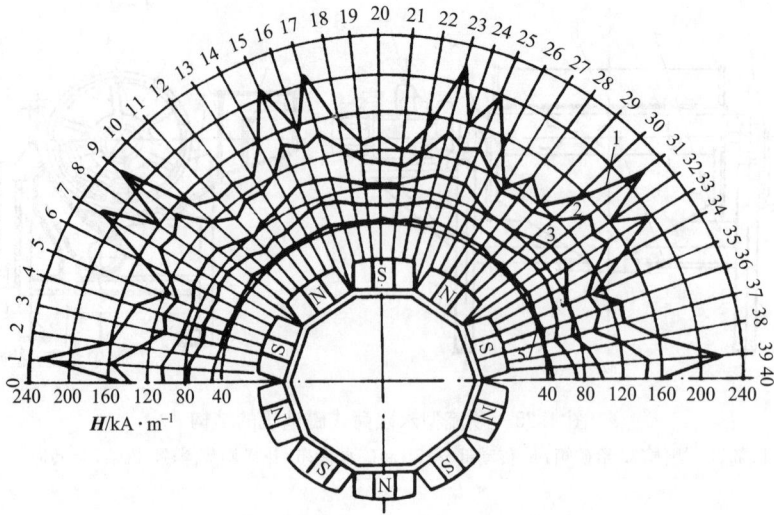

图 4.27　永磁磁滑轮的磁场强度分布曲线
1. 距离磁系表面 0 mm；2. 距离磁系表面 10 mm；3. 距离磁系表面 30 mm；
4. 距离磁系表面 50 mm；5. 距离磁系表面 80 mm

三、磁力脱水槽

磁力脱水槽也称磁力脱泥槽，是一种重力和磁力联合作用的选别设备，广泛应用于磁选工艺中，用来脱除物料中非磁性或磁性较弱的微细粒级部分，也用作预先浓缩设备。磁力脱水槽的磁源有永磁磁源和电磁磁源 2 种。永磁磁源有放置于槽体底部的，也有放置在顶部的，而电磁磁源必须放置在顶部。

永磁和电磁磁力脱水槽的结构如图 4.28 和图 4.29 所示。两种磁力脱水槽的主要组成部分都是槽体、磁源、给料筒、给水装置和排料装置。

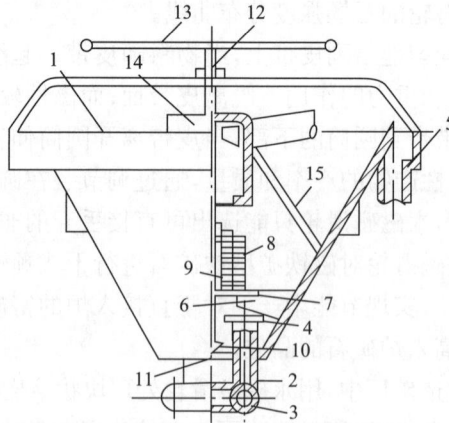

图 4.28　永磁磁力脱水槽
1. 平底锥形槽体；2. 上升水管；3. 水圈；4. 迎水帽；5. 溢流槽；6. 支架；7. 导磁板；8. 塔形磁系；9. 硬质塑料管；
10. 排矿胶砣；11. 排矿口胶垫；12. 丝杠；13. 调节手轮；14. 给矿筒；15. 支架

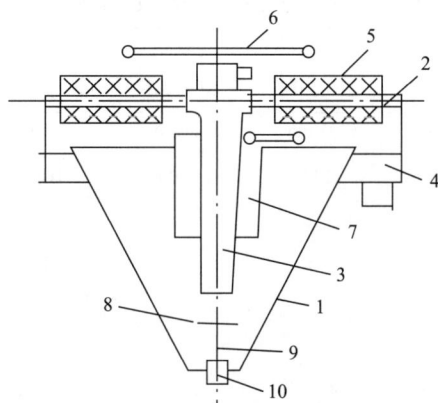

图 4.29 电磁磁力脱水槽的结构

1. 槽体；2. 铁芯；3. 铁质空心筒；4. 溢流槽；5. 线圈；6. 手轮；7. 拢料圈；8. 反水盘；9. 丝杠；10. 排矿口及排矿阀

永磁磁力脱水槽的塔形磁系由许多永磁块摞合而成，放置在磁导板上，并通过非磁性材料(不锈钢或铜)支架支撑在槽体的中下部。给料筒是用非磁性铝板或硬质塑料板制成，并由铝支架支撑在槽体的上部，上升水管装在槽体的底部，在每根水管口的上方装有迎水帽，以便使上升水能沿槽体的水平截面均匀地分散开。排料装置是由铁质调节手轮、丝杠(上段是铁质，下段是铜质)和排矿胶砣组成。

电磁磁力脱水槽的磁源是由装成十字形的 4 个铁芯、圈套在铁芯上的激磁线圈、与铁芯连在一起的空心筒组成。铁芯支持在槽体上面的溢流槽的外壁上，4 个线圈的磁通方向一致，空心筒外部有一个用非磁性材料制成的给料筒，空心筒的内部有一个连接排矿胶砣的丝杠。在丝杠下部还有一个铜质反水盘。线圈通电后在槽体内壁与空心筒之间形成磁场。

在两种磁力脱水槽内，沿轴向的磁场强度都是上部弱下部强；沿径向的磁场强度都是外部弱中间强。永磁磁力脱水槽的等磁场强度线(磁场强度相同点的连线)大致和塔形磁系表面平行，而电磁磁力脱水槽的等磁场强度线在拢料圈周围大致成圆柱面。

在磁力脱水槽中，颗粒受到的力有重力、磁力和上升水流的作用力。重力作用是使颗粒向下沉降，磁力作用是加速磁性颗粒的沉降，而上升水流的作用力是阻止颗粒沉降，使非磁性的或弱磁性的微细颗粒随上升水流一起进入溢流中，从而与磁性颗粒分开。同时上升水流还可以使磁性颗粒呈松散状态，把夹杂在其中的非磁性颗粒冲洗出来，从而提高磁性产物的质量。

在选分过程中，矿浆由给料管沿切线方向进入给料筒内，比较均匀地散布在脱水槽的磁场中。磁性颗粒在重力和磁力的作用下，克服上升水流的向上作用力，而沉降到槽体底部从排矿口排出；非磁性的微细颗粒在上升水流的作用下，克服重力等作用而与上升水流一起进入溢流中。

由于磁力脱水槽具有结构简单、无运转部件、维护方便、操作简单、处理能力大和分选指标较好等优点，所以被广泛地应用于强磁性铁矿石的选矿厂中。

表 4.6 是生产中使用的磁力脱水槽的部分型号及技术参数。

表 4.6　磁力脱水槽的型号和技术参数一览表

设备型号	CS-12 KCS-12	CS-16 KCS-16	CS-20 KCS-20K	CS-20S (顶部磁系)	CS-25 KCS-25	CS-30 KCS-30
上口直径/mm	$\phi 1200$	$\phi 1600$	$\phi 2000$	$\phi 2000$	$\phi 2500$	$\phi 3000$
槽体高度/mm	—	1390	1600	1650	1800	2000
槽体锥度/(°)	—	48	48	46	50	56
沉淀面积/m²	1.5	2	3	3	4.8	7
磁感应强度/mT	≥30					
溢流粒度/mm	1.5~0					
处理能力/(t·h⁻¹)	25~40	30~45	35~50	35~50	40~55	45~60

四、磁团聚重力选矿机

磁团聚重选法是利用不同颗粒的磁性和密度等多种性质的差异,综合磁聚力、剪切力和重力等多种力的作用进行分选的方法。实现磁团聚重选法的设备是磁团聚重力选矿机,图 4.30 为 $\phi 2500$ mm 磁团聚重力选矿机的结构示意图。

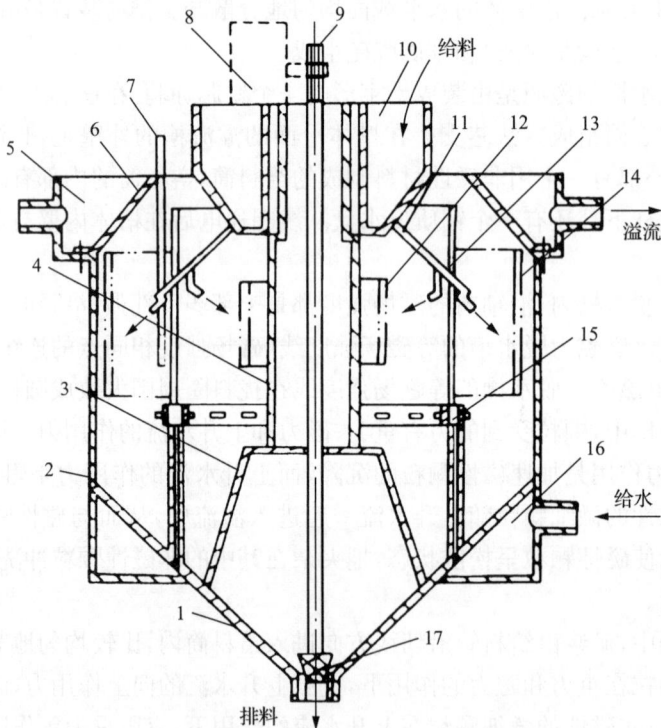

图 4.30　$\phi 2500$ mm 磁团聚重力选矿机的结构
1. 底锥;2. 筒体;3. 支架;4. 中心筒;5. 溢流槽;6. 溢流锥;7. 浓度监测管;8. 自控执行器;9. 升降杆;10. 给料槽;11. 给料管;12. 内磁系;13. 中磁系;14. 外磁系;15. 给水环;16. 水包;17. 排料阀

　　磁团聚重力选矿机的分选筒体为一圆柱体,磁化的矿浆通过给料槽由给料管沿水平切向给入筒体中上部,在筒体内设置内、中、外 3 层由永磁块构成的小型永磁磁系,从而在分选区内形成 3 层磁场强度为 $0\sim12\ kA\cdot m^{-1}$ 的不均匀磁场,使磁性颗粒在分选区内受到间歇、脉动的磁化作用,形成适宜的轻度磁团聚。

　　磁团聚重力选矿机从筒体下部水包和给水环沿圆周切向给入自下而上旋转上升的分选水流,在此水流作用下,矿浆处于弥散悬浮状态。水流在一定的压强下沿切向给入,产生水力搅拌作用,对矿浆施加一剪切作用力。水流的剪切作用自下而上随着圆周速率的降低,而逐步减弱。剪切作用力的这种变化符合分选机分选过程的需要。分选水流的压强选择以能破坏矿浆的结构化状态、不断分散磁聚团、使分选区的矿浆处于分散与团聚的反复交变状态为宜。

　　磁团聚重力选矿机的重力分选作用主要取决于上升水流的竖直速度,该速度通过分选水流的流量来控制。分选水流的流量选择和控制,应以保证入选物料中分选粒度上限的贫连生体颗粒进入溢流为准。

　　矿浆给入磁团聚重力选矿机后,进入分散与团聚的交变状态,在旋转上升水流的剪切作用和重力、浮力作用下,磁性颗粒聚团与上升水流成逆向运动,自上而下地不断净化,最后进入分选机底锥经排料阀门排出。被分散的非磁性颗粒和连生体颗粒被上升水流带向分选机上部,从溢流槽排出。在正常工作状态下,磁团聚重选机内的矿浆自下到上分为净化聚团沉积区、磁聚团分散与团聚交变分选区和悬浮溢流区 3 个区域。

　　磁团聚重力选矿机采用浓度监测管、自控执行器和升降杆组成分选浓度的自动控制系统,保证分选区的矿浆浓度(固体质量分数)稳定在 $30\%\sim35\%$。磁团聚重力选矿机的型号和主要技术参数见表 4.7。

表 4.7　磁团聚重力选矿机的型号和主要技术参数一览表

设备型号	$\phi1000$ 型	$\phi1200$ 型	$\phi1800$ 型	$\phi2100$ 型	$\phi2500$ 型
给矿粒度/mm	-1	-1	-1	-1	-1
给矿浓度/%	$25\sim30$	$25\sim30$	$25\sim30$	$25\sim30$	$25\sim30$
处理能力/(t·h^{-1})	20	30	60	90	120
给水量/(m³·h^{-1})	15	20	40	80	120
水流上升速度/(mm·s^{-1})	20	20	20	20	20
磁场强度/(kA·m^{-1})	16	16	16	16	16

五、磁选柱

　　使用弱磁场磁选设备分选强磁选铁矿石时,有效克服非磁性颗粒的机械夹杂现象,是提高最终精矿铁品位的关键之一。由于永磁筒式磁选机的磁场强度比较高,在分选过程中存在较强的磁化磁团聚现象;而磁力脱水槽和磁团聚重力选矿机因采用恒定磁场,允许的上升水流速度小,只能分出微细粒级脉石及部分细粒连生体。所以,在这些设备的分选过程中,都不同程度地存在磁聚团中夹杂连生体颗粒和单体脉石颗粒的现象,不能彻底解决非磁性夹杂问题,从而降低了精矿品位。磁选柱就是为了更好地解决强磁性铁矿石分选过程中的非磁性夹杂问题而研制的。

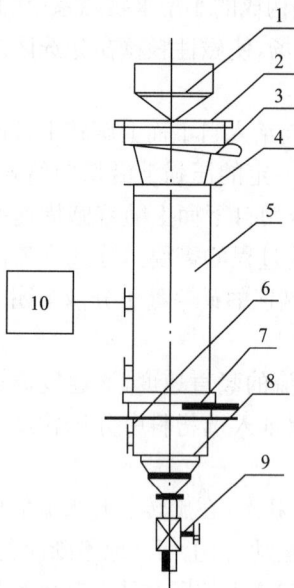

图 4.31　磁选柱的结构示意图
1. 给矿斗及给矿管;2. 给矿斗支架和上部
给水管;3. 溢流槽;4. 封顶套;5. 上分选
筒及电磁磁系和外套;6. 支撑法兰;7. 主
给水管(切向);8. 下分选筒及电磁磁系;
9. 精矿排矿阀门;10. 电控柜

达到65%～69%。

磁选柱是一个由外套和多个励磁线圈组成的分选内筒、给排矿装置及电控柜构成的一种电磁式磁重分选设备,其结构如图 4.31 所示。

磁选柱的突出特征在于:分选筒、励磁线圈和外套各分为上下两组的形式组成;上下励磁线圈设置在上下分选筒外侧;励磁线圈由与之连接的可用程序控制的电控柜供电,励磁线圈的极性是一致的或有 1～2 组极性相反的。由于励磁线圈借助顺序通断电励磁,在分选柱内形成时有时无、顺序下移的磁场力,允许的上升水流速度高达 $20～60 \, \text{mm} \cdot \text{s}^{-1}$,从而能高效分出连生体,获得高品位的磁铁矿精矿,但存在耗水量较大、设备高度较高的问题。

设备运行时,矿浆由给矿斗进入磁选柱中上部,磁性颗粒,尤其是单体磁性颗粒在自上而下移动的磁场力作用下,团聚与分散交替进行,再加上上升水流的冲洗作用,使夹杂在磁聚团中的脉石、细泥、贫连生体颗粒不断地被剔除出去。分选出的尾矿从顶部溢流槽排出,精矿经下部阀门排出。

磁场强度、磁场变换周期、上升水流速度、精矿排出速度是影响磁选柱选别指标的主要因素。磁选柱用作最后一段精选设备时,可以使磁铁矿精矿的铁品位

磁选柱的规格和主要技术参数见表 4.8。

表 4.8　磁选柱的规格和主要技术参数一览表

设备规格 /mm	磁场强度 /(kA·m⁻¹)	处理能力 /(t·h⁻¹)	给矿粒度 /mm	耗水量 /(m³·t⁻¹给矿)	装机功率 /kW	设备外径 /mm	设备高度 /mm
φ250	7～14	2～3	−0.2	2～4	1.0	400	2000
φ400	7～14	5～8	−0.2	2～4	2.5	700	3000
φ500	7～14	10～14	−0.2	2～4	3.0	800	3500
φ600	7～14	15～20	−0.2	2～4	4.0	940	4200

第五章 深度还原-磁选分离产品的处理及应用

复杂难选铁矿石经深度还原-磁选分离技术处理之后,将得到具有磁性的精矿产品和非磁性的尾矿产品。其中,精矿是以金属铁为主要成分的粉状磁性产品(有时也称深度还原铁粉),可作为炼铁的原料;尾矿为复杂的铝镁硅酸盐等,一般可直接抛入尾矿库。本部分仅研究其中的精矿产品。

第一节 深度还原-磁选分离精矿产品特性

深度还原-磁选分选的精矿产品是以金属铁为主要成分的粉状磁性物料,其化学成分见表5.1,物理特性见表5.2。

表 5.1 深度还原-磁选分离精矿的化学成分   单位:%

TFe	MFe	金属化率	SiO_2	Al_2O_3	CaO	S	P	C
85~92	75~85	88~92	3.0~5.5	1.0~2.5	0.1~0.3	0.05~0.10	0.05~0.10	0.2~0.4

表 5.2 深度还原-磁选分离精矿的物理特性

粒度组成/%			松装体密度 /(g·cm^{-3})
>0.50 mm	>0.075 mm	<0.075 mm	
<5.0	80.0~90.0	10.0~20.0	2.0~3.0

鉴于深度还原-磁选分离工艺是在"直接还原"工艺技术的条件下完成铁矿物的还原的基础上,创造新生成的金属铁产生聚合长大条件,使新还原出来的金属铁聚合长大到能与脉石成分分离的大小。但因还原反应器中的还原温度低,新还原出来的金属铁仅依靠铁原子的热运动产生聚合长大,所生成的铁颗粒未能形成完整的金属铁结构,即深度还原铁粉的铁颗粒与原料中的脉石未能实现完全分离。因此,还原产品必须通过水淬、选择性分段磨矿、分段磁选才能获得以金属铁为主要组成的磁性物——深度还原铁粉和以脉石和还原剂灰分组成的非磁性物。

深度还原铁粉因还原温度低,原料中非铁(或非回收金属)矿物仅产生固相造渣反应,而不产生熔化,因而,铁颗粒与原料中的脉石未能实现完全分离,磁性产品铁粉中仍夹带一定数量与原矿中的非铁脉石基本相同的非铁杂质。深度还原铁粉中夹带的非铁杂质的数量取决于:原矿的铁矿物的赋存形态和铁矿物颗粒大小、非铁脉石的成分和赋存形态、还原温度及还原时间以及粉碎、磁选的工艺和工艺条件。

通常复杂难选铁矿石深度还原-磁选分离工艺的磁性产品——深度还原铁粉的全铁(TFe)含量仅为85%~90%。在相同的原料和还原条件下,铁粉的全铁含量与总的铁的回收率密切相关,片面追求产品的全铁含量将会造成产品中总铁的回收率下降。

深度还原铁粉在化学成分类似于直接还原工艺的粉状直接还原铁。因还原温度低、渗碳条件差,深度还原铁粉中的含碳量较低(通常<0.30%)。金属铁颗粒未完成按铁金属晶体结构的排列,金属铁颗粒多呈不规则形状,铁粉单体的体密度远低于金属铁的密度(7.60 g·cm⁻³),但大于粉状直接还原铁(约为 2.0 g·cm⁻³),因而,铁粉具有一定的可压缩性,但可压缩性远低于在<1050 ℃条件下还原生产的粉状直接还原铁。

深度还原铁粉因金属铁颗粒未完成按铁金属晶体结构的排列,铁颗粒的比表面积极大,在空气中易于造成铁的再氧化,使铁粉的金属化率下降,从而降低铁粉的使用价值。因此,深度还原铁粉的储存、运输应采取保护措施,如严格防止受潮,不得淋雨,深度还原铁粉堆积存放不宜过高,堆放场地应通风良好,堆积存放必须有料堆温度检测并严格控制料堆的温度上升。

由于复杂难选铁矿石深度还原-磁选分离工艺尚未实现大型工业化生产,难以获得足够数量的深度还原铁粉样品,因而未能进行深度还原铁粉的后续处理,其使用方法也未能大型工业化生产试验。鉴于深度还原铁粉的化学成分、物理性能与直接还原铁粉相近,因而,深度还原铁粉的处理和使用可以借鉴直接还原铁粉的成熟经验。直接还原工艺生产中所产生的粉状直接还原铁粉通常的后续处理和使用方法主要有两种:通过压制成团块,单独或与其他固态钢铁物料混合加入熔炼炉进行冶炼;粉状直接还原铁粉通过喷吹方式直接加入熔炼炉熔池进行冶炼。

第二节　深度还原铁粉压块

压块是粉状金属铁粉最常用的处理和使用方法。压块是利用深度还原铁粉的金属铁颗粒未完成按铁金属晶体结构的排列,金属铁颗粒多呈不规则形状,具有可压缩性的特征,将铁粉置入模具中,用压缩机械加压将铁粉压成体密度 4.50~5.50 g·cm⁻³,且具有一定强度的、块度均匀的铁粉团块。

在直接还原铁生产工艺中,粉状的铁粉通常采用对辊式压球机,将铁粉压成形状规则、压块有良好流动性的近圆状团块,如长 40~45 mm,宽 30~35 mm,厚 25~30 mm,密度~5.0 g·cm⁻³的圆面枕状团块。在产量不大的条件下,也可以用压力机压成 ϕ80~120 mm,高约 100 mm,密度高达 5.5~6.0 g·cm⁻³的柱状团块。

压成的团块由于密度增大,暴露于空气中的比表面积大幅度降低,铁粉压块产生再氧化的概率比粉状铁粉大幅度减少,有利于保存。更重要的是压块的密度大幅度提高,在后续的冶炼过程中,有利于压块进入冶炼炉后快速穿过渣层,直接与金属熔池接触,实现快速熔化,既可减少加热过程的再氧化,又可以将铁粉中氧直接带入金属熔池,促进熔池内的脱碳和沸腾,有利于促进熔池的均匀化。

一、压块黏结剂

产品铁粉的可压缩性与还原温度和还原时间以及原料成分密切相关。当还原温度高、还原时间长,还原出来的金属铁的聚合长大的过程进行得完全,金属铁的颗粒较大(如>0.50 mm),铁粉中的金属铁颗粒形状趋于球状时,铁粉的可压缩性降低。这时,铁粉直接压块所得到的团块强度难以提高,尤其是落下强度、耐磨强度难以满足团块在运输、储存中的要求。对于可压缩性差的铁粉可加入适量的黏结剂,以提高铁粉压块的机械性能。

铁粉压块的黏结剂可依据当地的资源条件,后续冶炼生产工艺的条件和要求选用不同形式和种类的黏结剂。黏结剂通常可分为:有机黏结剂和无机黏结剂两大类。

（一）有机黏结剂

有机黏结剂具有以下特点:

黏结剂在后续工艺的高温过程后残留少,不产生有害气体或残留物,用量少,黏结性能好等。

常用的有机黏结剂有:化工产品有机黏结剂和其他工业产品、副产品型有机黏结剂。

1. 化工产品有机黏结剂

化工产品有机黏结剂:主要是以羧甲基纤维素钠(CMC)为主配方,混入不同数量的增黏剂、增强剂、防腐剂、氧化剂和促进剂,经醚化反应生成的高效黏结剂。通常主要用于铁精矿粉球团生产。其主要成分中,羧甲基纤维素钠占 $60\%\sim80\%$,以及增黏剂占 $10\%\sim20\%$,增强剂占 $9\%\sim20\%$,防腐剂占 $0.5\%\sim5\%$。依据生产工艺对黏结性能以及工艺适应性的需要,其组成和成分可在较大幅度内变化。

2. 其他工业产品、副产品型有机黏结剂

此类黏结剂种类繁多,如糖浆废液、纸浆废液、淀粉废液、含水焦油等。此类黏结剂的性能与其生产工艺和工艺条件密切相关,黏结剂的性能的波动性大。使用这类黏结剂的首要条件是黏结剂的供应条件,利用当地的工业的产品或副产品作为黏结剂可有利于降低生产成本、处理当地工业副产品等优点,但不可不考虑条件,特意追求某种工业的副产品作为黏结剂,如在非产糖地区使用糖浆废液,在非产纸地区使用纸浆废液。

使用这类其他工业的产品或副产品作为黏结剂应注意黏结剂的有害成分的种类和数量,以及黏结剂对生产环境的负面影响,如:黏结剂含硫、黏结剂受热后放出有害气体等。在冶炼炉废气有脱硫装置的系统中使用这类黏结剂,由于配入量少,不会过分增加脱硫装置的工作负荷。

（二）无机黏结剂

无机黏结剂种类繁多,其中有天然矿物、皂土(膨润土)、黏土等;人造无机黏结剂有水玻璃(硅酸钠水溶液)、消石灰、石灰乳等。无机黏结剂通常含有 SiO_2、CaO、Al_2O_3,以及水分等成分。铁粉加入无机黏结剂会造成铁粉压块的铁品位降低,引发压块金属铁的氧化;无机黏结剂在后续冶炼中进入炉渣,会造成对炉渣成分和性能的影响。因此,在使用无机黏结剂时应严格限制用量。

二、铁粉添加黏结剂的压块工艺

在铁粉不添加黏结剂无法获得满足工艺要求的强度的铁粉团块时,依后续生产工艺对铁粉团块的成分、性能的要求,当地的资源条件,以及成本等综合因素选择黏结剂。

在选定黏结剂的条件下,制定铁粉添加黏结剂的压块工艺。通常铁粉添加黏结剂的压块工艺应包括:黏结剂的预处理、黏结剂的准确的计量和配料、铁粉与黏结剂的充分混合和均匀化,使黏结剂的充分作用、进入压块机压制成块、压块的干燥或时效、团块的筛分等工序。铁粉添加黏结剂压块工艺框图如图 5.1 所示。

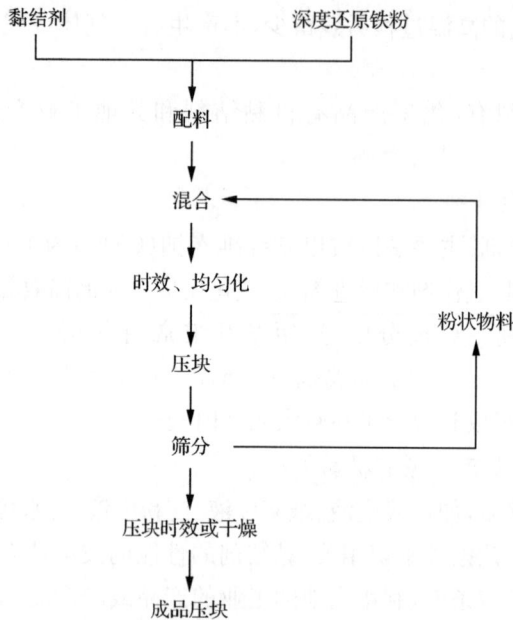

图 5.1 深度还原铁粉添加黏结剂压块工艺框图

为保证团块性能和团块性能的稳定,黏结剂的预处理是非常重要的工序环节。黏结剂的预处理包括:确保黏结剂的粒度或浓度达到工艺的要求标准,并保证足够的稳定性。黏结剂的准确称量和配料是保证团块性能的基础,同时,黏结剂的配加量对后续工艺有重要的影响。黏结剂的配加量应通过工业化生产线的压块试验确定,在保证压块性能的条件下应最大限度地减少黏结剂的用量。

配入黏结剂的铁粉通常采用混料机进行充分混匀。混料机可采用常规的筒式粉料混合机或强力搅拌式混料机。混料均匀是保证压成的团块的性能、质量的基础。混料的过程同时是黏结剂与铁粉表面反应和作用的过程,如水玻璃(硅酸钠水溶液)、消石灰、石灰乳在混料过程中使黏结剂与铁粉充分均匀接触,使铁粉表面的性能产生改变,在后续压块过程中能快速、均匀地粘连成有足够强度的团块。

铁粉压块机通常采用连续式的高压对辊压球机,为了保证团块的物理性能,通常采用加压给料方式将混入黏结剂的铁粉均匀定量地压入对辊给料区,以保证给料的均匀和提高团块的密度和强度。工业化生产的直接还原铁粉压块机对辊间压力可达 20 000 kg ·

cm^{-2},给料压力同为 20 000 kg·cm^{-2}。间歇式压块机仅能满足生产能力较小的生产线需要,但间歇式压块机可以压制粒度较大、密度较大团块。块度、密度大的团块在后续冶炼工序中有装料快、熔化速度快等优势。

从压块机排出的团块通过筛分机筛除碎块,筛分机的筛下物(通常<8 mm)返回混合工序重新进入混合料。合格粒度的团块依据所使用黏结剂的种类选用适宜的干燥装备或固化方法进行干燥、固化,获得粒度、强度达到工业化生产要求的成品团块。

第三节　深度还原铁粉的其他应用方法

一、深度还原铁粉用直接喷吹进入金属熔池方法应用

在直接还原领域中采用流化床工艺生产的粉状碳化铁,由于碳化铁粉的可压缩性极低,无法采用压块方法造块,生产中采用喷吹方式直接将粉状碳化铁粉喷入金属熔池的方法使用。在现代电炉炼钢车间通常均有氧煤喷吹系统,氧煤喷枪主要用于用氧气和煤粉的燃烧加速废钢的熔化和降低电炉冶炼电耗。深度还原铁粉与粉状碳化铁粉的物理性能近似,具有良好的流动性,采用气体输送和喷吹方式将铁粉喷入金属熔池是深度还原铁粉工业化应用的方法之一。

二、深度还原铁粉加入轻薄料打包料中心打包

利用轻薄料打包压块生产将深度还原铁粉置于打包压块料中心进行打包压块,含裹有深度还原铁粉的打包压块作为钢铁料按常规装入熔炼炉冶炼。

三、直接加入炉料空隙

直接加入冶炼炉中炉料的空隙是直接还原铁生产中粉状产品使用的最简便的方法之一。深度还原铁粉与直接还原铁生产中粉状产品化学成分、物理性能相近,因此也可以采用直接加入冶炼炉中炉料的空隙的方法使用。具体使用方法是:在熔炼炉装入炉料后,将深度还原铁粉用带嘴的料斗直接装入炉料(废钢铁)的空隙中,使用带嘴的料斗时防止装入时细颗粒铁粉大量扬尘丢失。

直接加入冶炼炉中炉料的空隙的方法简便,仅需要专用的铁粉加料器具(带嘴的料斗),但在装料时细颗粒铁粉可能产生扬尘损失。选择适当的装入铁粉的时机、铁粉装入的落料点以及铁粉料流的速度,扬尘可有效控制。废钢装入后立即装入铁粉;铁粉的落料点选择在废钢的空隙中或废钢料面低洼点可大幅度减少细颗粒的扬尘量。

四、深度还原铁粉熔化、排渣、脱硫、脱磷预处理

在条件允许的情况下,深度还原铁粉对原有工艺、作业程序的干扰,采用独立的熔炼设备作为深度还原铁粉预处理熔炼炉,单独对深度还原铁粉进行熔化、排渣、脱磷、脱硫等预先处理,将深度还原铁粉转化成纯净的半钢水,纯净的半钢水在适当时机兑入生产线的主体熔炼炉进一步冶炼成合格钢水。

采用独立的深度还原铁粉预处理熔炼炉,对深度还原铁粉进行熔化、排渣、脱磷、脱硫等预处理,可避免在生产线上的熔炼炉为使用深度还原铁粉添置专用加料设备和装置,可避免对生产线系统设备的变动和干扰。

在独立的深度还原铁粉预处理熔炼炉中可依据深度还原铁粉的化学成分进行有针对性的预处理,如熔清后的排渣、预脱磷等,减少因使用深度还原铁粉对生产线的熔炼炉的熔炼工艺和作业程序的干扰。

第六章　典型难选铁矿石深度还原-磁选分离技术的研究与生产实例

第一节　深度还原试验方法

一、深度还原原料的制备

由于矿石粒度较粗,不符合深度还原工艺处理矿石的粒度要求,因此需要对矿石进行破碎得到不同粒度的矿样,然后经过混匀、缩分得到所要求的铁矿石试样;同样,还原煤也要经过类似过程,得到不同粒级的还原煤,其流程和矿石的制备流程一样。图 6.1 为铁矿石试样制备流程图。

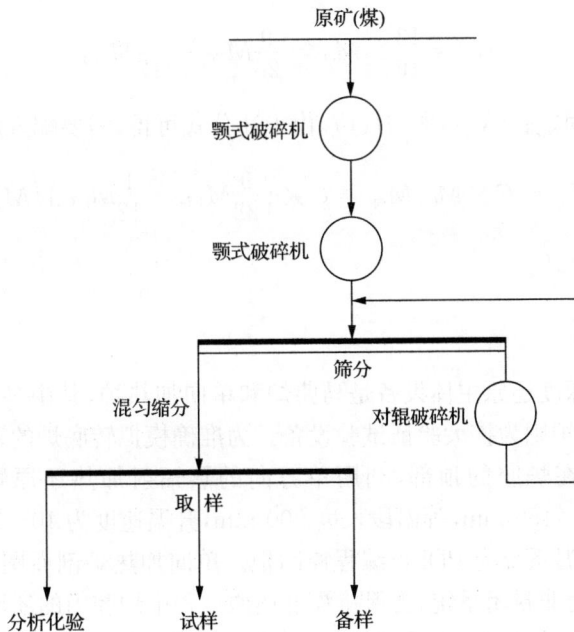

图 6.1　铁矿石试样制备流程

二、配碳系数的计算

本次试验的配碳系数配比方法如下:

(1) FeO 含铁量 M_1:

$$M_1 = \frac{56}{72} \times M_{FeO} \qquad (6.1)$$

（2）Fe_2O_3 含铁量 M_2：

$$M_2 = M_{TFe} - M_1 = M_{TFe} - \frac{56}{72} \times M_{FeO} \qquad (6.2)$$

（3）FeO 含氧量 M_3：

$$M_3 = \frac{16}{72} \times M_{FeO} \qquad (6.3)$$

（4）Fe_2O_3 含氧量 M_4：

$$M_4 = \frac{48}{112} \times M_2 = \frac{3}{7} M_{TFe} - \frac{1}{3} M_{FeO} \qquad (6.4)$$

（5）矿中总氧量 M_O：

$$M_O = M_3 + M_4 = \frac{3}{7} M_{TFe} - \frac{1}{9} M_{FeO} \qquad (6.5)$$

（6）氧全部生成一氧化碳所需要的固定碳量 M_C：

$$M_C = \frac{12}{16} \times M_O = \frac{9}{28} M_{TFe} - \frac{1}{12} M_{FeO} \qquad (6.6)$$

试验中只考虑固定碳（$M_固$）参与反应，由上述公式可得，需要配入煤量 $M_煤$ 为

$$M_煤 = C \times M_C / M_固 = C \times \left(\frac{9}{28} M_{TFe} - \frac{1}{12} M_{FeO} \right) \Big/ M_固 \qquad (6.7)$$

其中，C 为配碳系数。

三、深度还原的装备

本部分所用的深度还原主体设备是马弗炉和单向加热炉，其中马弗炉为探索性小型试验设备，单向加热炉则为扩大验证试验设备。为准确模拟转底炉的还原气氛，单向加热炉碳棒发热件安装在炉腔的顶部，利用单方向的热辐射加热还原物料。炉腔尺寸为 1000 mm×200 mm×150 mm，等温段长度 900 mm，升温速度为 10～20℃ · min^{-1}，升温上限为 1600℃。控温系统为 PDI 可编程控制柜。单向加热炉剖面图如图 6.2 所示。由于这两个还原炉均为非封闭系统，为保持深度还原过程中炉腔内的还原气氛，采用马弗炉还原时，在坩埚内加入煤粉保护；采用单向加热炉还原时，在炉腔两端加入保护煤，保护试样不被氧化。其他用到的试验设备见表 6.1。

四、深度还原试验

称取一定质量的铁矿粉，经过理论计算配入适量的煤粉进行干混，然后将其装入坩埚中，待炉腔内温度达到预设温度时，快速将坩埚放入炉腔内，自动恒温至规定时间，然后迅速将还原物料取出水淬冷却。深度还原物料烘干，取样化验 TFe、MFe，计算还原物料金

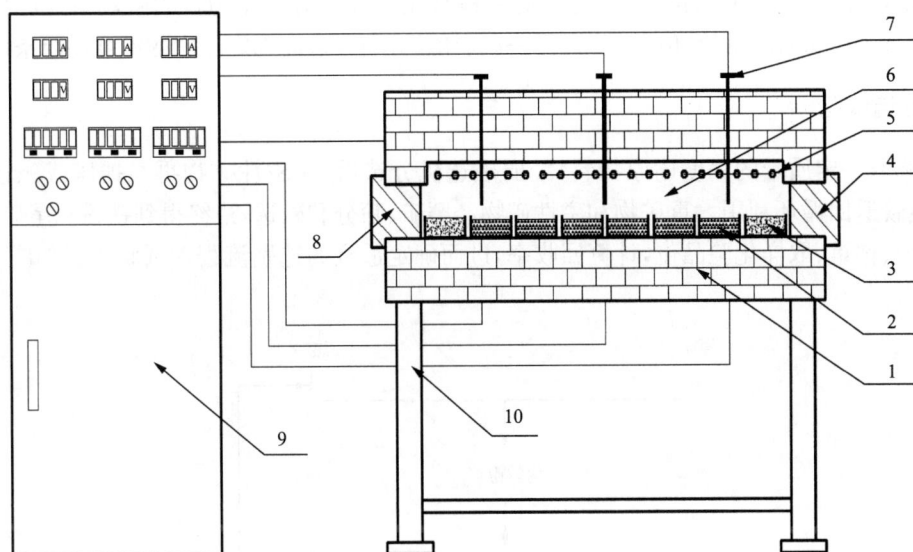

图 6.2　单向加热炉剖面示意图

1. 炉体；2. 钢坩埚(还原物料)；3. 钢坩埚(保护煤)；4. 出料口；5. 硅碳棒；6. 炉膛；7. 热电偶；
8. 进料口；9. 控制柜；10. 底座

表 6.1　主要的试验设备

设备名称	设备型号	生产厂家
颚式破碎机	XPC-60 mm×100 mm	武汉探矿机械厂
对辊破碎机	XPSF-ϕ400 mm×250 mm	武汉探矿机械厂
高温箱式电阻炉	SX-8-16	沈阳长城工业炉厂
单向加热炉	—	东北大学钢铁冶金研究所
高温钢坩埚	200 mm×100 mm×50 mm	东北大学钢铁冶金研究所
振动研磨机	GJ-AX	南昌化验制样机厂
筒形球磨机	ϕ200 mm×200 mm	武汉探矿机械厂
磁选管	XCSG-ϕ50 mm	山东矿山试验机器厂
湿式鼓型弱磁选机	ϕ240 mm×120 mm	东北大学
电磁精选机	ϕ100 mm	东大富龙矿物材料研发有限公司
摇床	XZY-1100×500	西昌一〇二厂
同步热分析仪	STA409CD	德国耐驰公司
X射线衍射仪	PW3040	荷兰 PAN ALI/TICAL B. V
扫描电子显微镜	SSX-550	日本津岛公司
光学显微镜	BM41	日本奥林巴斯公司
挂槽浮选机	XFG	长春探矿机械厂
酸度计	pHs-25	上海精密科学仪器有限公司
电热鼓风干燥箱	DGF30/4-ⅡA	南京试验仪器厂
电子天平	UW220H	SHIMADZU CORPORATION

属化率,并通过光学显微镜、扫描电子显微镜及能谱分析对还原物料的微观结构进行分析,并采用磁选管对深度还原物料进行一次弱磁选试验,进而确定适宜的深度还原条件。

五、分选试验

称取一定质量的深度还原物料,经弱磁选机分选后,非磁性矿物再经摇床或磁选脱碳,残碳返回循环利用。重矿物和磁性矿物经磨矿、筛分和磁选,最终得到铁粉和尾矿,分别烘干、称重、取样化验品位,计算回收率,进而确定适宜的选别流程。试验流程如图6.3所示。

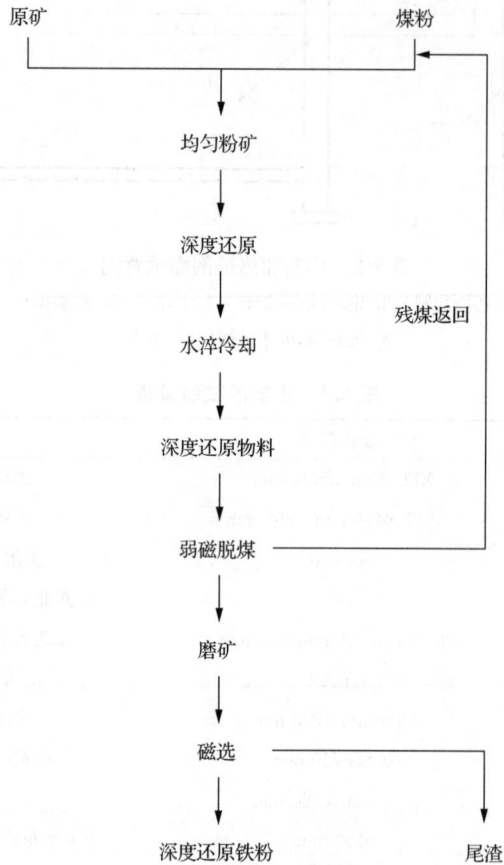

图 6.3 深度还原分选试验原则流程图

第二节 吉林羚羊铁矿石深度还原-磁选分离技术研究

一、吉林羚羊铁矿石开发利用概况

吉林羚羊铁矿石是一种含铁、锰及微量稀土金属的多金属共生矿,主要分布在我国吉林临江地区。矿石中铁含量约 30%,锰含量 6%~8%,稀土含量 0.2%~0.3%。羚羊铁矿石铁矿物组成和矿石构造十分复杂,浸染粒度细,铁矿物的分布非常均匀,脉石矿物易泥化,且脉石矿物与铁矿物之间的可浮性十分接近,因此,至今尚未得到开发利用。

东北大学矿物工程研究所研究表明:羚羊铁矿石通过常规的浮选,无论是正浮选和反浮选效果均不佳,精矿品位不超过 40%;采用磁化焙烧-磁选的方法可获得铁品位>50.0%的精矿,但铁的回收率较低(<60%),且分选指标不稳定,无法实现工业化生产。

东北大学针对吉林羚羊铁矿石进行了系统的实验室研究工作,采用深度还原-磁选分离技术成功实现了铁的分选富集。在原矿铁品位为 34.79% 的条件下,获得了产品全铁>93.00%,铁的回收率>85.0% 的良好指标。羚羊铁矿石深度还原铁粉中铁含量>93.00%,铁的金属化率>90.00%,Al_2O_3、SiO_2 和量<3.00%,达到我国炼钢用直接还原铁标准(YB/T-1975-2008)的 H92 产品标准。

二、吉林羚羊铁矿石的特性

(一)化学组成

羚羊铁矿石化学成分见表 6.2。分析结果表明:羚羊铁矿石中 TFe 的含量为 35.08%,矿石中的铁主要以二价铁的形式存在于 FeO 中,铁矿石中 SiO_2 和 Al_2O_3 的含量高于 CaO 和 MgO 的含量,为酸性矿石。

表 6.2　羚羊铁矿石的化学成分分析　　　　　　　　　单位:%

TFe	FeO	CaO	MgO	Mn	CO_2	Al_2O_3	SiO_2	S	P	La	Ce
35.08	32.00	2.30	1.55	6.35	21.74	5.62	10.71	0.06	0.10	0.06	0.09

(二)羚羊铁矿石工艺矿物组成

羚羊铁矿石的 X 射线衍射(XRD)分析结果如图 6.4 所示。XRD 分析结果表明,该羚羊铁矿石中的主要含铁矿物为菱铁矿和磁铁矿,锰以菱锰矿的形式存在,主要的脉石矿

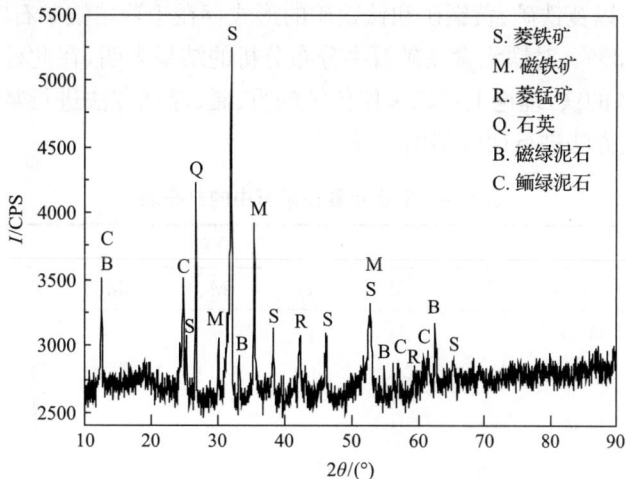

图 6.4　羚羊铁矿石的 XRD 分析图谱

物为石英、磁绿泥石和鲕绿泥石。其中,磁绿泥石和鲕绿泥石中也含有一定量的铁。

羚羊铁矿石中主要矿物组成见表 6.3。由表 6.3 可知,羚羊铁矿石中主要金属矿物为磁铁矿和菱铁矿,其次为黄铁矿、黄铜矿和钛铁矿;非金属矿物主要为石英、鲕绿泥石和磁绿泥石,其次为伊利石、高岭石和磷灰石等;此外,还含有少量的稀土矿物独居石。矿石中菱铁矿含量较大,由于菱铁矿的理论铁品位低,且其密度与硅酸盐类脉石矿物接近,采用常规选矿方法获得的铁精矿品位很难达到 45% 以上。

表 6.3　羚羊铁矿石的矿物组成及含量

金属矿物			非金属矿物		
矿物名	化学式	含量/%	矿物名	化学式	含量/%
磁铁矿	Fe_3O_4	26.69	鲕绿泥石	$(Fe,Mg)_5Al_2Si_3O_{10}(OH,O)_8$	10.48
菱铁矿	$FeCO_3$	35.32	磁绿泥石	$Fe_2(Si,Al)_2O_5(OH)_4$	9.18
黄铁矿	FeS_2	0.39	伊利石	$(K,H_3O)(Al,Mg,Fe)_2(Si,Al)_4O_{10}[(OH)_2(H_2O)]$	2.46
黄铜矿	$CuFeS_2$	0.02	石英	SiO_2	3.8
钛铁矿	$FeTiO_3$	0.22	高岭石	$Al_2Si_2O_5(OH)_4$	3.68
菱锰矿	$MnCO_3$	7.2	磷灰石	$Ca_5(PO_4)_3F$	0.35
			独居石	$(La,Ce)PO_4$	0.17
			方解石	$CaCO_3$	0.02
			锆石	$ZrSiO_4$	0.02

羚羊铁矿石中主要元素的分布情况见表 6.4。由表 6.4 可知:羚羊铁矿石中的铁主要赋存于磁铁矿和菱铁矿之中,铁元素在此两种矿物中的含量约占矿石中全铁含量的 85.71%,其中磁铁矿中含有全铁的 45.57%,而菱铁矿中约含有全铁的 40.14%,由于菱铁矿的自身性质,采用传统选矿方法很难回收菱铁矿中所赋存的铁。同时,少量的铁存在于鲕绿泥石和磁绿泥石等铝硅酸盐矿物之中,采用传统的选矿方法不能富集和回收这部分铁。极少量的铁以黄铁矿、黄铜矿和钛铁矿的形式存在于羚羊铁矿石中,此部分的铁仅占全铁含量的 0.63%。对铁元素在矿石中分布分析的结果表明,在此种矿石中仅有赋存于磁铁矿中约 46% 的铁,理论上可以采用传统的重、磁、浮选方法进行富集回收。绝大部分的铁很难用以上方法进行回收利用。

表 6.4　主要元素在矿石中的分布表

矿物名	矿物含量/%	元素分布/%								
		Fe	Si	Al	C	Mg	Mn	Ca	P	S
磁铁矿	26.69	45.57	—	—	—	—	—	—	—	—
菱铁矿	35.32	40.14	—	—	82.92	—	—	—	—	—
黄铁矿	0.39	0.43	—	—	—	—	—	—	—	96.76
黄铜矿	0.02	0.01	—	—	—	—	—	—	—	3.24
钛铁矿	0.22	0.19	—	—	—	—	—	—	—	—

矿物名	矿物含量/%	元素分布/%								
		Fe	Si	Al	C	Mg	Mn	Ca	P	S
鲕绿泥石	14.88	5.47	27.32	31.24	—	91.45	—	—	—	—
磁绿泥石	10.07	7.68	15.98	27.40	—	—	—	—	—	—
伊利石	0.46	0.51	6.38	14.58	—	8.55	—	—	—	—
石英	3.50	—	34.63	—	—	—	—	—	—	—
菱锰矿	7.20	—	15.63	26.78	—	—	100.00	—	—	—
高岭石	0.68	—	—	—	17.03	—	—	—	—	—
磷灰石	0.35	—	—	—	—	—	—	94.55	74.17	—
独居石	0.17	—	—	—	—	—	—	—	25.83	—
方解石	0.02	—	—	—	0.05	—	—	5.45	—	—
锆石	0.02	—	0.06	—	—	—	—	—	—	—
合计	—	100	100	100	100	100	100	100	100	100

羚羊铁矿石中主要矿物的粒度分布见表 6.5。由表 6.5 可见,矿石中菱铁矿和磁铁矿的粒度均以粗粒为主,其他粒级分布率比较均匀。其中菱铁矿 P_{50} 为 102.06 μm,P_{80} 为 158.13 μm;磁铁矿 P_{50} 为 95.97 μm,P_{80} 为 158.30 μm。由此可知,菱铁矿和磁铁矿的粒度相对较粗。而主要脉石矿物石英的粒度也相对较粗,P_{50} 为 138.70 μm,P_{80} 为 192.62 μm。经粒度分析可知羚羊铁矿石中主要矿物的浸染粒度相对较粗,有利于菱铁矿和磁铁矿的单体解离。

表 6.5　羚羊铁矿石中主要矿物的粒度统计结果

粒度/μm	菱铁矿	磁铁矿	黄铁矿	黄铜矿	钛铁矿	菱锰矿	鲕绿泥石	磁绿泥石
P_{10}	22.78	20.17	25.92	9.06	12.81	19.91	36.04	12.10
P_{20}	39.91	36.41	42.00	12.55	16.90	33.14	62.16	13.69
P_{50}	102.06	95.97	110.00	25.01	42.50	89.47	138.70	37.88
P_{80}	158.13	158.30	190.68	63.27	138.29	158.05	192.62	136.99
P_{90}	185.58	188.45	206.77	77.54	163.15	188.25	223.20	177.60

粒度/μm	伊利石	石英	高岭石	磷灰石	独居石	方解石	锆石	
P_{10}	19.56	36.04	13.62	14.31	8.34	65.86	13.44	
P_{20}	37.11	62.16	21.16	25.36	9.16	74.68	19.42	
P_{50}	115.44	138.70	53.50	111.76	12.84	221.59	34.35	
P_{80}	179.16	192.62	122.88	194.85	29.47	238.63	51.91	
P_{90}	207.17	223.20	189.59	265.69	49.62	244.32	56.96	

（三）吉林羚羊铁矿石矿物构造特征

1. 羚羊铁矿石的结构特点

吉林羚羊铁矿石的主要结构特点如图6.5和图6.6所示。羚羊铁矿石的主要结晶氧化铁矿物为磁铁矿和菱铁矿。磁铁矿为他形和半自形结晶颗粒,少量则呈交代残余结构,部分为针状体集群分布于黏土质矿物中,菱铁矿为他形粒状,常交织分布形成不规则的团块状;隐晶质或粉末状铁氧化物为菱铁矿。金属硫化物主要为黄铁矿和黄铜矿,均为他形晶粒结构,包含结构和共生边结构。脉石矿物主要为黏土矿物和石英,黏土矿物为粉末状与粉末状磁铁矿胶结形成胶结结构,石英为细小的砂砾和角砾状,夹杂分布于鲕粒中心或胶质体中。矿石主要构造有层状构造和鲕状构造。层状构造由菱铁矿层和磁铁矿层构成。

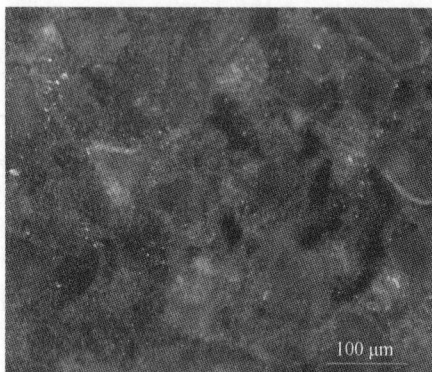

图6.5　沉积构造的菱铁矿沉积层　　　　　图6.6　沉积构造的磁铁矿沉积层

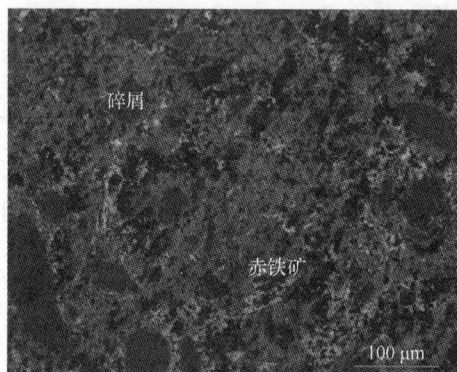

2. 羚羊铁矿石主要矿物的嵌布关系

羚羊铁矿石中主要矿物的嵌布关系见表6.6。分析结果表明,含铁矿物的磁铁矿主要与菱铁矿平行和包裹共生,磁铁矿的自由表面约占其矿物颗粒总面积的22%;而菱铁矿与磁铁矿平行共生,与磁铁矿和鲕绿泥石包裹共生,菱铁矿的自由表面约占矿物颗粒总表面积的21%。而菱锰矿、鲕绿泥石、磁绿泥石、石英和高岭石等矿物与菱铁矿嵌布关系密切,且多与菱铁矿包裹共生。

3. 羚羊铁矿石主要金属矿物特征

通过对羚羊铁矿石主要金属矿物的研究表明:

（1）该矿石为沉积变质型铁矿石,铁主要以二价铁的形式存在于铁矿物中,FeO含量为32.00%。矿石中锰、铝和硅的相对含量较高,铁、锰氧化物主要为磁铁矿、菱铁矿和菱锰矿。

（2）含铁金属矿物主要为磁铁矿和菱铁矿,还含有少量的菱锰矿、钛铁矿和含铁硫化物黄铁矿和黄铜矿。非金属矿物主要为石英、鲕绿泥石和磁绿泥石,其次为伊利石、高岭石和磷灰石等;此外,还含有少量的稀土元素矿物独居石。

表 6.6　羚羊铁矿石中主要矿物嵌布关系　　　单位：%（接触表面）

矿物名	磁铁矿	菱铁矿	黄铁矿	钛铁矿	鲕绿泥石	磁绿泥石	伊利石	石英	菱锰矿	高岭石	其他	自由表面
磁铁矿	—	48.24	0.04	0.18	13.03	3.66	0.21	8.7	1.96	0.83	0.69	22.35
菱铁矿	26.65	—	0.22	0.2	16.56	4.7	0.41	15.59	12.9	1.22	0.78	20.73
黄铁矿	3.05	33.11	—	0.19	9.38	3.32	1.25	17.57	3.25	0.84	0.51	27.53
钛铁矿	14.3	27.83	0.19	—	17.86	10.32	0.47	5.78	3.06	2.41	0.85	16.68
鲕绿泥石	16.53	38.03	0.15	0.29	—	11.41	0.41	10.37	3.28	1.09	0.51	17.9
磁绿泥石	11.04	25.65	0.12	0.4	27.12	—	0.81	9.42	1.79	3.09	0.83	19.65
伊利石	7.34	25.73	0.53	0.2	10.99	9.25	—	11.32	2.69	1.72	0.24	29.58
石英	11.35	36.79	0.28	0.1	10.66	4.07	0.43	—	1.42	0.35	0.3	34.22
菱锰矿	5.17	61.55	0.11	0.1	6.81	1.56	0.21	2.86	—	0.48	1.29	19.82
高岭石	11.87	31.42	0.15	0.44	12.18	14.55	0.71	3.83	2.6	—	0.36	21.85
其他	8.74	37.88	1.23	0.42	9.00	7.00	0.51	7.84	8.33	0.46	—	18.60

（3）有价锰铁氧化物主要为显晶质的磁铁矿和菱铁矿，隐晶质的粉末状锰铁矿。其中显晶质矿物主要为不规则粒状颗粒或集合体，隐晶质矿物主要与黏土矿物混杂形成鲕粒或豆状结核体，含有较多的杂质。

（4）从铁元素在矿石中的平衡分配看，铁主要集中于磁铁矿和菱铁矿结晶颗粒（占62.01%）中。分布于菱铁矿中的铁占 40.14%，分布于磁铁矿中的铁占 45.56%。少量的铁存在于鲕绿泥石和磁绿泥石等铝硅酸盐矿物之中，采用传统的选矿方法不能富集和回收这部分铁。

（5）主要含铁矿物磁铁矿与菱铁矿平行和包裹共生，磁铁矿的自由表面占其矿物颗粒总面积的 22.35%；而菱铁矿与磁铁矿平行共生，与磁铁矿和鲕绿泥石包裹共生，菱铁矿的自由表面约占矿物颗粒总表面积的 20.73%。而菱锰矿、鲕绿泥石、磁绿泥石、石英和高岭石等矿物与菱铁矿嵌布关系密切，且多与菱铁矿包裹共生。这种复杂的共生关系会给磁选、浮选分离造成极大的困难。

三、吉林羚羊铁矿石深度还原试验研究

本次试验以煤为还原剂，在高温加热炉中对羚羊铁矿石进行深度还原单因素条件试验，以考察各因素对深度还原过程的影响。且在单因素条件试验的基础上，进行以不同种类煤为还原剂的深度还原-磁选分离技术扩大试验，以确定羚羊铁矿石深度还原-磁选分离技术适宜的工艺流程和工艺条件，为进一步开展半工业试验研究奠定坚实的基础。同时，由于扩大试验中，所得深度还原铁粉量少，不能满足压块试验需求，因此将在后续的半工业试验过程中，完成深度还原铁粉的压块试验。

（一）深度还原原料的制备

本次试验以吉林羚羊铁矿石为试验原料，其最大粒度约为 150 mm。试验用原矿样

经过颚式破碎机、对辊破碎机和筛子组成的闭路破碎流程进行了破碎,其中,筛孔尺寸分别为 3 mm、2.5 mm、2 mm、1.5 mm、1 mm。对破碎产品分别进行混匀、缩分和取样。

对－2 mm 羚羊铁矿石样品分别采用湿式振筛和干式振筛筛析,得到各粒级的产率,同时分析各粒级铁的含量。分析结果表明,铁在各个粒级中接近均匀分布。样品的粒度特性曲线如图 6.7 所示,详细数据见表 6.7。

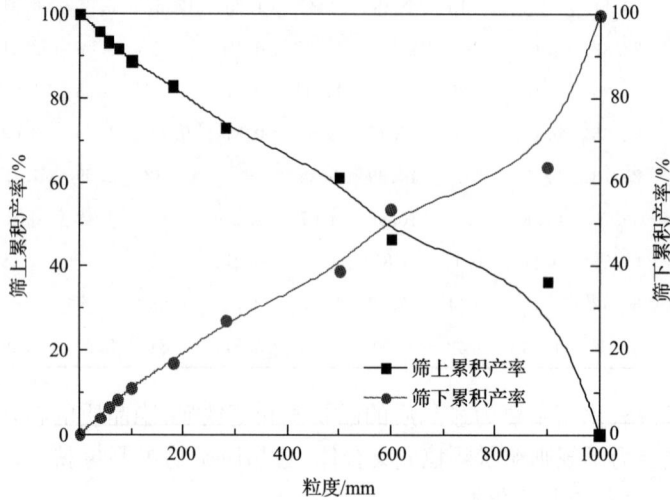

图 6.7　羚羊铁矿石粒度特性曲线

表 6.7　羚羊铁矿石－2 mm 破碎产品的粒度组成及粒级铁品位

粒级/μm	产率/%	TFe/%	金属分布率/%	筛上累积产率/%	筛下累积产率/%
＋900	36.32	35.34	36.29	36.32	100.00
－900＋600	10.22	35.27	10.19	46.54	63.68
－600＋500	14.64	36.48	15.10	61.18	53.46
－500＋280	11.9	36.65	12.33	73.08	38.82
－280＋180	9.8	34.59	9.58	82.88	26.92
－180＋100	5.95	34.23	5.76	88.83	17.12
－100＋74	3.11	34.27	3.01	91.94	11.17
－74＋55	1.47	33.38	1.39	93.41	8.06
－55＋38	2.72	33.31	2.56	96.13	6.59
－38	3.87	34.68	3.79	100.00	3.87
合计	100.00	35.23	100.00		

(二) 还原剂的制备

以松树沟煤为还原剂进行单因素条件试验,同时,在此基础上分别采用铁法煤、大成煤、大兴煤和大成洗精煤为还原剂进行深度还原-磁选分离技术扩大试验,并对试验用煤样的性质进行了工业分析,工业分析结果见表 6.8。松树沟煤样经颚式破碎机破碎后经不同筛孔尺寸的筛子筛分,得到不同细度(−2.5 mm、−1.5 mm、−1 mm、−0.5 mm)的煤粉。称取−2.5 mm 粒级煤粉 150 g 进行粒度筛分分析,其粒度组成见表 6.9,粒度特性曲线如图 6.8 所示。

表 6.8 煤样的工业分析结果 单位:%

还原剂	收到基水分 H_{daf}	干燥无灰基挥发分 VM_{daf}	空气干燥基固定碳 Cd	空气干燥基灰分 Ash_{ad}	St_{ad} /wt%
松树沟煤	5.5	21.40	70.10	15.10	0.78
铁法煤	6.28	29.22	43.45	16.19	0.25
大成煤	1.66	15.9	32.3	50.03	0.98
大兴煤	6.84	31.9	41.85	19.30	0.025
大成洗精煤	1.48	18.45	67.83	12.02	0.028

表 6.9 −2.5 mm 松树沟煤样粒度筛析结果

粒级/μm	产率/%	筛上累积产率/%	筛下累积产率/%
+830	25.13	25.13	100.00
−830+325	31.88	57.01	74.87
−325+200	10.05	67.06	42.99
−200+150	4.47	71.53	32.94
−150+100	8.24	79.77	28.47
−100+74	4.25	84.02	20.23
−74	15.98	100.00	15.98

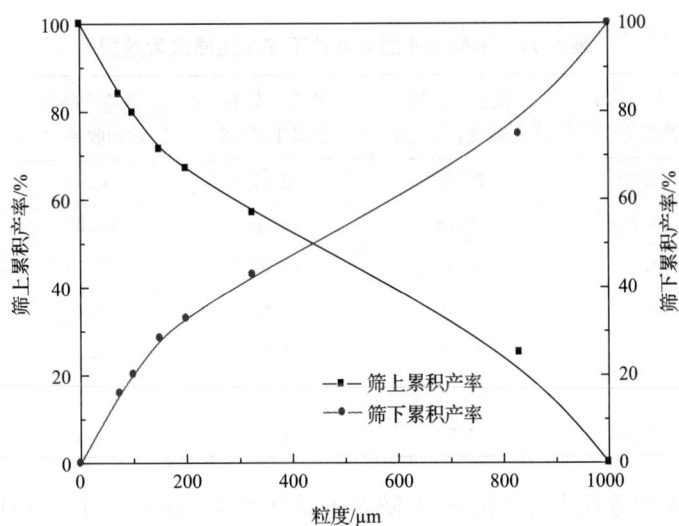

图 6.8 −2.5 mm 松树沟煤的粒度特性曲线

（三）配碳系数计算结果

由式(6.7)可计算出羚羊石理论配碳系数结果,见表 6.10。

表 6.10　羚羊铁矿石理论配碳系数计算结果

矿石成分/%		原矿含氧量 /%	原矿还原 理论碳含量/%	还原剂	试验用煤 固定碳含量/%	原矿还原 理论配碳/%
TFe	FeO					
				松树沟煤	70.10	12.28
				铁法煤	43.45	19.82
35.08	32.00	11.48	8.61	大成煤	32.30	26.66
				大兴煤	41.85	20.57
				大成洗精煤	67.83	12.69

四、吉林羚羊铁矿石深度还原单因素条件试验研究

为了确定适宜的深度还原基础工艺条件范围,采用试验室箱式电阻炉进行深度还原试验,为深度还原单因素条件试验提供依据。

（一）还原温度试验

维持还原时间为 60 min,配碳系数为 3.3,料层厚度为 40 mm,矿石粒度为－2.0 mm和煤粒度为－1.5 mm,在 1100~1300 ℃的温度下进行深度还原试验。还原物料直接进行水淬。对水淬后物料进行烘干、磨矿、磁选管磁选,铁粉产品、尾渣的全铁品位和铁粉产品的金属铁含量见表 6.11。

表 6.11　不同还原温度条件下深度还原试验数据

还原温度 /℃	铁粉产品的 全铁品位/%	铁粉产品的 金属铁含量/%	铁粉产品的 金属化率/%	铁粉产品的 铁回收率/%	尾渣的 全铁品位/%
1100	81.72	75.24	92.07	80.44	16.42
1125	84.25	78.78	93.50	89.80	10.84
1150	84.07	66.48	79.07	87.09	11.33
1175	89.07	84.46	94.82	68.76	22.25
1200	92.61	90.17	97.36	89.51	8.68
1275	96.59	92.74	96.01	87.93	9.54
1300	97.25	94.76	97.43	74.99	17.80

对表 6.11 中的数据进行分析可知,随着还原温度的不断升高,还原物料经磁选后,铁粉产品的全铁品位都呈上升趋势,当还原温度为 1275 ℃时,铁粉产品的全铁品位达到96.59%,铁粉产品的铁回收率为 87.93%,铁粉产品的金属化率为 96.01%。综合考虑工艺过程的可行性及生产成本,初步确定适宜的深度还原温度为 1275 ℃。

（二）还原时间试验

在还原温度为 1275℃，配碳系数为 3.3，料层厚度为 40 mm，矿石粒度为－2.0 mm 和煤粒度为－1.5 mm 条件下，变化还原时间，研究还原时间对深度还原过程的影响。试验结果见表 6.12。

表 6.12　不同还原时间条件下深度还原试验数据

还原时间/min	铁粉产品的全铁品位/%	铁粉产品的金属铁含量/%	铁粉产品的金属化率/%	铁粉产品的铁回收率/%	尾渣的全铁品位/%
10	78.57	78.16	99.47	98.30	1.84
20	85.54	84.78	99.11	97.42	2.49
30	89.13	86.03	96.52	98.12	1.73
40	89.99	89.32	99.25	95.22	4.28
50	93.74	90.22	96.24	93.76	5.31
60	92.61	90.17	97.36	89.51	8.68

以上试验结果表明，在 1275℃温度下，随着还原时间的延长，还原物料经磁选后，铁粉产品的全铁品位逐渐上升，而铁的回收率逐渐下降。还原 30 min 后可获得全铁品位 89.13% 以上，铁回收率 90% 以上，金属化率 96% 以上的深度还原铁粉产品。通过以上试验确定适宜的还原时间为 30~60 min。

（三）料层厚度试验

在还原温度为 1275℃，配碳系数为 3.3，还原时间为 40 min，矿石粒度为－2.0 mm 和煤粒度为－1.5 mm 条件下，考察料层厚度对铁粉产品的铁品位、铁回收率和金属化率的影响。试验结果列入表 6.13 中。

表 6.13　不同料层厚度条件下深度还原试验数据

料层厚度/mm	铁粉产品的全铁品位/%	铁粉产品的铁回收率/%	尾渣的全铁品位/%
20	90.38	91.20	7.54
25	95.49	91.95	6.64
30	88.52	93.97	5.53
40	89.65	92.15	5.68
50	82.45	84.26	9.67

综合考虑工艺过程及生产处理量，确定较为适宜的料层厚度以 30~40 mm。

（四）配碳系数试验

为了考查深度还原过程中矿和煤的配比对还原效果的影响，在还原温度为 1200℃，还原时间为 30 min，料层厚度为 40 mm，矿石粒度为－2.0 mm 和煤粒度为－1.5 mm 的条件下，进行选取适宜配碳系数的试验。不同配碳系数条件下的深度还原试验结果见

表 6.14。

表 6.14　不同配碳系数条件下的试验结果

配碳系数	铁粉产品的全铁品位/%	尾渣的全铁品位/%	铁粉产品的铁回收率/%
2.75	83.19	11.63	89.36
2.07	82.52	20.00	74.55
1.65	79.09	32.61	49.43
1.38	79.75	34.68	43.43

表 6.14 中的试验结果表明,不同配碳系数条件下,深度还原铁粉产品的全铁品位相差不大,但铁的回收率相差较大,因深度还原反应过剩的煤可进一步得到回收利用,初步确定配碳系数为 2.0~3.0。

(五)深度还原初始工艺条件

通过对以上深度还原探索性试验结果进行分析,初步确定了如表 6.15 所示为羚羊铁矿石深度还原单因素条件试验的基础条件。

表 6.15　试验基础条件表

因素	还原温度/℃	还原时间/min	料层厚度/mm	配碳系数	还原煤粒度/mm	矿石粒度/mm
参数	1275	40	30	2.0	<1.5	<2.0

五、吉林羚羊铁矿石深度还原试验研究

通过探索性试验获得深度还原基础工艺条件后,采用单向加热炉进行深度还原试验,以便进一步确定深度还原的适宜工艺条件,同时考察试验结果的稳定性和重现性,为深度还原扩大试验提供依据。采用单向加热炉每次可同时还原 4 个料盘,每个料盘装料 500~1000 g。

(一)还原温度对深度还原过程的影响

采用单向加热炉进行深度还原,在还原时间为 40 min、料层厚度为 30 mm、配碳系数为 2.0、还原煤粒度为 -1.5 mm 和矿石粒度为 -2.0 mm 的条件下,还原温度对深度还原过程的影响如图 6.9 所示。在以上条件下,还原温度对还原物料的磁选结果的影响如图 6.10 所示。

由图 6.9 所示,随着还原温度的升高,还原物料的全铁品位、金属铁含量和金属化率逐渐增大。当还原温度升高到 1275℃时,还原物料的全铁品位、金属铁含量和金属化率达到最大。此时,全铁品位、金属铁含量和金属化率的值分别为 46.11%、41.30% 和 89.57%。

还原温度对还原物料磁选结果的影响(图 6.10)研究表明,总体上,随着还原温度的升高,深度还原铁粉产品的全铁品位和铁回收率逐渐增大。当还原温度升高到 1275℃时,全铁品位和铁回收率分别为 73.93% 和 93.65%。当还原温度继续升高到 1300℃时,

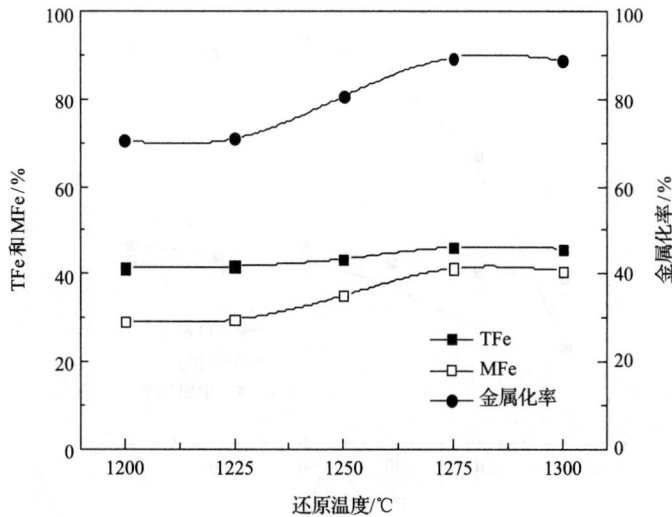

图 6.9　还原温度对深度还原过程的影响

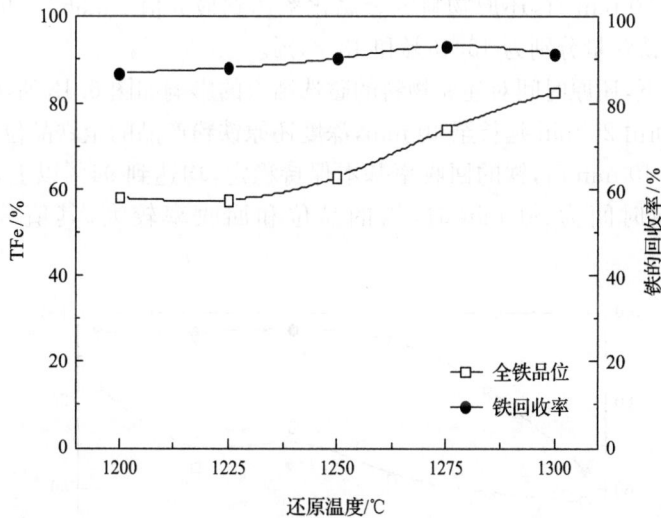

图 6.10　还原温度对磁选结果的影响

全铁品位继续升高而回收率略有下降。

　　通过分析和研究还原温度对深度还原铁粉产品的全铁品位和铁回收率的影响,确定较适宜的还原温度为 1275 ℃。

（二）还原时间对深度还原过程的影响

　　在还原温度为 1275 ℃、料层厚度为 30 mm、配碳系数为 2.0、还原煤粒度为 −1.5 mm 和矿石粒度为 −2.0 mm 的条件下,还原时间对深度还原过程的影响如图 6.11 所示。

　　如图 6.11 所示,在还原时间由 20 min 延长至 40 min 的过程中,还原物料的金属化率大幅度增加。当反应时间延长到 40 min 以后,还原物料的金属化率均达到 85% 以上,

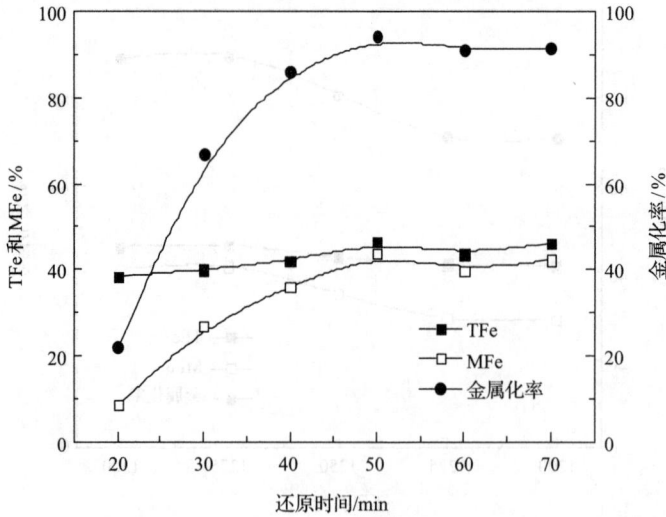

图 6.11　还原时间对深度还原过程的影响

当还原时间达到 50 min 时,还原物料的金属化率达到最大值 94.36%,此时还原物料的全铁品位和金属铁含量分别为 46.46% 和 43.84%。

　　在以上条件下,还原时间对还原物料的磁选结果的影响如图 6.12 所示。研究结果表明,随着反应时间由 20 min 延长至 40 min,深度还原铁粉产品的全铁品位和回收率增大。当还原时间达到 40 min 后,铁的回收率基本保持稳定,均达到 94% 以上,而全铁品位波动较大。当还原时间为 50 min 时,铁的品位和回收率较大,其值分别为 74.19% 和 96.53%。

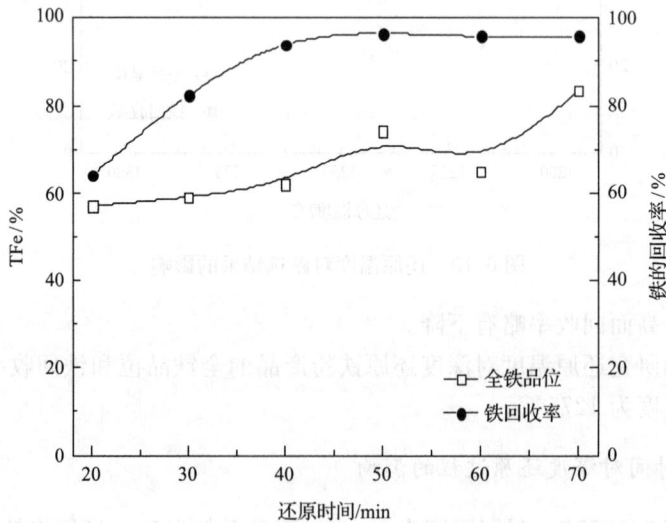

图 6.12　还原时间对磁选结果的影响

（三）料层厚度对深度还原过程的影响

在还原温度为 1275℃、还原时间为 40 min、配碳系数为 2.0、还原煤粒度为－1.5 mm 和矿石粒度为－2.0 mm 的条件下,料层厚度对深度还原过程的影响如图 6.13 所示。

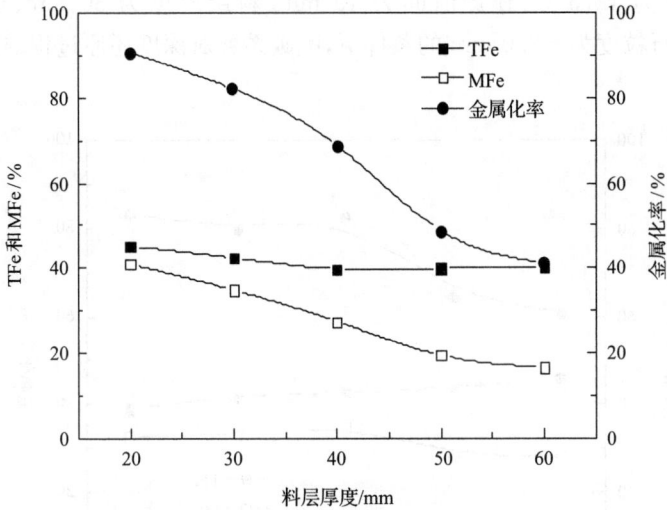

图 6.13　料层厚度对深度还原过程的影响

如图 6.13 所示,随着料层厚度的增加,还原物料的金属化率逐渐降低,综合考虑实际操作的可行性等因素,确定最佳的料层厚度为 30 mm,在此条件下,还原物料的全铁品位、金属铁含量和金属化率分别为 42.37%、34.80% 和 82.13%。

在以上条件下,料层厚度对还原物料的磁选结果的影响如图 6.14 所示。试验结果表明,随着料层厚度的增加,深度还原铁粉产品的铁回收率逐渐降低。当料层厚度达到

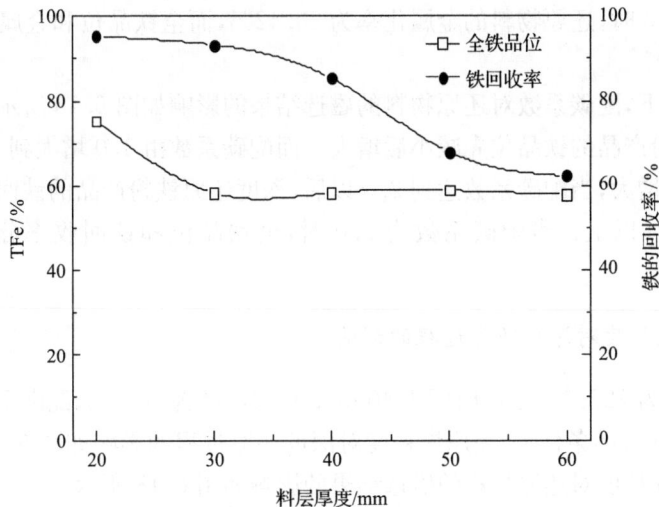

图 6.14　料层厚度对磁选结果的影响

30 mm后,深度还原铁粉产品的全铁品位基本保持不变。当料层厚度为 30 mm 时,深度还原铁粉产品的全铁品位和铁回收率分别为 58.33% 和 93.65%。

（四）配碳系数对深度还原过程的影响

在还原温度为 1275℃、还原时间为 40 min、料层厚度为 30 mm、还原煤粒度为 −1.5 mm 和矿石粒度为 −2.0 mm 的条件下,配碳系数对深度还原过程的影响如图 6.15 所示。

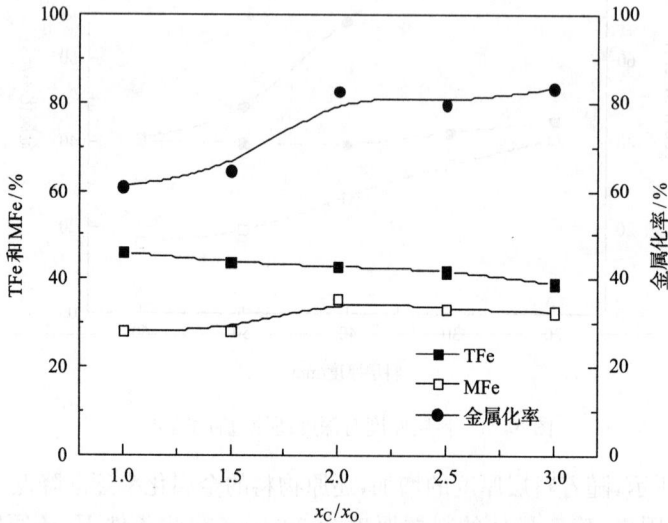

图 6.15　配碳系数对深度还原过程的影响

如图 6.15 所示,随着配碳系数的增加,总体上,还原物料的全铁品位下降,而金属化率增加。当配煤过程达到 2.0 以后,还原物料的金属化率变化较小,维持在 80% 左右。当配碳系数为 3.0 时,还原物料的金属化率为 83.42%,而全铁品位和金属铁含量分别为 38.96% 和 32.50%。

在以上条件下,配碳系数对还原物料的磁选结果的影响如图 6.16 所示。试验结果表明,深度还原铁粉产品的铁品位先减小后增大。而配碳系数由 1.0 增大到 2.0 的过程中,铁的回收率逐渐增大,当配碳系数达到 2.0 以后,深度还原铁粉产品的铁回收率基本保持不变,维持在 90% 以上。当配碳系数为 3.0 时,全铁品位和铁回收率分别为 65.05% 和 91.14%。

（五）还原煤粒度对深度还原过程的影响

在还原温度为 1275℃、还原时间为 40 min、料层厚度为 30 mm、配碳系数为 2.0 和矿石粒度为 −2.0 mm 的条件下,还原煤粒度对深度还原过程的影响如图 6.17 所示。在以上条件下,还原煤粒度对还原物料的磁选结果的影响如图 6.18 所示。

如图 6.18 所示,当还原煤粒度为 −0.5 mm 和 −2.5 mm 时,还原物料的金属化率的值较大,均达到 88% 以上。而当还原煤的粒度为 −1.0 mm、−1.5 mm 和 −2.0 mm 时,

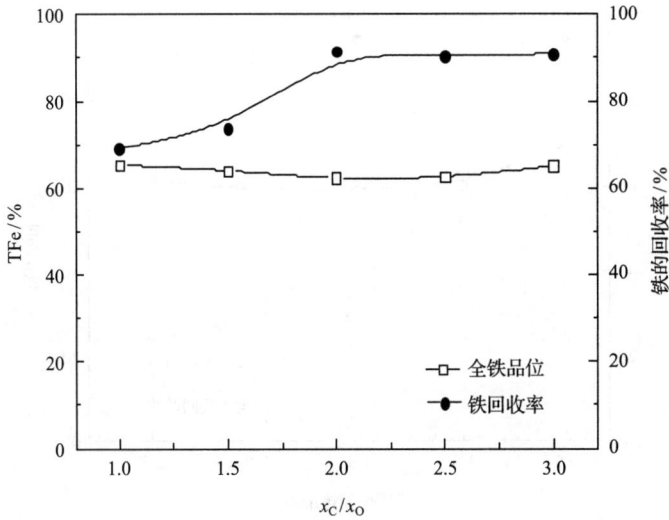

图 6.16 配碳系数对磁选结果的影响

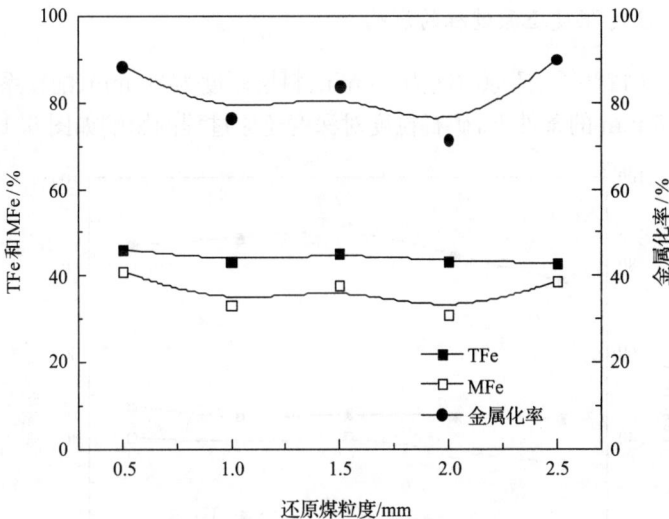

图 6.17 还原煤粒度对深度还原过程的影响

还原物料的金属化率相对较低,稳定在 80%左右。当还原煤粒度为−2.0 mm 时,还原物料的全铁品位、金属铁含量和金属化率分别为 44.31%、35.42%和 79.94%。

通过分析和研究还原煤粒度对还原物料的磁选结果的影响,深度还原铁粉的铁品位和回收率随着还原煤粒度的变化,铁粉产品的全铁品位和铁回收率波动较大。当还原煤粒度为−0.5 mm 时,铁粉产品的全铁品位达到最大,当还原煤的粒度为−1.5 mm 时,铁粉产品的铁回收率达到最大值。综合分析图 6.17 和图 6.18,选取较为适宜的还原煤粒度为−2.0 mm,此时铁粉产品的全铁品位和铁回收率分别为 63.87%和 87.35%。

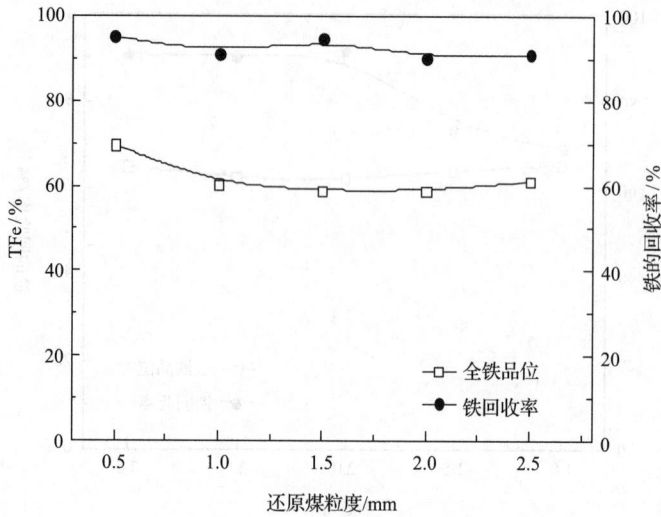

图 6.18　还原煤粒度对磁选的影响

（六）矿石粒度对深度还原过程的影响

在还原温度为 1275℃、还原时间为 40 min、料层厚度为 30 mm、配碳系数为 2.0 和还原煤粒度为−1.5 mm 的条件下，矿石粒度对深度还原过程的影响如图 6.19 所示。

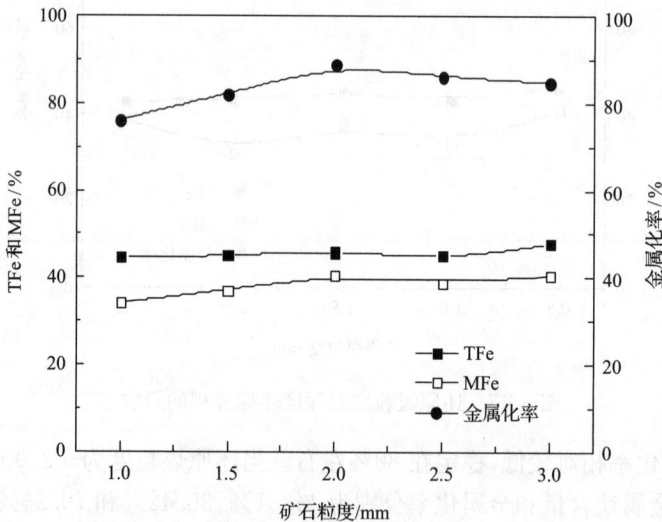

图 6.19　矿石粒度对深度还原过程的影响

如图 6.19 所示，随着矿石粒度的增加，还原物料的金属化率先增大后减小，当矿石粒度为−2.0 mm 时，还原物料的金属化率达到最大，其值为 88.96%；在此条件下，还原物料的全铁品位和金属铁含量分别为 45.76% 和 40.71%。

矿石粒度对还原物料的磁选结果的影响如图 6.20 所示。通过分析和研究矿石粒度对还原物料磁选结果的影响,试验结果表明深度还原铁粉产品的铁回收率先增大后减小。当矿石粒度为－2.0 mm 时,全铁品位和铁回收率达到最大,其值分别为 71.60% 和 96.06%。

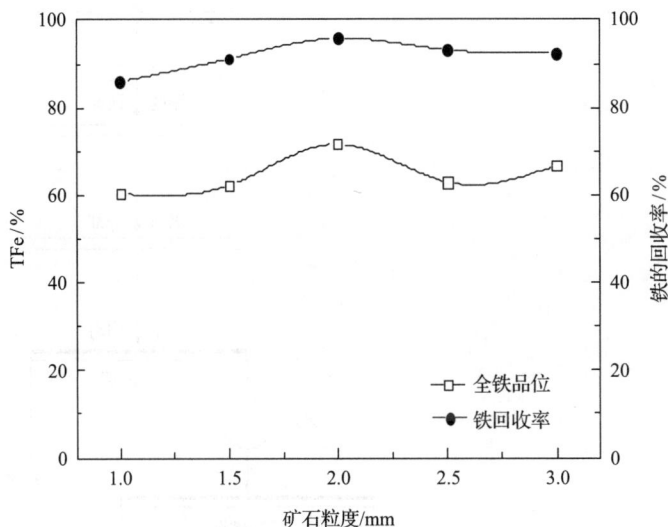

图 6.20 矿石粒度对磁选结果的影响

六、吉林羚羊铁矿石扩大试验研究

为了进一步确定羚羊铁矿石的深度还原工艺,同时为深度还原物料的分选试验研究提供充足的物料,进行实验室扩大试验。分别采用大成煤、大兴煤和铁法煤对羚羊铁矿石矿样进行深度还原试验,并对所得的深度还原铁粉产品进行分析。

(一)羚羊铁矿石扩大试验工艺条件确定

羚羊铁矿石扩大试验的基础工艺条件选取的试验流程如图 6.21 所示,其试验结果见表 6.16。通过羚羊铁矿石深度还原-磁选分离技术的单因素条件试验,确定较适宜的深度还原条件为:还原温度 1275℃,还原时间 50 min,料层厚度 30 mm,配碳系数 3.0,还原煤粒度－2.0 mm 和矿石粒度－2.0 mm。同时,通过单因素条件试验的结果分析可知,还原温度、还原时间和料层厚度对深度还原过程的影响较大。因此在深度还原单因素条件的基础上,采用大成煤为还原剂,在不同还原温度、还原时间和料层厚度的条件下,对羚羊铁矿石进行深度还原模拟扩大试验,以便结合单因素条件试验选取适宜的扩大试验工艺条件。

如表 6.16 所示,在延长还原时间和减少料层厚度的条件下,利用图 6.21 所示的工艺流程可以获得性能相对较好的深度还原铁粉产品。结合生产实际,较长的还原时间势必增加深度还原过程的生产成本,而较低的料层厚度则很大程度上降低了原矿处理量。因此在获得合格深度还原物料产品的基础上,结合生产实践,选取最为适宜的深度还原条件。

```
铁矿石、煤
   ↓
均匀  混样
   ↓
深度  还原
   ↓
水淬  冷却
   ↓
还原  物料
   ↓
一段磁选 ──→ 一磁尾
   ↑磨矿
二段磁选 ──→ 二磁尾
   ↑磨矿
电磁精选 ──→ 一柱尾
   ↑磨矿
电磁精选
 ↓            ↓
深度还原铁粉   二柱尾
```

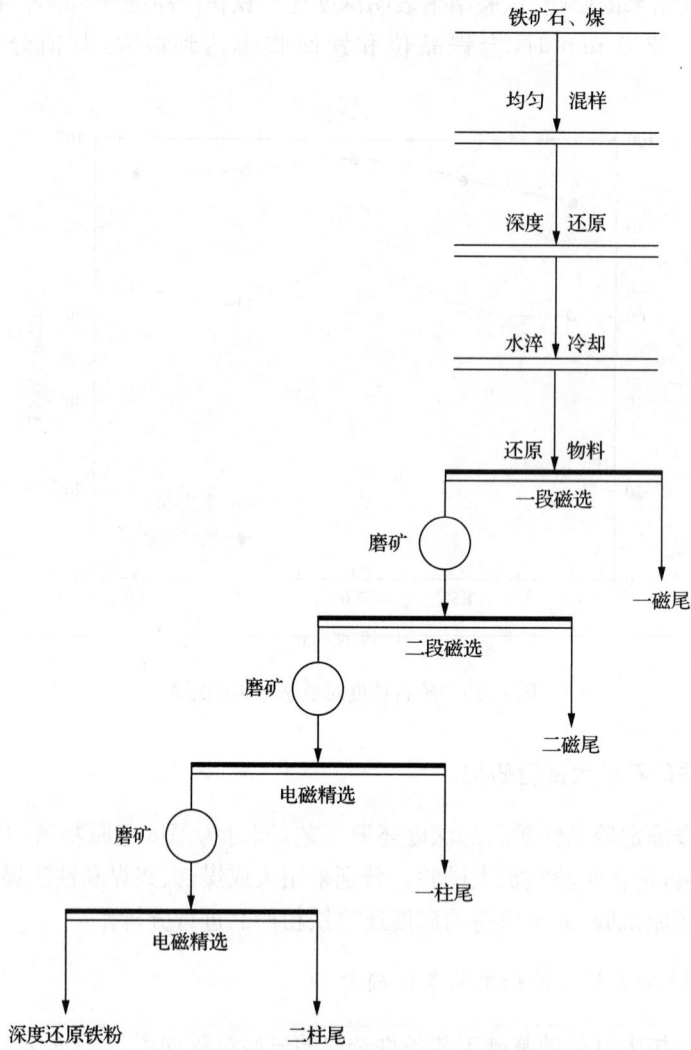

图 6.21　模拟扩大试验的流程图

表 6.16　大成煤为还原剂的试验结果

深度还原条件			产品名称	产率/%	TFe/%	MFe/%	回收率/%	金属化率/%
还原温度/℃	还原时间/min	料层厚度/mm						
			一磁尾	17.48	2.35		1.01	
			二磁尾	9.00	6.06		1.35	
1250	90	30	一柱尾	28.65	12.95		9.15	
			二柱尾	5.77	35.13		5.00	
			铁粉产品	39.10	86.58		83.49	
			合计	100.00	40.55	38.08	100.00	93.90

深度还原条件			产品名称	产率/%	TFe/%	MFe/%	回收率/%	金属化率/%
还原温度/℃	还原时间/min	料层厚度/mm						
1275	70	30	一磁尾	14.66	1.95		0.68	
			二磁尾	8.26	5.91		1.17	
			一柱尾	29.98	11.48		8.26	
			二柱尾	5.29	36.82		4.67	
			铁粉产品	41.81	84.98		85.22	
			合计	100.00	41.69	38.37	100.00	92.04
1275	50	30	一磁尾	16.60	2.62		1.09	
			二磁尾	8.61	4.89		1.05	
			一柱尾	29.06	17.18		12.48	
			二柱尾	7.23	33.63		6.08	
			铁粉产品	38.50	82.37		79.30	
			合计	100.00	39.99	35.23	100.00	88.10
1275	50	17	一磁尾	19.40	1.77		0.85	
			二磁尾	11.37	9.35		2.63	
			一柱尾	27.00	12.05		8.06	
			二柱尾	4.54	48.13		5.41	
			铁粉产品	37.69	88.96		83.05	
			合计	100.00	40.37	38.39	100.00	95.10

　　表 6.16 中的试验结果表明,在单因素条件试验过程中所得的最佳工艺条件下,即在还原温度 1275℃,还原时间 50 min,料层厚度 30 mm 的条件下,还原后物料的金属化率达到了 88.10%,已满足了深度还原物料产品的金属化率要求,可通过改变分选流程和还原过程中还原剂种类等方法提高深度还原铁粉产品的铁品位和回收率。

　　因此综合考虑单因素条件试验和模拟扩大试验结果以及工业生产实践,初步确定扩大试验的工艺条件,见表 6.17。同时,在后续的扩大试验过程中,以不同的煤为还原剂的同时采取不同的工艺流程进行试验,以便在适宜的磁选工艺流程下,获得合格的深度还原铁粉产品。

表 6.17　扩大试验条件表

因素	还原温度/℃	还原时间/min	料层厚度/mm	配碳系数	还原煤粒度/mm	矿石粒度/mm
参数	1275	50	30	3.0	<2.0	<2.0

(二) 大成煤为还原剂的扩大试验研究

1. 扩大试验工艺流程

在深度还原扩大试验过程中,首先采用单向加热炉还原羚羊铁矿石,还原物料经水淬后,脱除过剩的还原剂,然后进行细磨-磁选,直至最终获得深度还原铁粉产品。

一段磁选条件为:

磁选机型号为 ϕ220 mm$\times$110 mm;

磁场强度为 1450 Oe(115 kA · m^{-1})。

一段磁选铁精粉在 ϕ460 mm$\times$600 mm 磨机中湿磨 1 h,使其粒度达到$-$45 μm 占 87%;磨矿产品进入二段磁选,二段磁选条件为:

磁选机型号为 ϕ220 mm$\times$110 mm;

磁场强度为 1450 Oe(115 kA · m^{-1})。

二段磁选的铁精粉经 ϕ100 mm 电磁精选机进行 2 次精选,最终获得深度还原铁粉产品。

深度还原-磁选分离技术扩大试验的工艺流程如图 6.22 所示。

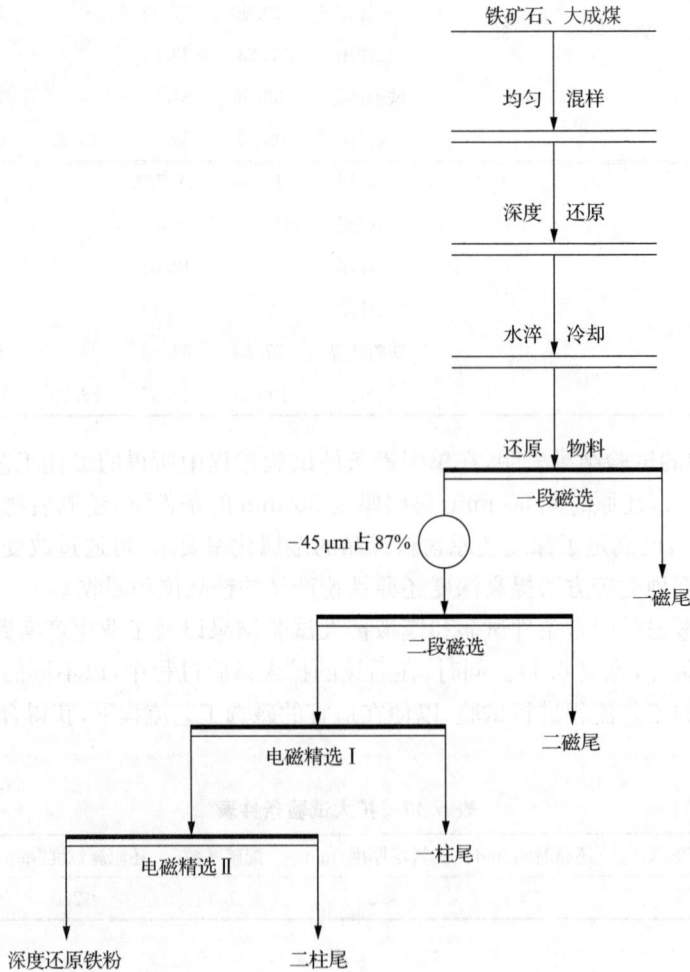

图 6.22　深度还原-磁选分离技术工艺流程图

2. 扩大试验结果分析

大成煤为还原剂的扩大试验结果分析见表 6.18。深度还原物料的形貌如图 6.23 所示。

表 6.18 大成煤为还原剂的扩大试验结果

产品名称	产率/%	TFe/%	MFe/%	回收率/%	金属化率/%
一磁尾	27.38	11.61		8.47	
二磁尾	36.15	20.24		19.50	
一柱尾	4.58	39.47		4.82	
二柱尾	1.78	58.34		2.77	
铁粉产品	30.11	80.29	61.18	64.44	76.20
合计	100.00	37.52		100.00	

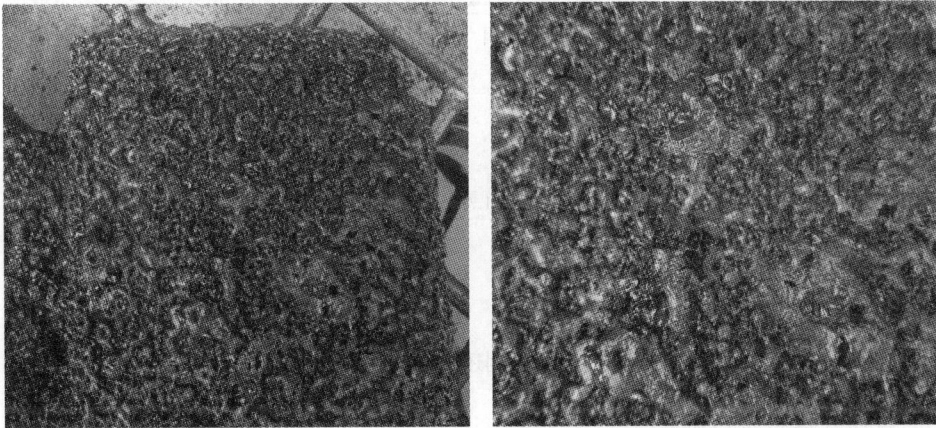

图 6.23 大成煤为还原剂深度还原物料的形貌图

图 6.23 所示的扩大试验结果表明:以大成煤为还原剂,还原温度为 1275 ℃,还原时间为 50 min,料层厚度为 30 mm,配碳系数为 3.0,还原煤粒度为 -2.0 mm 和矿石粒度为 -2.0 mm 的条件下,羚羊铁矿石的还原物料有粘连现象(图 6.23)。

表 6.18 表明还原物料经高效选别试验,在磨矿粒度为 -45 μm 占 87% 和四段磁选工艺流程下,获得了可以得到全铁品位为 80.29%,铁回收率为 64.44%,金属化率为 76.20% 的分选指标。通过以上分析可知,以大成煤为还原剂的条件下,获得的深度还原铁粉产品的各项指标相对较差。这表明以大成煤为还原剂,在图 6.22 所示的工艺流程下不能获得合格的深度还原铁粉产品。其原因是试验所用大成煤灰分过高,在试验温度下料层表面产生熔融,由于还原过程的供热是完全依靠辐射方式进行的,表面出现熔融,这严重地干扰了热源向料层的传热,虽然还原供热热源(试验中为单向加热炉的发热体,工业化生产中是加热烧嘴产生的燃烧火焰)温度达到试验设计的温度,但料层的实际温度远低于加热的温度。试验中将测温电偶插在料盘下进行的监测结果证实这一分析结果。

还原物料分选数质量流程如图 6.24 所示。

$$\frac{产品(\%);\ 品位(\%)}{回收率(\%)}$$

```
                          100.00; 37.52          还原物料
                          ────────────
                             100.00
                                 │
                                 ▼
        72.62; 47.28                             27.38; 11.61
        ────────────      ───  一段磁选  ───      ────────────
           91.53                                     8.47
                                 │                    │
                                ( )                   ▼
                                 │                  一磁尾
                                 ▼
        36.47; 74.09                             36.15; 20.24
        ────────────      ───  二段磁选  ───      ────────────
           72.03                                    19.50
                                 │                    │
                                 ▼                    ▼
                                                    二磁尾
        31.89; 79.06                              4.58; 39.47
        ────────────      ───  电磁精选 I  ───      ───────────
           67.21                                     4.82
                                 │                    │
                                 ▼                    ▼
                                                    一柱尾
        30.11; 80.29                              1.78; 58.34
        ────────────      ───  电磁精选 II  ───     ───────────
           64.44                                     2.77
                                 │                    │
                                 ▼                    ▼
                           深度还原铁粉              二柱尾
```

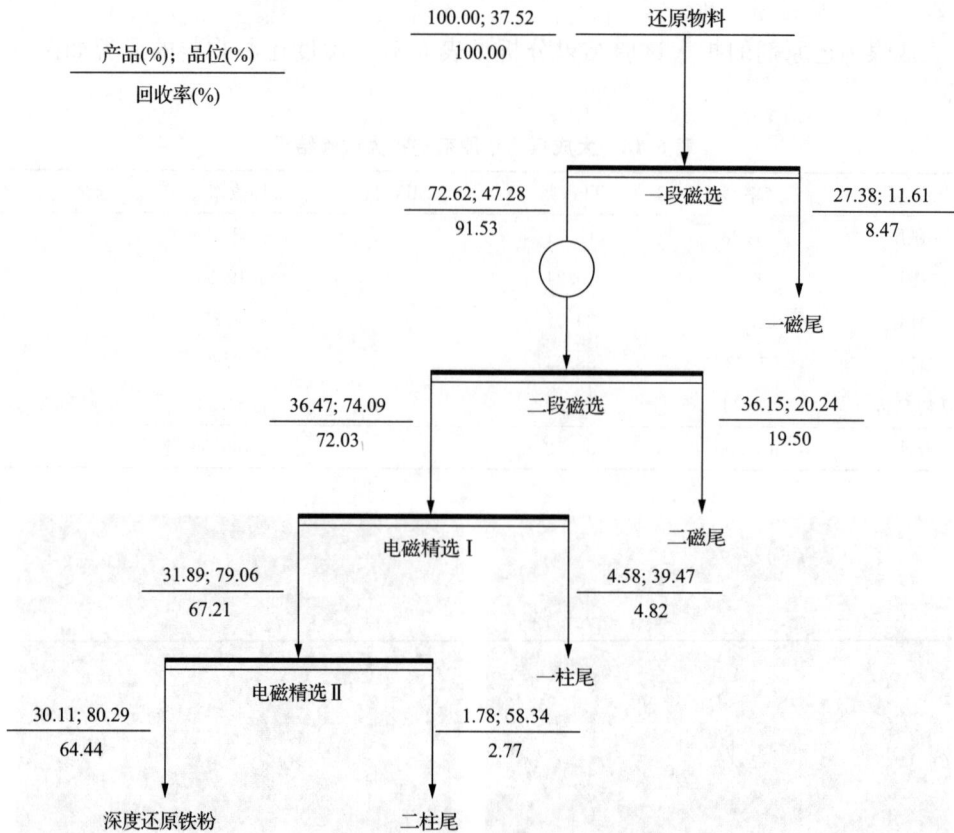

图 6.24　大成煤为还原剂还原物料分选数质量流程图

3. 深度还原铁粉产品分析

扩大试验中所得深度还原铁粉产品元素分析见表 6.19。

表 6.19　扩大试验深度还原铁粉产品分析表

组分	TFe	MFe	CaO	MgO	Mn	Al_2O_3
含量/%	80.29	61.18	1.02	0.74	2.65	2.92
组分	SiO_2	TiO_2	S	P	La	Ce
含量/%	4.52	0.22	0.19	0.090	0.020	0.038

通过 SEM 图 6.25(a)分析可知,深度还原铁粉产品中,金属铁颗粒明显长大但金属铁的形状不规则,铁粒度为 0~10 μm。具有代表性的金属铁的 EDS 图谱 6.25(b)分析可知,在深度还原铁粉产品中,除主要组分铁外,还含有一定量的铝、硅、锰、镁和钙等杂质。

深度还原铁粉产品中金属铁的含量约为 61.18%,金属化率为 76.20%。深度还原铁粉产品中钙、镁的含量相对较低,锰含量符合直接还原铁产品的要求。而硅的含量偏高,且铁粉产品中硫和磷的含量也偏高,炼钢过程中可采取脱硫、脱磷措施进行脱除。

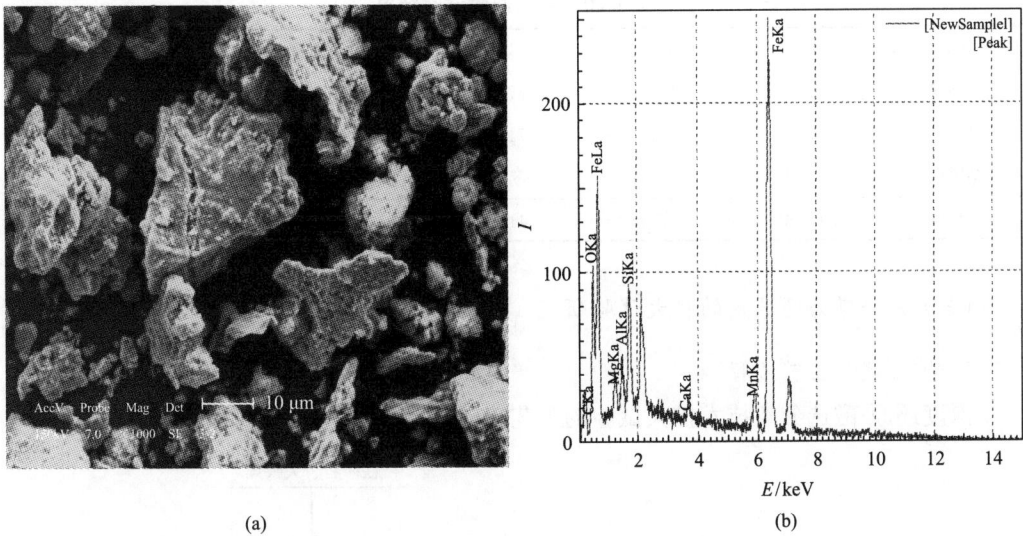

(a)

(b)

图 6.25　深度还原铁粉产品的 SEM 和 EDS 图
(a) 深度还原铁粉产品的 SEM 图谱；(b) 深度还原铁粉产品的 EDS 图谱

4. 一段磁选尾渣中煤回收试验

一段磁选尾渣中含有一定量的未完全反应且可回收利用的煤，设计磁选尾渣中煤回收试验来回收深度还原物料产品中过剩的煤。一段磁选尾渣中煤的回收流程如图 6.26 所示。

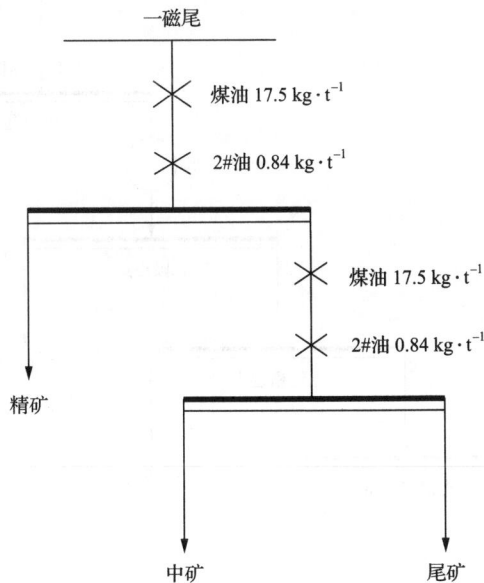

图 6.26　煤回收流程图

煤的回收试验结果见表 6.20。试验结果表明，一段磁选尾渣经过浮选后，深度还原后过剩的煤 90% 以上可被回收。同时，有少部分的铁存在于煤浮选尾矿中。

表 6.20　煤的回收试验结果

产品名称	产率/%	TFe/%	C/%	碳的回收率/%	铁回收率/%
煤精矿	12.70	2.78	77.20	23.86	2.93
煤中矿	38.87	1.91	71.90	68.02	6.16
煤尾矿	48.43	22.61	6.89	8.12	90.91
合计	100.00	12.05	41.08	100.00	100.00

（三）大兴煤为还原剂的扩大试验研究

1. 扩大试验工艺流程

深度还原-磁选分离技术扩大试验的工艺流程如图 6.27 所示。

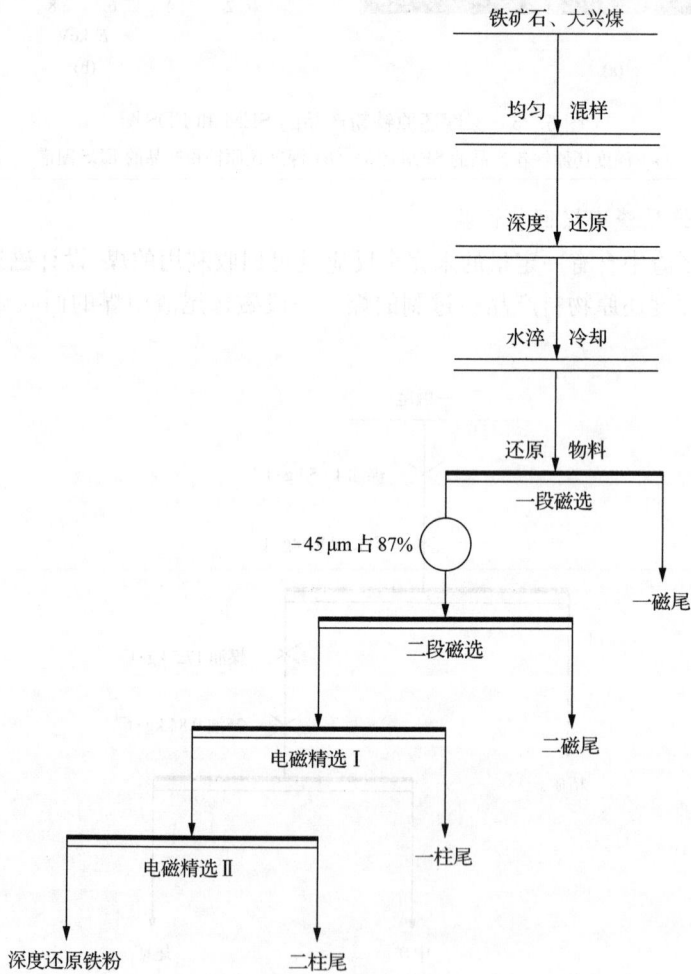

图 6.27　深度还原-磁选分离技术工艺流程图

在深度还原扩大试验过程中，首先采用单向加热炉还原，还原物料经水淬后，脱除过剩的还原剂,然后进行细磨-磁选,直至最终获得深度还原铁粉产品。

一段磁选条件为:

磁选机型号为 ϕ220 mm×110 mm;

磁场强度为 1450 Oe(115 kA·m^{-1})。

一段磁选铁精粉在 ϕ460 mm×600 mm 磨机中湿磨 1 h,使其粒度达到-45 μm 占 87%;磨矿产品进入二段磁选,二段磁选条件为:

磁选机型号为 ϕ220 mm×110 mm;

磁场强度为 1450 Oe(115 kA·m^{-1})。

二段磁选的铁精粉经 ϕ100 mm 电磁精选机进行 2 次精选,最终获得深度还原铁粉产品。

2. 扩大试验结果分析

大兴煤为还原剂的扩大试验结果分析见表 6.21 所示。深度还原物料的形貌如图 6.28 所示。

表 6.21　大兴煤为还原剂的扩大试验结果

产品名称	产率/%	TFe/%	MFe/%	回收率/%	金属化率/%
一磁尾	28.27	17.17		12.29	
二磁尾	37.13	22.46		21.12	
一柱尾	2.15	41.75		2.27	
二柱尾	1.31	46.25		1.55	
铁粉产品	31.14	79.58	60.26	62.77	75.72
合计	100.00	39.48		100.00	

图 6.28　深度还原物料的形貌图

图 6.28 所示的扩大试验结果,表明以大兴煤为还原剂,还原温度为 1275℃,还原时间为 50 min,料层厚度为 30 mm,配碳系数为 3.0,还原煤粒度为-2.0 mm 和矿石粒度为-2.0 mm 的条件下,羚羊铁矿石的还原物料粘连严重(图 6.28),这与在相同试验条件下

以大成煤为还原剂所得的还原物料的表面形态情况相似。分选此还原物料很难获得合格的深度还原铁粉产品。

如表 6.21 所示,还原物料经高效选别试验,在磨矿粒度为 $-45~\mu m$ 占 87% 和四段磁选工艺流程下,获得了可以得到全铁品位为 79.58%,铁回收率为 62.77%,金属化率为 75.72% 的分选指标。通过以上分析可知,以大兴煤为还原剂的条件下,获得的深度还原铁粉产品的指标很差。这表明以大兴煤为还原剂,不能获得合格的深度还原铁粉产品。

还原物料分选数质量流程如图 6.29 所示。

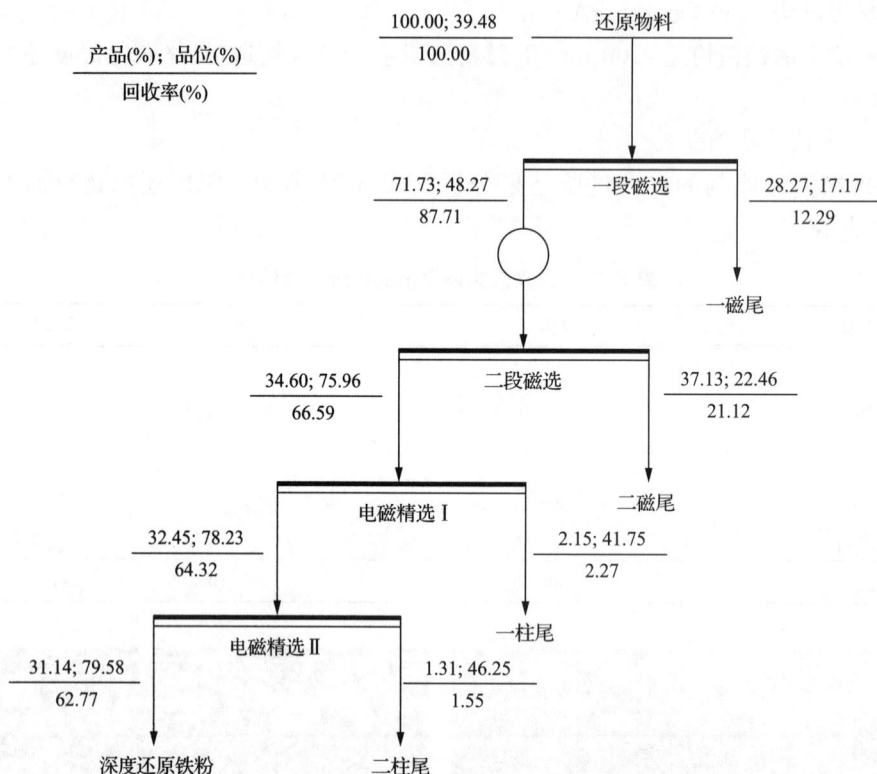

图 6.29　大兴煤为还原剂还原物料分选数质量流程图

3. 深度还原铁粉产品分析

扩大试验中所得深度还原铁粉产品的元素分析见表 6.22。

表 6.22　扩大试验深度还原铁粉产品分析表

组分	TFe	MFe	CaO	MgO	Mn	Al_2O_3
含量/%	79.58	60.26	1.16	0.77	3.03	2.35
组分	SiO_2	TiO_2	S	P	La	Ce
含量/%	5.15	0.22	0.069	0.092	0.024	0.046

深度还原铁粉产品中金属铁的含量约为 60.26%,金属化率 75.72%。与大成煤为还原剂的深度还原铁粉产品相比,深度还原铁粉中钙、镁的含量相对较高,锰和铝含量符合

直接还原铁产品的要求。深度还原铁粉产品中硅的含量偏高,且铁粉产品中硫和磷的含量也偏高,炼钢过程中可采取脱硫、脱磷措施进行脱除。这表明以大兴煤为还原剂,不能获得合格的深度还原铁粉产品。

深度铁粉产品的 SEM 和 EDS 图谱如图 6.30 所示。

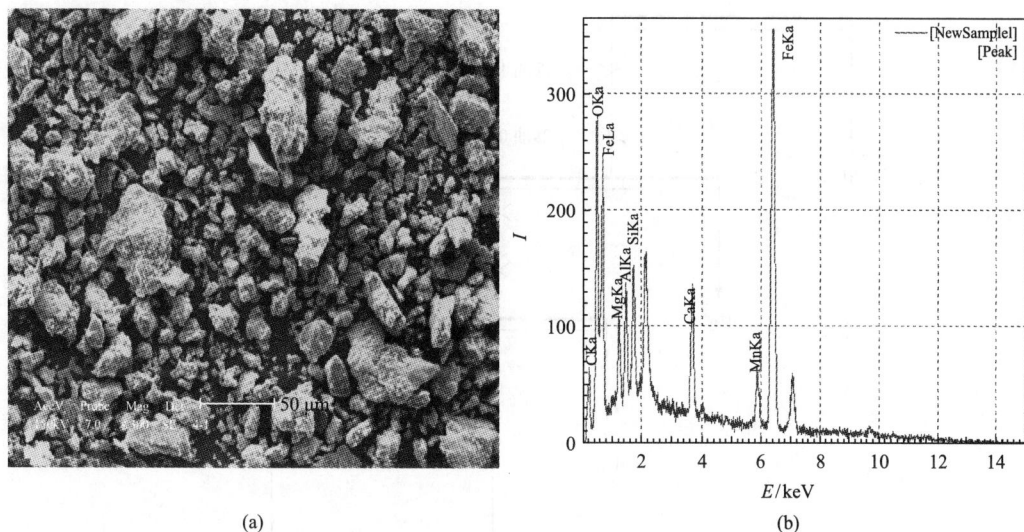

图 6.30　深度还原铁粉产品的 SEM 和 EDS 图
(a)深度还原铁粉产品的 SEM 图谱;(b)深度还原铁粉产品的 EDS 图谱

通过 SEM 图 6.30(a)分析可知,深度还原铁粉产品中,金属铁颗粒明显长大,但颗粒的形状不规则,铁颗粒粒度 10 μm 以下。具有代表性的金属铁的 EDS 图谱[图 6.30(b)]分析可知,在深度还原铁粉产品中,除主要组分铁外,还含有较多的铝、硅、锰、镁、钙等杂质。

4. 一段磁选尾渣产品中煤回收试验

一段磁选尾渣中含有一定量的未完全反应且可回收利用的煤,设计磁选尾渣中煤回收试验来回收深度还原物料产品中过剩的煤。一段磁选尾渣中煤的回收流程如图 6.31 所示。

煤回收试验结果见表 6.23,试验结果表明一段磁选尾渣经过浮选后,深度还原后过剩的煤 90% 以上可被回收。同时,有少部分的铁存在于煤浮选尾矿中。

(四) 铁法煤为还原剂的扩大试验研究

1. 扩大试验工艺流程

在深度还原扩大试验过程中,首先采用单向加热炉还原羚羊铁矿石,还原物料经水淬后,脱除过剩的还原剂,然后进行细磨-磁选,直至最终获得深度还原铁粉产品。

一段磁选条件为:

磁选机型号为 $\phi220$ mm×110 mm;

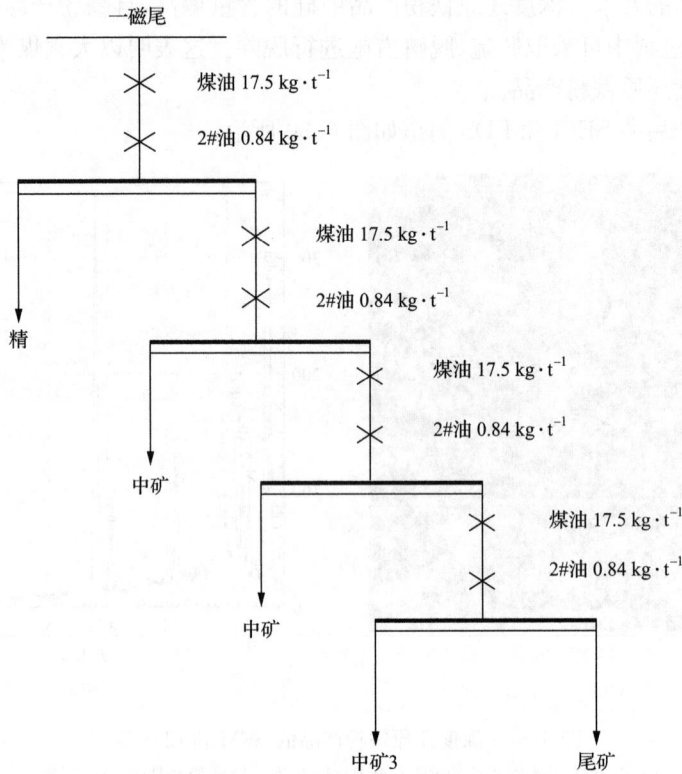

图 6.31　一段磁选尾渣中煤回收流程图

表 6.23　煤的回收试验结果

产品名称	产率/%	TFe/%	C/%	碳的回收率/%	铁回收率/%
煤精矿	10.59	4.03	74.90	27.49	2.38
煤中矿 1	11.89	5.85	66.30	27.32	3.88
煤中矿 2	16.07	4.39	60.00	33.42	3.93
煤中矿 3	7.92	8.89	22.80	6.26	3.93
煤尾矿	53.53	28.76	2.97	5.51	85.88
合计	100.00	17.93	28.85	100.00	100.00

磁场强度为 1450 Oe(115 kA · m^{-1})。

一段磁选铁精粉在 ϕ460 mm×600 mm 磨机中湿磨 1 h,使其粒度达到−45 μm 占 87%;磨矿产品进入二段磁选,二段磁选条件为:

磁选机型号为 ϕ220 mm×110 mm;

磁场强度为 1450 Oe(115 kA · m^{-1})。

二段磁选的铁精粉进入 ϕ100 mm 电磁精选机进行精选,最终获得深度还原铁粉产品。

深度还原-磁选分离技术扩大试验的工艺流程如图 6.32 所示。

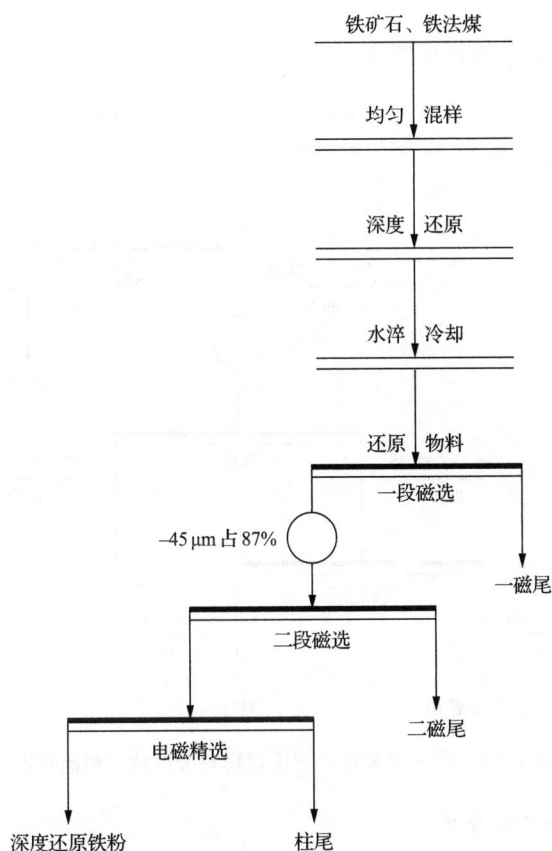

图 6.32　铁法煤为还原剂的深度还原-磁选分离技术工艺流程图

2. 扩大试验结果分析

铁法煤为还原剂的扩大试验结果分析见表 6.24。

表 6.24　铁法煤为还原剂的扩大试验结果

产品名称	产率/%	TFe/%	MFe/%	金属化率/%	回收率/%
一磁尾	8.89	5.54			1.00
二磁尾	36.88	14.02			10.49
柱尾	5.95	38.86			4.68
铁粉产品	48.28	85.60	72.98	85.26	83.83
合计	100.00	49.31			100.00

表 6.24 所示的扩大试验结果表明，以铁法煤为还原剂，还原温度为 1275 ℃，还原时间为 50 min，料层厚度为 30 mm，配碳系数为 3.0，还原煤粒度为 −2.0 mm 和矿石粒度为 −2.0 mm 的条件下，羚羊铁矿石的还原物料不产生黏结现象。深度还原铁粉产品中铁的金属化率可达 85.26%。还原物料经高效选别试验，在磨矿粒度为 −45 μm 占 87% 和三段磁选工艺流程下，获得了全铁品位为 85.60%，铁回收率为 83.83%，金属化率为

85.26%的良好指标。

还原物料分选数质量流程如图 6.33 所示。

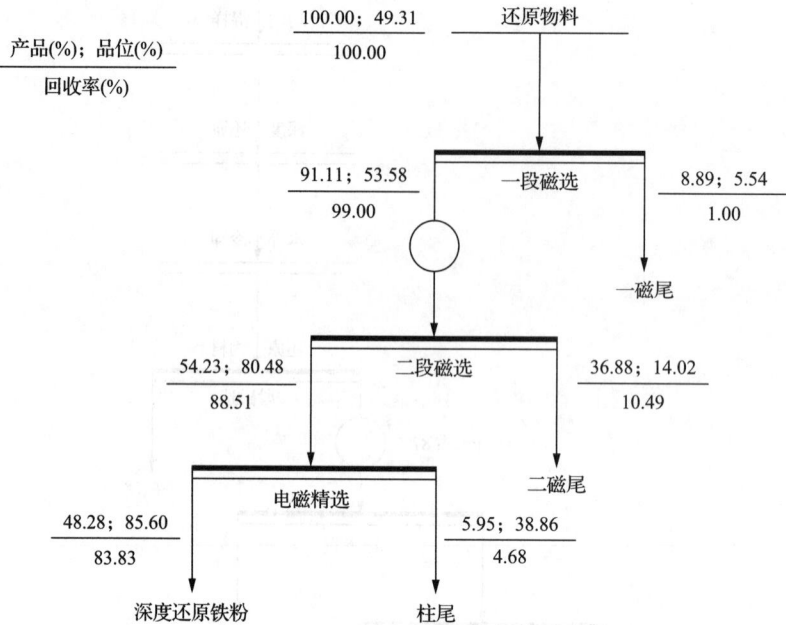

图 6.33　铁法煤为还原剂还原物料分选数质量流程图

3. 深度还原铁粉产品分析

扩大试验中所得深度还原铁粉产品元素分析见表 6.25。

表 6.25　扩大试验深度还原铁粉产品分析表

组分	TFe	MFe	CaO	MgO	Mn	Al_2O_3
含量/%	85.60	72.98	0.82	0.58	2.73	2.24
组分	SiO_2	TiO_2	S	P	La	Ce
含量/%	5.52	0.21	0.12	0.15	0.017	0.039

深度还原铁粉产品中金属铁的含量约为 72.98%,金属化率达到 85.26%。深度还原铁粉产品中钙、镁的含量相对较低,锰和铝含量符合直接还原铁产品的要求。深度还原铁粉产品中硅的含量偏高,且深度还原铁粉产品中硫和磷的含量也偏高,炼钢过程中可采取脱硫、脱磷措施进行脱除。从最终产品的化学元素分布判断其可作为炼钢的原料使用。

深度还原铁粉产品的 SEM 和 EDS 图谱如图 6.34 所示。

通过 SEM 图 6.34(a)分析可知,深度还原铁粉产品中,金属铁颗粒明显长大且表面光滑,但金属铁颗粒形状不规则,铁粒度为 5~10 μm。具有代表性的金属铁的 EDS 图谱[图 6.34(b)]分析可知,在金属铁中,除主要成分铁外,还含有少量的铝、硅和锰杂质。

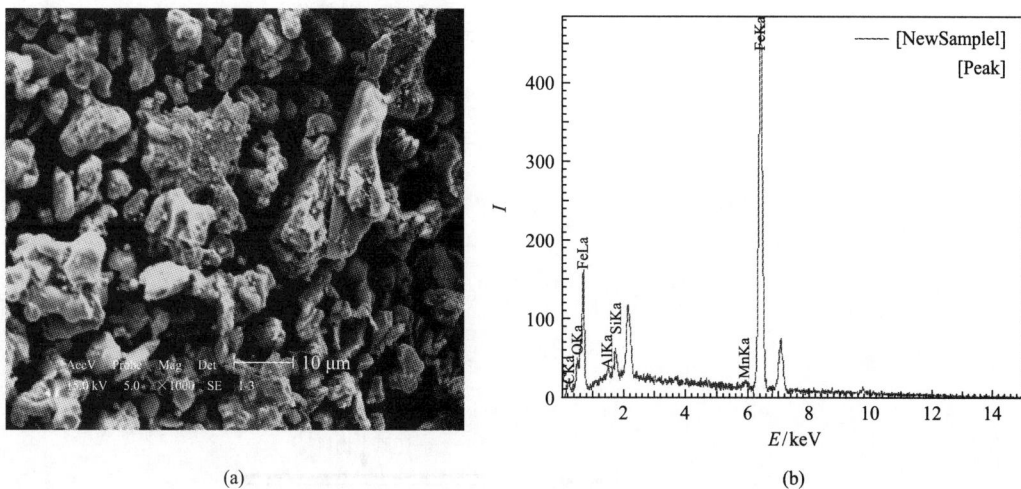

(a)　　　　　　　　　　　　　　　(b)

图 6.34　深度还原铁粉产品的 SEM 和 EDS 图
(a)深度还原铁粉产品的 SEM 图谱;(b)深度还原铁粉产品的 EDS 图谱

(五) 以大成洗精煤为还原剂的扩大试验研究

1. 扩大试验工艺流程

在深度还原扩大试验过程中,首先采用单向加热炉对羚羊铁矿石与洗精煤混合物料进行深度还原,还原物料经水淬后,脱除过剩的还原剂,然后进行细磨-磁选,直至最终获得深度还原铁粉产品。

一段磁选条件为:

磁选机型号为 ϕ220 mm×110 mm;

磁场强度为 1450 Oe(115 kA·m^{-1})。

一段磁选铁精粉在 ϕ240 mm×90 mm 锥形球磨机中湿磨 10 min;磨矿产品进入二段磁选,二段磁选条件为:

磁选机型号为 ϕ220 mm×110 mm;

磁场强度为 1450 Oe(115 kA·m^{-1})。

二段磁选的铁精粉进入二段磨矿,在 ϕ240 mm×90 mm 锥形球磨机中湿磨 1 h。二段磨矿后的磨矿产品在 ϕ100 mm 电磁精选机中进行精选,最终获得深度还原铁粉产品。

深度还原-磁选分离技术扩大试验的工艺流程如图 6.35 所示。

2. 扩大试验结果分析

洗精煤为还原剂的扩大试验结果分析见表 6.26。洗精煤深度还原物料产品如图 6.36 所示。

表 6.26 所示的扩大试验结果表明以大成洗精煤为还原剂,还原温度为 1275 ℃,还原时间为 50 min,料层厚度为 30 mm,配碳系数为 3.0,还原煤粒度为-2.0 mm 和矿石粒度为-2.0 mm 的条件下,羚羊铁矿石的还原物料较为松散,并不产生黏结现象(图 6.36)。还原物料经高效选别试验,在磨矿粒度为-45 μm 占 87% 和三段磁选工艺流程下,获得

铁矿石、洗精煤

均匀｜混样

深度｜还原

水淬｜冷却

还原｜物料

一段磁选

磨矿 10 min

一磁尾

二段磁选

磨矿

二磁尾

电磁精选

深度还原铁粉　　　　柱尾

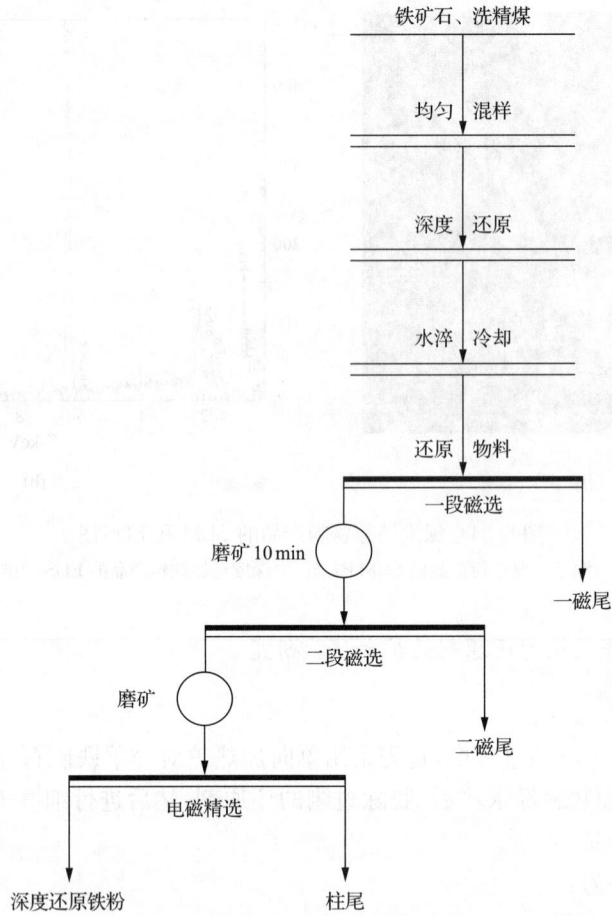

图 6.35　大成洗精煤为还原剂的深度还原-磁选分离技术工艺流程图

表 6.26　大成洗精煤为还原剂的扩大试验结果

名称	产品名称	产率/%	TFe/%	MFe/%	回收率/%	金属化率/%
试验	一磁尾	16.60	5.60		1.90	
	二磁尾	11.23	8.51		1.95	
	柱尾	23.03	16.66		7.83	
	铁粉产品	49.14	88.09	76.47	88.32	86.81
	合计	100.00	49.01		100.00	
重现性试验	一磁尾	17.14	5.51		1.92	
	二磁尾	11.46	8.92		2.07	
	柱尾	20.36	15.17	7.51	6.26	49.51
	铁粉产品	51.04	86.74	74.57	89.75	85.97
	合计	100.00	49.33		100.00	

了全铁品位为 88.09%，铁回收率为 88.32%，金属化率为 86.81%的良好指标。还原物料分选数质量流程如图 6.37 所示。

图 6.36　以大成洗精煤为还原剂深度还原物料产品形貌图

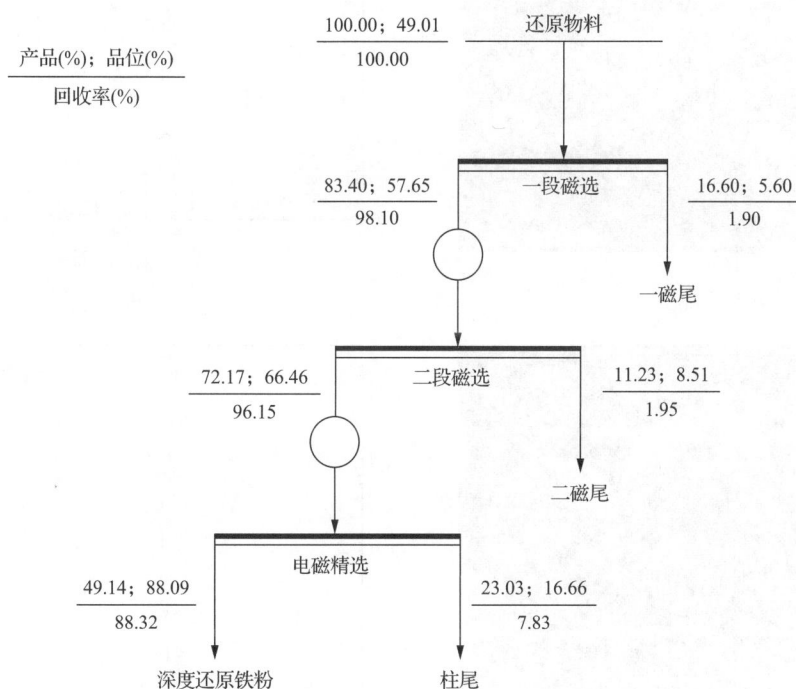

图 6.37　大成洗精煤为还原剂还原物料分选数质量流程图

3. 深度还原铁粉产品分析

扩大试验中所得深度还原铁粉产品元素分析见表 6.27。

深度还原铁粉产品中金属铁的含量约为 76.47%，金属化率达到 86.81%。深度还原铁粉中钙、镁的含量相对较低，锰、硅和铝含量符合直接还原铁产品的要求。深度还原铁粉产品中硫和磷的含量也偏高，炼钢过程中可采取脱硫、脱磷措施进行脱除。深度还原铁

表 6.27　扩大试验深度还原铁粉产品分析表

组分	TFe	MFe	CaO	MgO	Mn	Al$_2$O$_3$
含量/%	88.09	76.47	0.66	0.44	2.60	1.80
组分	SiO$_2$	TiO	S	P	La	Ce
含量/%	3.05	0.17	0.085	0.20	0.017	0.039

粉产品中金属锰的含量为 2.60%，在炼钢过程中可得到有效的利用。从最终产品的化学元素分布判断，大成洗精煤为还原剂的深度还原铁粉产品的性能较好，其可作为炼钢的原料使用。

深度还原铁粉产品的 SEM 和 EDS 图谱如图 6.38 所示。

图 6.38　深度还原铁粉产品的 SEM 和 EDS 图
(a)深度还原铁粉产品的 SEM 图谱；(b)深度还原铁粉产品的 EDS 图谱；
(c)深度还原铁粒产品的 SEM 图谱；(d)深度还原铁粒产品的 EDS 图谱

通过 SEM 图 6.38(a)分析可知,深度还原铁粉产品中,金属铁颗粒明显长大且表面光滑,但金属铁的形状不规则,铁颗粒粒度>5 μm。精选出的部分铁精粒产品的粒度>500 μm,且表明光滑形状规则[图 6.38(c)]。具有代表性的深度还原铁粉产品的 EDS 图谱[图 6.38(b)]分析可知,金属铁的成分较纯,仅含有微量的硅。而精选出的铁精粒产品的纯度也较高,仅含有少量的锰。

七、小结

(1) 吉林羚羊铁矿石的单因素条件试验表明还原温度、还原时间和配碳系数对深度还原过程的影响较大。综合考虑单因素条件试验结果和实际生产情况,确定较适宜的深度还原条件为还原温度 1275℃,还原时间 50 min,料层厚度 30 mm,配碳系数 3.0,还原煤粒度-2.0 mm 和矿石粒度-2.0 mm。

(2) 以大成煤和大兴煤为还原剂,还原温度为 1275℃,还原时间为 50 min 的条件下,羚羊铁矿石的还原物料产生黏结现象。深度还原铁粉产品的金属化率为 75%左右,对深度还原铁粉的各项分析表明以大成煤和大兴煤为还原剂,不能获得合格的深度还原铁粉产品。

(3) 以铁法煤和洗精煤为还原剂,还原温度为 1275℃,还原时间为 50 min 的条件下,羚羊铁矿石的深度还原铁粉产品几乎不产生黏结现象。深度还原铁粉产品中铁的金属化率可达 85%以上。还原物料经磁选试验研究,确定了适宜的磨矿粒度和磁选工艺流程。在适宜的磨矿粒度下,采用电磁精选机充分抛除夹杂在铁颗粒之间的脉石,以铁法煤为还原剂可得到全铁品位为 85.60%,铁回收率为 83.83%和金属化率为 85.26%的深度还原铁粉产品;而以洗精煤为还原剂,可获得全铁品位为 88.09%,铁回收率为 88.32%和金属化率为 86.81%的深度还原铁粉产品。

(4) 以铁法煤和洗精煤为还原剂,深度还原铁粉产品中金属铁的含量约为 75%左右,深度还原铁粉中钙、镁的含量相对较低,锰和铝含量符合直接还原铁产品的要求。但深度还原铁粉产品中硫和磷的含量也偏高,炼钢过程中可采取脱硫、脱磷措施进行脱除。从最终产品的化学元素分布判断其可作为炼钢的原料使用。深度还原铁粉产品中,金属铁颗粒明显长大且表面光滑,但金属铁的形状不规则,铁颗粒粒度一般>5 μm。在金属铁中,除主要成分铁外,还含有少量的铝、硅和锰杂质。

(5) 综合比较以不同种类的煤为还原剂的深度还原-磁选分离技术试验结果并结合各种煤的基本特性,确定还原煤的固定碳含量、挥发分和灰分对深度还原过程的影响较大。以固定碳含量最高的洗精煤为还原剂可获得性能指标最佳的深度还原铁粉产品。

(6) 在大成煤和大兴煤为还原剂的深度还原-磁选分离技术扩大试验过程中,一段磁选尾渣经过浮选后,深度还原后过剩的煤 90%以上可以被回收,进一步应针对煤的回收工艺及回收煤的利用问题开展系统的研究工作。

第三节　白云鄂博铁矿石深度还原-磁选分离技术研究

一、试验原料及设备

(一)原料来源及制备

本部分所用原料包括白云鄂博氧化矿石和还原剂煤,其中矿石取自包钢选矿厂,还原剂为外购神府普通烟煤,采取矿石试样 500 kg,煤 300 kg。原料分别采用二段一闭路破碎流程,经过颚式破碎机粗碎,对辊破碎机细碎至-0.5~-3.0 mm,然后均匀缩分,分别制备了化学分析样、物相分析样、原矿 XRD 衍射分析样及深度还原试验用样等,深度还原试验用矿样每份 1 kg。制备的试验样品具有充分的代表性,能够满足试验要求。

(二)原料的特性

原矿化学成分分析结果见表 6.28,X 射线衍射结果如图 6.39 所示。

表 6.28　原矿化学成分　　　　　单位:%(质量分数)

TFe	FeO	REO	Nb_2O_5	F	P	S	K_2O
32.17	9.04	7.14	0.127	6.75	0.96	1.15	0.57
Na_2O	SiO_2	CaO	MgO	BaO	Al_2O_3	MnO	TiO_2
0.98	10.42	16.57	2.14	1.96	0.85	0.99	0.27

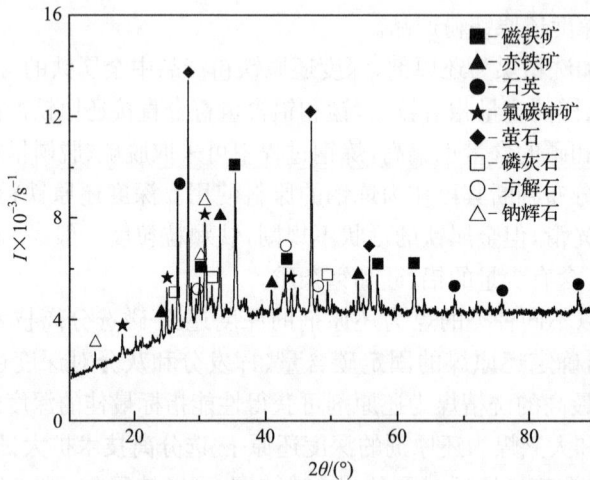

图 6.39　原矿的 XRD 图谱

原矿的化学分析和 XRD 分析结果表明:矿石中有价元素较多,但品位较低,而有害元素磷、硫及氟、钠、钾含量较高。可供回收的主要有用矿物有铁矿物、稀土矿物、铌矿物,其中铁矿物有磁铁矿、半假象-假象赤铁矿、原生赤铁矿和褐铁矿;稀土矿物主要以氟碳铈矿和独居石为主;铌矿物有铌铁矿、铌铁金红石和易解石等。脉石矿物主要有萤石、钠辉石、钠闪石、石英、长石、白云石、方解石、云母、重晶石和磷灰石等。原矿矿物组成见表6.29。

表 6.29　原矿矿物组成　　　　　　单位：%（质量分数）

磁铁矿	半假象-假象赤铁矿	原生赤铁矿	褐铁矿	氟碳铈矿	独居石	铌矿物
14.9	21.3	4.5	1.2	4.6	2.1	0.2
萤石	钠辉石、钠闪石	白云石、方解石	重晶石	石英、长石	磷灰石	其他
16.1	8.9	6.2	2.6	8.6	3.1	1.2

铁的物相分析结果见表6.30。由表6.30可知，矿石中以磁性铁（包括半假象赤铁矿）和赤褐铁矿形式存在的铁占87.82%，即为选矿铁的最大理想回收率。碳酸铁主要以类质同象形式存在于白云石中；硫化铁主要以黄铁矿形式存在；硅酸铁主要存在于钠辉石、钠闪石、云母中。合计占12.18%，即为选矿铁的理论损失率。

表 6.30　铁的物相分析

铁相	磁性铁	赤褐铁矿	碳酸铁	硫化铁	硅酸铁	合计
含量/%	16.50	11.25	0.50	0.50	2.85	31.60
分布率/%	52.22	35.60	1.58	1.58	9.02	100.00

试验用煤工业分析及化学成分分析结果见表6.31。由表6.31可知，试验用煤灰分少，固定碳和挥发分含量高，有害元素S、P含量低，是良好的还原剂。

表 6.31　煤工业分析及化学成分　　　　　　单位：%（质量分数）

固定碳	挥发分	灰分	P	S	Al_2O_3	SiO_2	CaO
56.10	30.40	5.44	0.003	0.022	0.57	1.27	1.83

（三）试验试剂

本部分所用的主要化学试剂见表6.32。

表 6.32　试验试剂

试剂名称	化学式	规格	用途
LKY	主要成分为 $C_{17}H_{33}COONa$	工业品	捕收剂
氢氧化钠	NaOH	分析纯	pH 调整剂
硫酸	H_2SO_4	分析纯	pH 调整剂
盐酸	HCl	分析纯	pH 调整剂
水玻璃	$Na_2O \cdot nSiO_2$	工业品	调整剂
碳酸钠	Na_2CO_3	分析纯	调整剂
氧化钙	CaO	分析纯	添加剂
氟化钙	CaF_2	分析纯	添加剂

二、不同因素对还原指标的影响

如前面分析可知,影响煤基深度还原的因素较多,本部分首先采用马弗炉进行单因素条件试验,分别考察还原温度、还原时间、配碳系数、煤粉粒度及矿石粒度对还原物料指标的影响,得到最优的试验条件。然后采用单向加热炉进行扩大验证试验,并为下一步还原物料的选别制备足够的原料。

本部分重点考察这些因素对还原物料金属化率的影响,同时也将金属铁颗粒粒度特性及选出的铁粉品位作为评价还原结果的重要指标。具体试验过程为:首先在白云鄂博氧化矿石热分析的基础上,探索研究适宜的深度还原温度;其次在最优的还原温度下探索合适的深度还原时间;再次在适宜的深度还原温度和时间下探究适宜的配碳系数,最后研究还原物料的粒度对还原指标的影响。需要指出,渣相碱度也是影响还原效果的一个重要因素,但白云鄂博氧化矿石本身的矿物成分已十分复杂,为了避免再次引入其他杂质,故本试验不加任何添加剂,所有试验均在自然碱度下进行。

(一)还原温度对还原指标的影响

1. 还原温度对金属化率的影响

如前分析表明,还原温度是影响铁氧化物还原程度的决定性因素,因此本试验首先考察还原温度对各项还原指标的影响。当还原时间为 60 min,配碳系数为 2.5,煤粉粒度为 -1.0 mm,矿石粒度为 -2.0 mm,渣相碱度为 1.58 时,还原温度对还原物料金属化率的影响如图 6.40 所示。

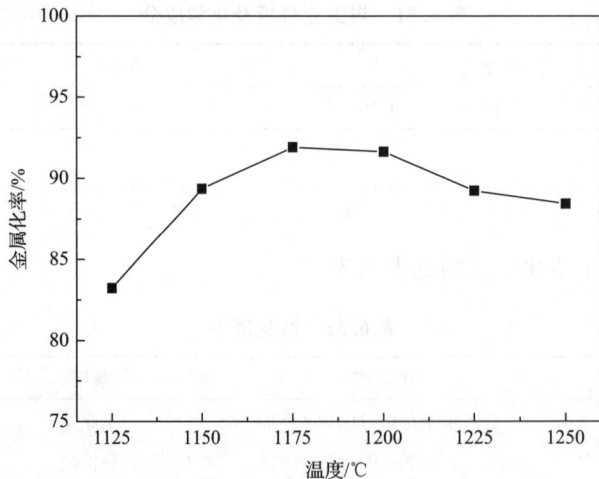

图 6.40　还原温度对还原物料金属化率的影响

由图 6.40 可见,还原温度对还原物料金属化率的影响较大,当还原温度由 1125 ℃ 上升到 1175 ℃ 时,金属化率由 83.23% 增加到最大值 91.92%;随着还原温度的继续升高,还原物料的金属化率反而降低;当温度达到 1250 ℃ 时,金属化率下降到 88.43%。

2. 还原温度对金属铁颗粒粒度特性的影响

图 6.41 为深度还原后物料的 SEM 图像及 EDS 能谱分析。观察表明,深度还原后物料中有球状及类球状的颗粒生成,并且有的颗粒已完全析出,脱落成为金属铁颗粒。通过对颗粒表面[图 6.41(a)]及颗粒内部[图 6.41(b)]EDS 能谱分析可知,球状颗粒的主要成分为金属铁,其表面含有少量的 FeO 及脉石矿物 SiO_2,这可能是由于铁颗粒表面被再次氧化且被脉石矿物污染所致。

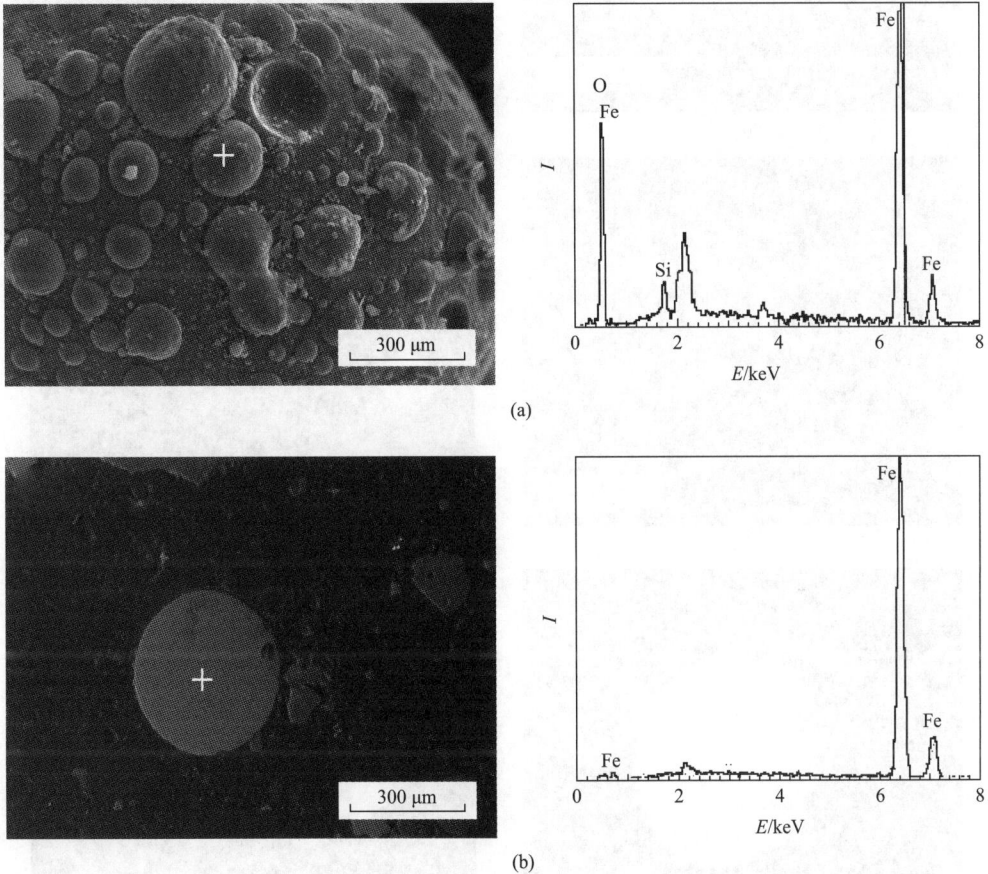

图 6.41 深度还原后物料的 SEM 图像及 EDS 能谱分析
(a)颗粒表面;(b)颗粒内部

本部分先将深度还原后物料研磨抛光制作成光片,然后采用显微镜下观测和统计的方法考察还原温度对金属铁颗粒粒度的影响。图 6.42 为不同还原温度下金属铁颗粒的显微镜照片。统计方法为:在每个光片上随机选取 100 个图 6.42 中的视场照片,然后采用图像分析软件测定 100 个视场中所有铁颗粒的等积圆半径,绘制出各个条件下的铁颗粒的累计粒度特性曲线。不同还原温度下金属铁颗粒累计粒度特性曲线如图 6.43 所示。

由图 6.42 可见,随着还原温度的升高,金属铁逐渐以球状颗粒形式存在,并且明显长大。由图 6.43 可知,当还原温度由 1125 ℃升高到 1225 ℃时,金属铁颗粒的 d_{50} 由 67.38 μm 增大到 565.70 μm,当温度继续升高到 1250 ℃时,金属铁颗粒粒度略有降低。其主要原

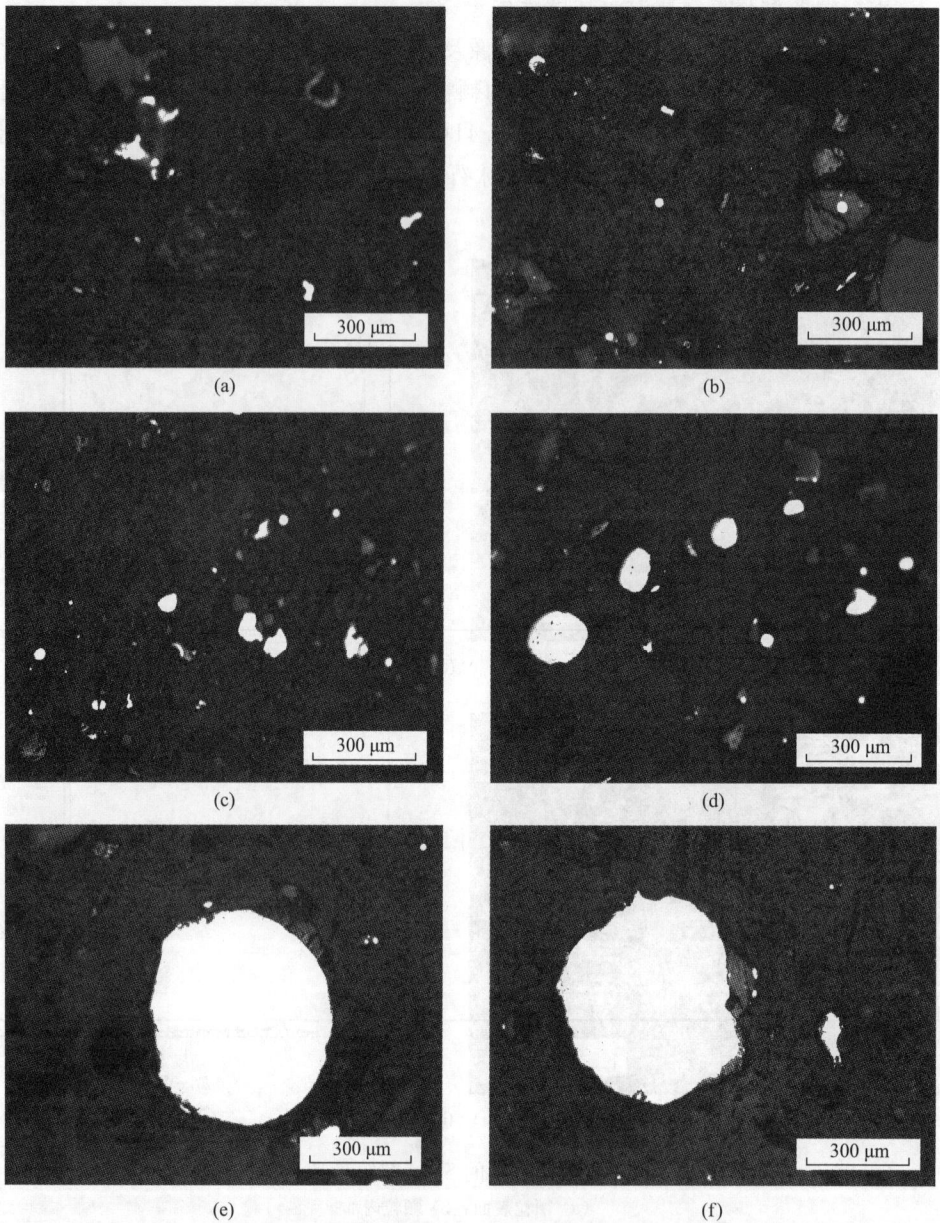

图 6.42　不同还原温度时金属铁颗粒的显微镜照片(反射光 10×10)

(a) 1125℃；(b) 1150℃；(c) 1175℃；(d) 1200℃；(e) 1225℃；(f) 1250℃

因可能是：还原温度升高,不仅有利于金属铁的生成,还加速了铁的扩散迁移和渗碳,使还原物料熔点降低,有利于铁相的扩散凝聚。同时温度升高也使得铁相的结晶收缩加剧,依据界面自由能最小的原则,金属铁会逐渐析出并以球状颗粒的形式凝聚长大。与温度对金属化率影响类似,当还原温度达到矿石开始熔化的温度,矿石或固相反应的生成物开始熔化黏结,降低了铁矿石的还原度,从而也影响了金属铁颗粒的长大。

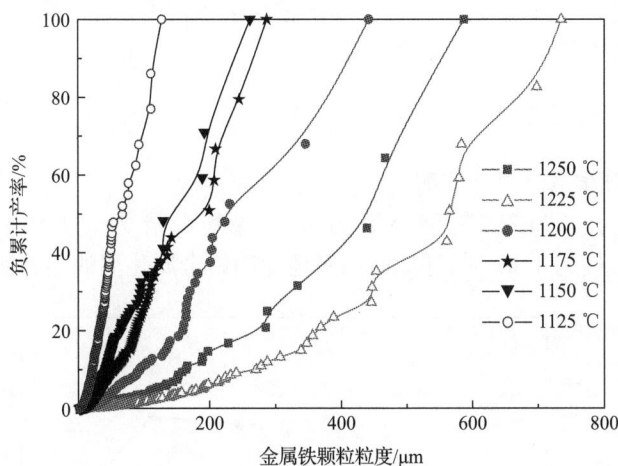

图 6.43　不同还原温度下金属铁颗粒累计粒度特性曲线

3. 还原温度对铁粉指标的影响

分别取不同还原温度下的还原物料 10 g，采用振动研磨机磨矿，磁选管一次粗选，考察产品的指标。固定试验条件为：磨矿细度－0.074 mm 约占 85%，磁场强度为 71.67 kA·m^{-1}。试验结果如图 6.44 所示。

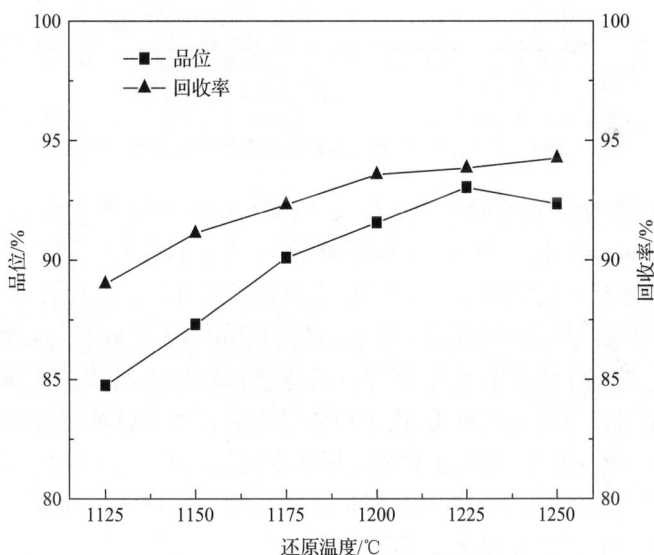

图 6.44　还原温度对铁粉指标的影响

由图 6.44 中可以看出，随还原温度的升高，铁粉的品位及回收率均有不同程度的升高，但当温度升高到一定程度后，各项指标的升高幅度不大，铁品位甚至有所下降。同时可以看出，铁品位及回收率并不是完全与还原物料金属化率成正比，而是随着金属颗粒的增大而升高。由此可见金属铁颗粒越大，越容易实现铁颗粒与脉石矿物的分离。

综合分析可知，适当地提高还原温度，可以提高还原物料的金属化率及铁颗粒粒度，有利于提高还原物料的分选指标;但还原温度过高会恶化还原动力学条件,进而降低还原物料的金属化率及铁粉品位。因此确定适宜还原温度为 1225℃。

(二) 还原时间对还原指标的影响

1. 还原时间对金属化率的影响

当还原温度为 1225℃,配碳系数为 2.5,煤粉粒度为 -1.0 mm,矿石粒度为 -2.0 mm,渣相碱度为 1.58 时,还原时间对还原物料金属化率的影响如图 6.45 所示。

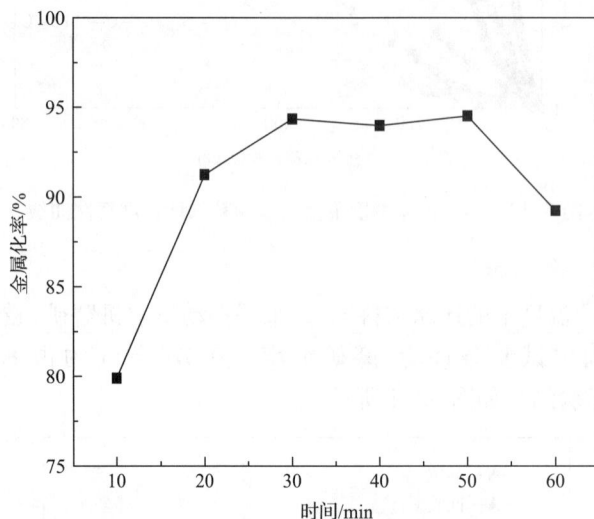

图 6.45　还原时间对还原物料金属化率的影响

由图 6.45 可知,随着还原时间的延长,还原物料的金属化率总体上呈上升趋势。当还原时间从 10 min 增加到 30 min 时,还原物料的金属化率从 79.89% 迅速提高到 94.34%。但是随着还原时间的进一步增加,金属化率的升高非常有限,甚至在 50 min 后反而下降至 89.23%。其原因可能是:在还原的初始阶段,矿粉颗粒与煤粉颗粒的接触条件良好,并且产生的 CO 浓度比较高,还原反应进行得较为激烈,促使铁矿粉颗粒中较快还原出金属铁;随着反应时间的延长,铁矿物和煤逐渐分离,CO 浓度也逐渐降低,使得还原速率降低并趋于反应平衡,还原物料的金属化率也就趋于稳定;由于还原炉为非封闭系统,当还原时间过长时,炉内还原性气氛降低而氧化性气氛增强,使已还原的矿石再被氧化,从而造成了还原物料的金属化率下降。

2. 还原时间对金属铁颗粒粒度特性的影响

不同还原时间金属铁颗粒的显微镜照片如图 6.46 所示。不同还原时间金属铁颗粒累计粒度特性曲线如图 6.47 所示。

由图 6.46、图 6.47 可以看出,在其他条件相同的情况下,随着反应时间的延长,金属铁颗粒的直径明显逐渐增大,当还原时间由 10 min 增加到 60 min 时,金属铁颗粒的 d_{50} 由 119.80 μm 增大到 565.70 μm。研究表明,当还原时间为 10~15 min 时,铁的氧化物几乎已全部被还原为金属铁。一方面由于颗粒越大,界面自由能越低;另一方面颗粒越

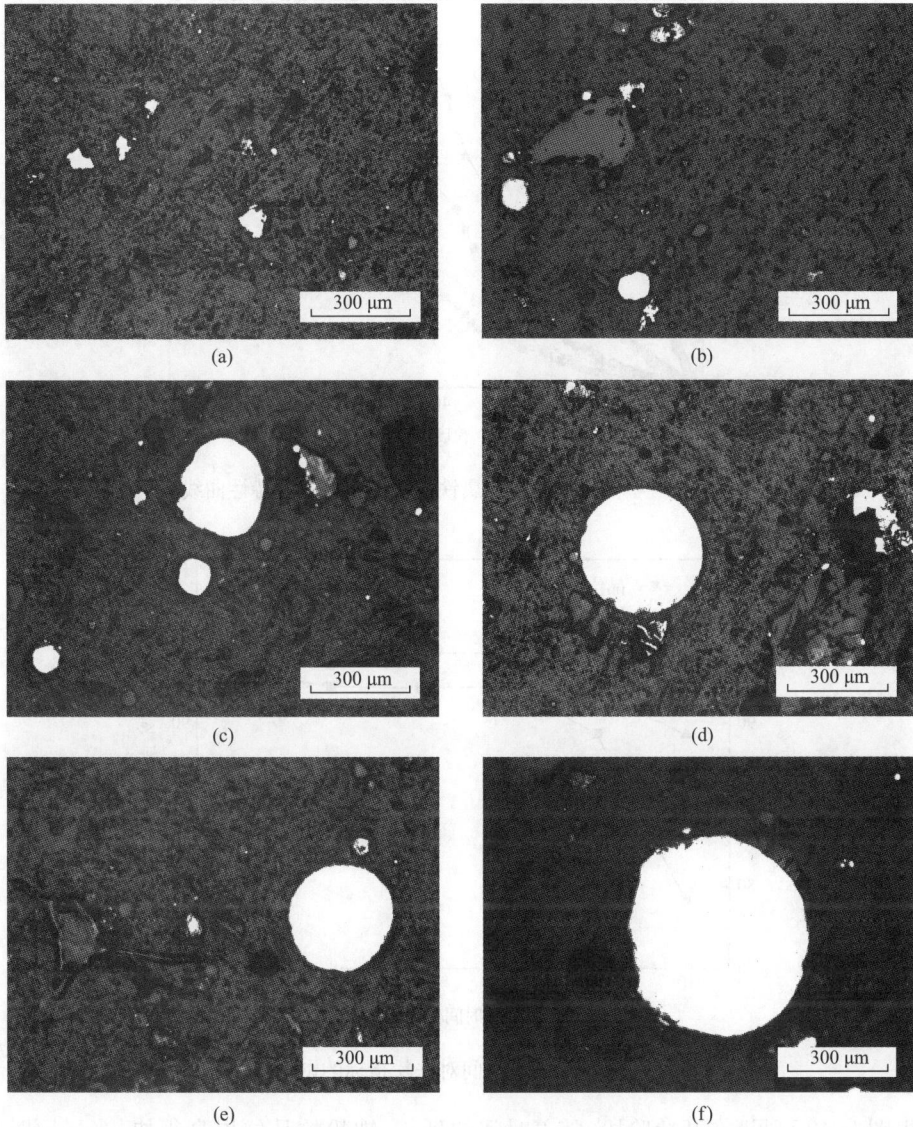

图 6.46　不同还原时间金属铁颗粒的显微镜照片(反射光 10×10)
(a)10 min；(b)20 min；(c)30 min；(d)40 min；(e)50 min；(f)60 min

大,曲率半径越大,颗粒周围的溶质浓度小,于是形成浓度梯度,这两方面的原因导致大颗粒和小颗粒中溶质(Fe)化学位的差异,从而引起小颗粒向大颗粒方向扩散聚集,即铁颗粒长大过程是金属铁扩散聚集的过程,因此延长反应时间有利于铁的还原和聚集长大,可以推测,如果进一步延长还原时间,铁颗粒的聚集程度会更大。

3. 还原时间对铁粉指标的影响

分别取不同还原时间下的还原物料 10 g,采用振动研磨机磨矿,磁选管一次粗选,考察产品的指标。固定试验条件为:磨矿细度－0.074 mm 约占 85%,磁场强度为 71.67 kA·m^{-1}。试验结果如图 6.48 所示。

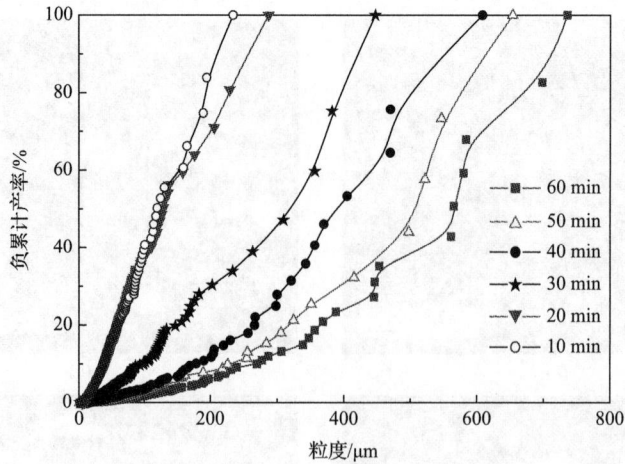

图 6.47　不同还原时间金属铁颗粒的累计粒度特性曲线

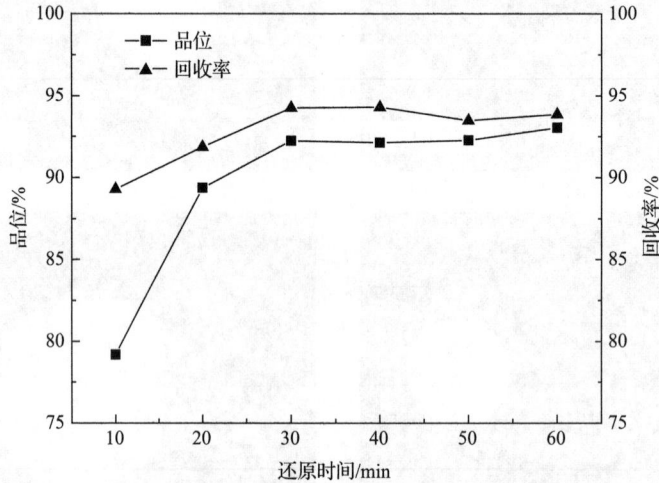

图 6.48　还原时间对铁粉指标的影响

由图 6.48 可见,在开始阶段,随着时间的延长,铁粉的品位提高很快,当还原时间从 10 min 增加到 30 min 时,铁粉品位从 79.20% 迅速提高到 91.61%。但 30 min 以后,随时间的延长铁粉品位的升高非常有限,而铁的回收率在还原时间 10~60 min 的范围内变化不大。由此可见,在一定时间范围内,延长还原时间对提高铁粉品位非常有利,这是因为延长还原时间有利于金属铁颗粒聚集长大,同时脉石矿物向金属铁颗粒外聚集的程度也大大提高,使得金属铁颗粒与脉石矿物更易分离,故在相同的磨矿、磁选条件下得到的铁粉品位更高。但还原时间超过一定值后,对提高还原物料金属化率及铁粉品位意义不大。

综合分析可知,还原时间是铁氧化物还原和铁颗粒长大的一个动力学条件,适当延长还原时间,有利于还原物料金属化率的提高及铁颗粒的长大,从而可迅速提高还原物料的分选指标。但实际生产过程中,还原时间过长会降低产率、增加能耗,经济上不合理。因此,确定适宜的还原时间为 30 min。

(三) 配碳系数对还原指标的影响

1. 配碳系数对金属化率的影响

如前所述,在煤基深度还原生产中,为保证还原炉内有足够的还原气氛,需加入远大于理论量的还原剂。且配碳系数越大,还原速率越快,有利于在最短的时间内完成深度还原过程。当还原温度为 1225 ℃,还原时间为 30 min,煤粉粒度为 −1.0 mm,矿石粒度为 −2.0 mm,渣相碱度为 1.58~1.59 时,配碳系数对还原物料金属化率的影响如图 6.49 所示。

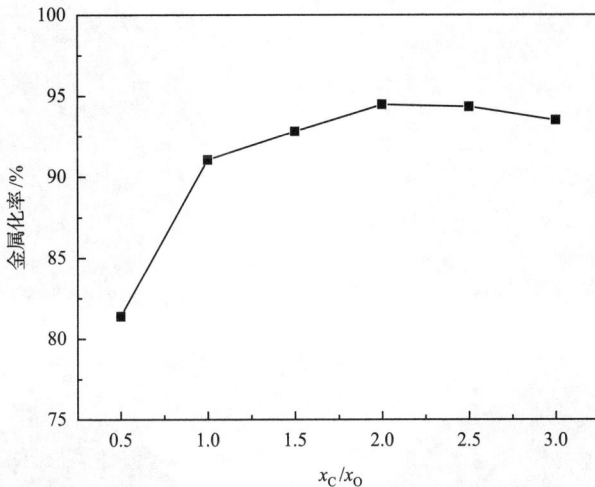

图 6.49　配碳系数对还原物料金属化率的影响

由图 6.49 可见,在配碳系数由 0.5 增加到 2.0 时,还原物料的金属化率由 81.38% 提高到 94.48%,当配碳系数进一步增加时,还原物料的金属化率反而略有下降。这是因为配碳系数越大,碳的气化速度就越大,从而提高还原炉内 CO 浓度。文献表明,气体和铁氧化物之间的最大反应速率,受气体分子数量的限制,因此配碳系数增加促进了铁氧化物的还原过程;同时配碳系数的增加,增大了铁矿粉和碳粉的接触面积,这也将促进铁氧化物的还原。因此,在配碳系数小于 2.0 时,随着配碳系数的增加,还原物料的金属化率逐渐升高。当配碳系数过大时,可能因为未反应的残碳阻碍了铁相的扩散凝聚,使铁的氧化物还原不完全;也可能是在高温度下配碳系数过大,加速了还原出来的铁渗碳,生成渗碳体,从而降低了还原矿的金属化率。

图 6.50 为不同配碳系数下还原物料的外貌照片。由图 6.50 可知,当配碳系数为 0.5 时,还原物料的结块黏结较为严重,且表面出现了很多的缩孔。随着配碳系数的增加,还原物料中的黏结现象逐渐消失,还原物料逐渐自然粉化。当配碳系数达到 2.0 以上时,还原物料完全自然粉化。

在白云鄂博氧化矿石的深度还原过程中,主要矿物都是高熔点的化合物,大多数不可

图 6.50　不同配碳系数下还原物料的外貌照片

(a)$x_C/x_O=0.5$；(b)$x_C/x_O=1$；(c)$x_C/x_O=1.5$；(d)$x_C/x_O=2$；(e)$x_C/x_O=2.5$；(f)$x_C/x_O=3$

能熔化。但各组分之间以及新生的化合物与原组分之间存在低共熔点，使它们在较低的温度下可能发生固相反应，并生成一定量的、成分和性质变化的液相（如$CaFe_2O_5$、Fe_2SiO_4、$FeAl_2O_4$等）。在冷却的过程中，这些液相物质凝固而成为那些尚未熔化和熔入液相颗粒的坚固桥梁。因此当配碳系数较低时，一方面由于还原气氛不足，铁氧化物以及这些低熔点化合物中的铁不能完全被还原出来，而与其他矿物颗粒黏附在一起；另一方面新生成的金属铁颗粒之间或和其他矿物颗粒之间相互接触、黏附的概率比较大，从而发生了热结现象。同时碳也被黏附在一起，故随着反应进行，碳不断消耗，剩下许多封闭的气孔，黏结块表面出现了许多的缩孔。由图 6.50 可见，在其他条件相同的情况下，适当增加配碳系数,在促使铁氧化物还原的同时可有效降低固相的接触概率,从而阻止热结的发生。

2. 配碳系数对金属铁颗粒粒度特性的影响

不同配碳系数金属铁颗粒的显微镜照片如图 6.51 所示。不同配碳系数下金属铁颗粒累计粒度特性曲线如图 6.52 所示。

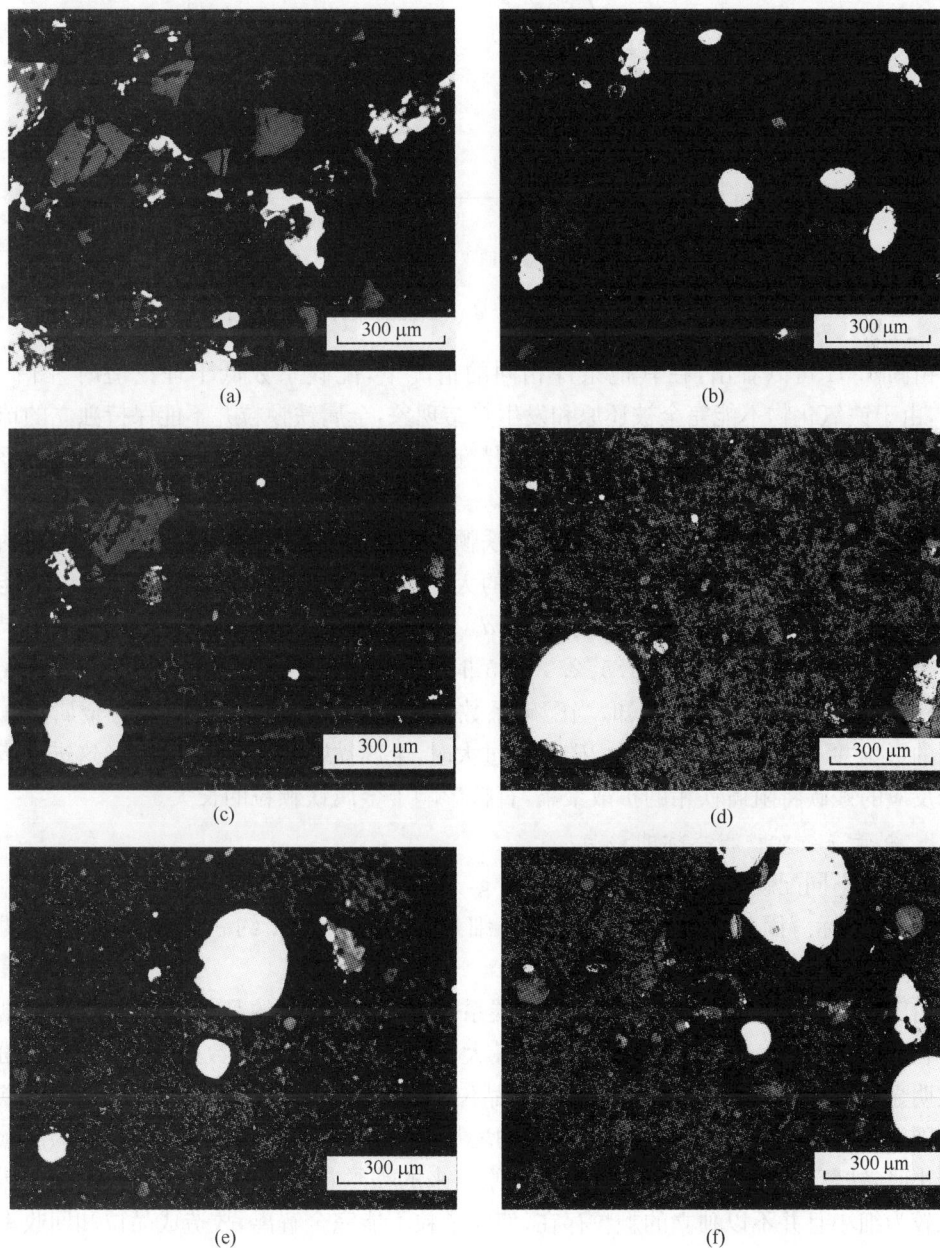

图 6.51　不同配碳系数下金属铁颗粒的显微镜照片(反射光 10×10)
(a)$x_C/x_O=0.5$;(b)$x_C/x_O=1$;(c)$x_C/x_O=1.5$;(d)$x_C/x_O=2$;(e)$x_C/x_O=2.5$;(f)$x_C/x_O=3$

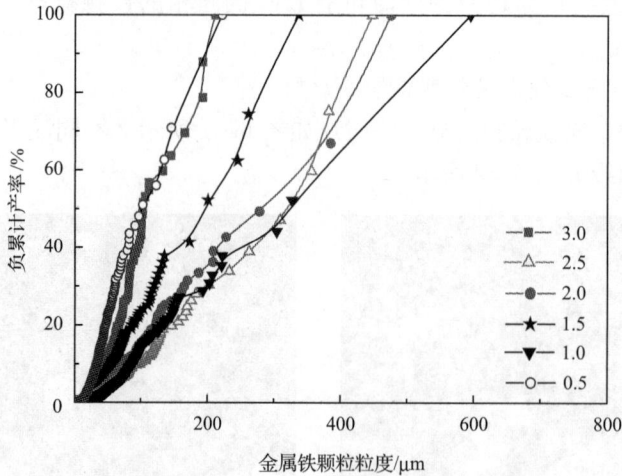

图 6.52　不同配碳系数下金属铁颗粒的累计粒度特性曲线

由图 6.51 可以看出,在其他条件相同的情况下,配碳系数低于理论值时[图 6.51 (a)],由于铁氧化物不能完全被还原和发生热结现象,金属铁颗粒并不能保持独立的球状结构存在。随着配碳系数的增加,金属铁颗粒也逐渐以独自的类球状的形式存在,并逐步长大。

由图 6.52 可以看出,配碳系数对金属铁颗粒的粒度影响总体上呈先变大后变小的趋势,但其影响程度没有还原温度、还原时间的大。当配碳系数为 0.5 时,铁矿物并不能被完全还原出来,故金属铁颗粒直径较小,其 d_{50} 仅为 101.05 μm,这与图 6.51 中的结果一致。当配碳系数分别为 1.0、1.5、2.0、2.5 时,其 d_{50} 分别为 321.05 μm、195.43 μm、278.88 μm、320.00 μm,由此可知,当配碳系数在适宜范围内时,配碳系数对金属铁颗粒粒度的影响并不十分明显。但当配碳系数过大时,金属铁颗粒粒度迅速变小,这进一步表明未反应的残碳将阻碍铁相的扩散聚集,直接影响了金属铁颗粒的长大。

3. 配碳系数对铁粉指标的影响

分别取不同配碳系数下的还原物料 10 g,采用振动研磨机磨矿,磁选管一次粗选,考察产品的指标。固定试验条件为:磨矿细度 -0.074 mm 约占 85%,磁场强度为 71.67 kA·m^{-1}。试验结果如图 6.53 所示。

由图 6.53 可知,在开始阶段,随着配碳系数的增加,铁粉的品位和回收率都急剧升高。在配碳系数为 2.0 时,铁粉品位达到最大值 92.52%,配碳系数进一步增加,铁粉的品位明显下降,当配碳系数为 3.0 时,铁粉品位下降至 91.02%。在本部分研究的配碳系数范围内,铁的回收率始终随着配碳系数的增加而升高。前已述及,这可能是因为配碳系数较小时,铁氧化物未能完全反应,且被还原出来的铁颗粒发生了热结现象,造成金属铁颗粒较为细小且并不以独立的颗粒存在,使铁颗粒不能完全解离,故造成品位和回收率均较低。随着配碳系数增加,一方面提高还原炉内 CO 浓度,另一方面增大铁矿粉和碳粉的接触面积。因此铁氧化物能较完全地还原为金属铁颗粒并能逐渐长大,在分选过程中容易得到品位较高的铁粉。但当配碳系数过大时,未反应的残碳阻碍了铁相的扩散凝聚,不

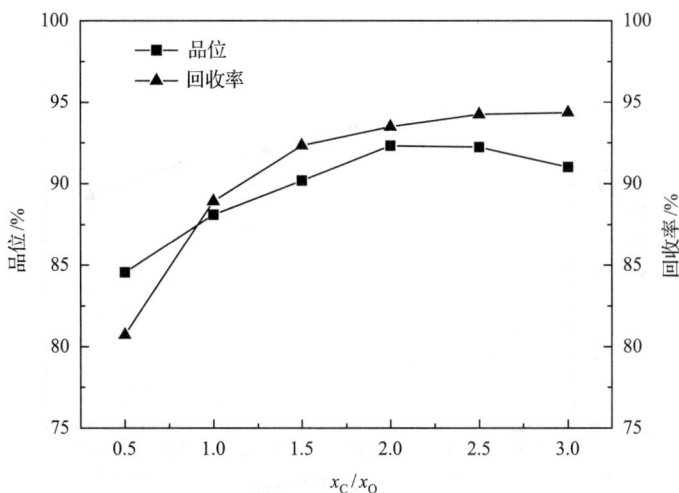

图 6.53　配碳系数对铁粉指标的影响

利于金属铁颗粒的长大,生成细小颗粒增多,使还原物料的可选性变差,故造成铁粉品位的降低。

综合分析可知,以煤作还原剂还原铁氧化物时,配碳系数应该远远高于理论值,才能获得较好的还原及分选指标。但配碳系数过大不仅降低还原及分选指标,还造成能源的浪费。因此,确定适宜配碳系数为 2.0,煤粉与矿石的质量比 0.34。

(四)煤粉粒度对还原指标的影响

1. 煤粉粒度对金属化率的影响

原料的粒度直接决定了反应物表面积的大小和还原物料的孔隙率,从而影响还原的速率及还原物料的金属化率。当还原温度为 1225 ℃,还原时间为 30 min,配碳系数为 2.0,矿石粒度为 −2.0 mm,渣相碱度为 1.58 时,煤粉粒度对还原物料金属化率的影响如图 6.54 所示。

由图 6.54 可见,随着煤粉粒度变粗,还原物料的金属化率总体呈先上升后下降的趋势,当煤粉粒度由 −0.5 mm 增大到 −1.0 mm 时,还原物料金属化率由 94.18% 上升到 94.48%,但煤粉粒度进一步增大到 −3.0 mm 时,还原物料金属化率降低至 89.4%。这可能因为,当煤粉粒度过细时,恶化了还原物料的透气性,使得 CO 的传质阻力增加,从而降低还原速率和矿石的还原度。本部分煤粉最小粒度为 −0.5 mm,这个粒度不足以严重恶化还原物料的透气性,故煤粉粒度为 −0.5 mm 时,还原物料的金属化率变化不大。而当颗粒变粗时,煤颗粒的比表面积减小,不利于直接还原反应及煤的气化反应进行,因而影响还原物料的金属化率。煤的平均粒度与矿石的粒度相差较大,致使还原物料的混合不够均匀,也是造成还原物料金属化率变低的一个原因。此外,当煤粉粒度大于矿石粒度时,还原物料的黏结现象较为明显。总体上看,在其他条件固定后,在本部分试验的范围内,煤粉粒度对还原物料金属化率的影响没有还原温度、还原时间及配碳系数的影响显著。

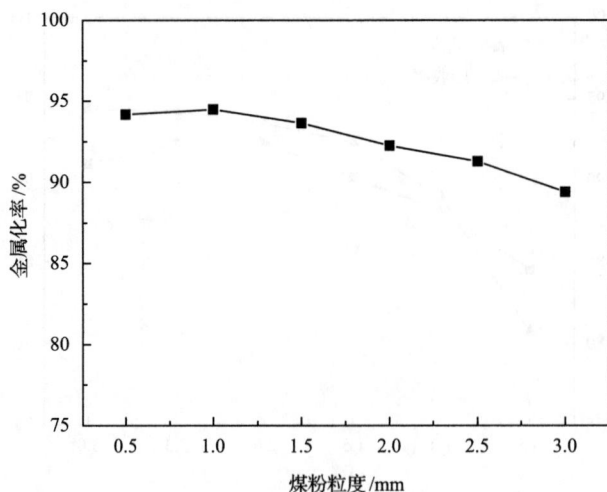

图 6.54　煤粉粒度对还原物料金属化率的影响

2. 煤粉粒度对铁粉指标的影响

分别取不同煤粉粒度下的还原物料 10 g,采用振动研磨机磨矿,磁选管一次粗选,考察铁粉的指标。固定试验条件为:磨矿细度－0.074 mm 约占 85%,磁场强度为 71.67 kA·m^{-1}。试验结果如图 6.55 所示。

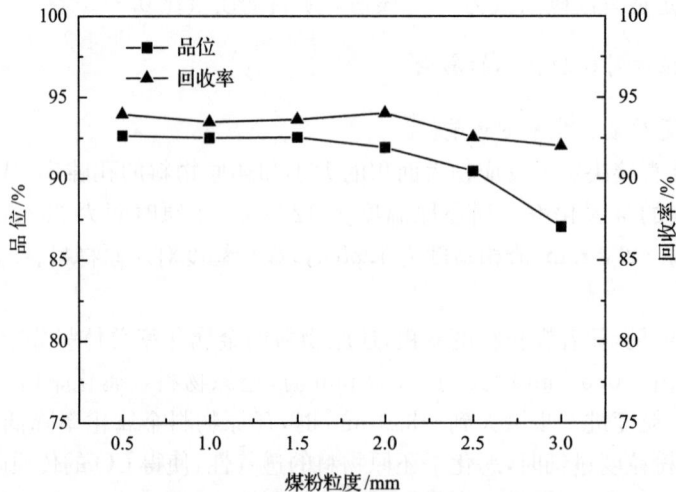

图 6.55　煤粉粒度对铁粉指标的影响

由图 6.55 可知,铁粉的品位具有随煤粒度增加而降低的趋势,当煤粉粒度由－0.5 mm 增大到－1.5 mm 时,铁粉的品位变化不大,但煤粉粒度进一步增大到－3.0 mm 时,铁粉品位由 92.55% 降低至 87.05%。而在本试验采用的煤粉粒度范围内,铁粉的回收率随煤粉粒度变化幅度不明显。

综合分析,相对来说煤粉粒度对还原及分选指标影响较小。在一定范围内,煤粉粒度适当地减小,有利于提高还原物料的金属化率及铁粉的品位,但粒度的减小需要在破碎环节增加能耗,因此确定适宜的煤粉粒度为-1.5 mm。

(五)矿石粒度对还原指标的影响

1. 矿石粒度对金属化率的影响

矿石粒度的上限应以保证颗粒的核心能在一定时间内被还原,粒度的下限应保证料层内具有良好的透气性。当还原温度为 1225 ℃,还原时间为 30 min,配碳系数为 2.0,煤粉粒度为-1.5 mm,渣相碱度为 1.58 时,矿石粒度对还原物料金属化率的影响如图 6.56 所示。

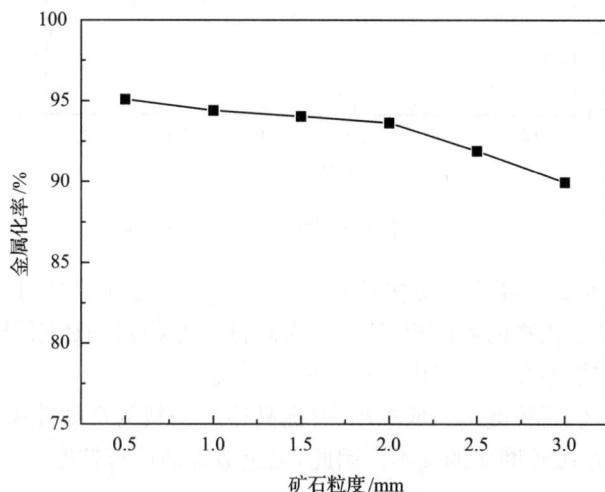

图 6.56　矿石粒度对还原物料金属化率的影响

由图 6.56 可见,随着矿石粒度变粗,还原物料的金属化率呈下降的趋势,当矿石粒度由-0.5 mm 增大到-2.0 mm 时,还原物料金属化率下降较为缓慢,由 95.02％下降到93.64％。当矿石粒度进一步增大到-3.0 mm 后,还原矿金属化率由 93.64％迅速降低至 89.95％。这是因为,随着原料粒度的减小,铁氧化物的总表面积增加,使得铁氧化物和 CO 及 C 的接触碰撞概率增加,从而加快了还原速率,有利于多相反应的进行。但粒度过细使反应体系透气性差,还原气体的传质阻力增加,降低还原速率和矿石的还原度。同样由于矿石粒度和煤粉粒度差距较大,混合不均也是还原物料金属化率降低的一个因素。由此看出,矿石粒度越细,矿石的还原程度越高,但矿石的粒度的下限应以不影响料层内的透气性为宜。

2. 矿石粒度对铁粉指标的影响

分别取不同矿粉粒度下的还原物料 10 g,采用振动研磨机磨矿,磁选管一次粗选,考察产品的指标。固定试验条件为:磨矿细度-0.074 mm 约占 85％,磁场强度为71.67 kA · m⁻¹,试验结果如图 6.57 所示。

由图 6.57 可知,随着矿石粒度变粗,铁粉品位总体呈先上升后下降趋势,而回收率则一直呈下降趋势。当矿粉粒度由-0.5 mm 增大到-2.0 mm 时,铁粉品位变化不大,回收率则由 95.21％下降至 93.97％。但矿石粒度进一步增大到-3.0 mm 时,铁粉品位迅

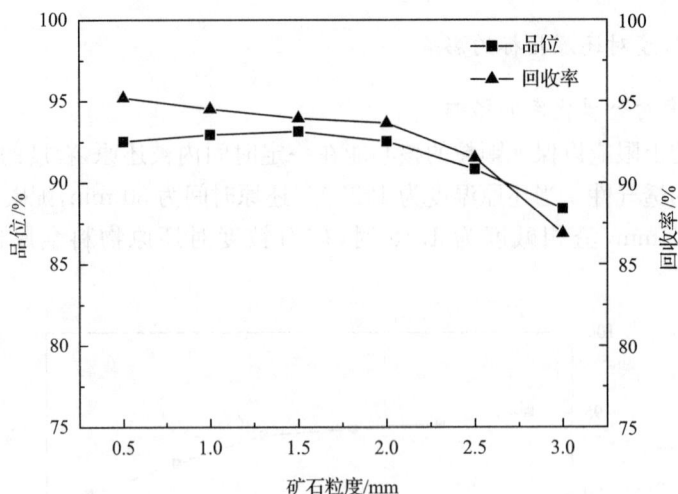

图 6.57　矿石粒度对铁粉指标的影响

速降低至 88.40%，而回收率下降更快，降至 86.87%。一方面这是因为随着矿石粒度的增加，大大减少了铁氧化物的表面积，从而大大降低还原物料的还原程度；另一方面是因为颗粒变粗后，颗粒核心在短时间内无法被还原所致。

综合分析可知，矿石粒度适当地减小，可提高还原物料的金属化率及铁粉指标，但其粒度的减小需要增加破碎磨矿的成本。因此，确定适宜的矿石粒度为-2.0 mm。

（六）深度还原扩大试验

本部分经单因素条件试验优化后，将每次矿石处理量由 50 g 增加到 5 kg，用单向加热炉进行了扩大验证试验。由单因素条件试验可知，还原温度和还原时间对还原指标的影响较大，因此扩大试验选择这两个因素进行验证，即在还原温度分别为 1225 ℃ 和 1250 ℃ 下，考察了还原时间对还原物料金属化率和铁粉指标的影响，以验证单向加热炉的试验效果。其他深度还原条件为单因素试验确定的适宜条件：配碳系数 2.0、煤粉粒度 -1.5 mm、矿石粒度 -2.0 mm，渣相碱度为 1.58。试验结果如图 6.58 所示。

由图 6.58 可知，随着还原时间的延长，在 1225 ℃ 和 1250 ℃ 两个温度下得到的还原物料的金属化率均在 90% 以上，且变化幅度均不大，而相同还原时间下前者得到的还原物料金属化率比后者得到的略高。在单因素条件试验确定的适宜条件下（还原温度 1225 ℃，时间 30 min）得到的还原物料金属化率为 93.65%，也与同条件下单因素试验得到的还原物料金属化率 93.63% 基本一致。

分别取不同还原时间下的还原物料 10 g，采用振动研磨机磨矿，磁选管一次粗选，考察产品的指标。固定试验条件为：磨矿细度 -0.074 mm 约占 85%，磁场强度为 71.67 kA·m^{-1}。试验结果如图 6.59 所示。

由图 6.59 可见，在两个温度下均能获得品位及回收率大于 90% 的铁粉，且随着还原时间的延长，品位及回收率变化幅度不大。在还原温度 1225 ℃，时间 30 min 条件下可以

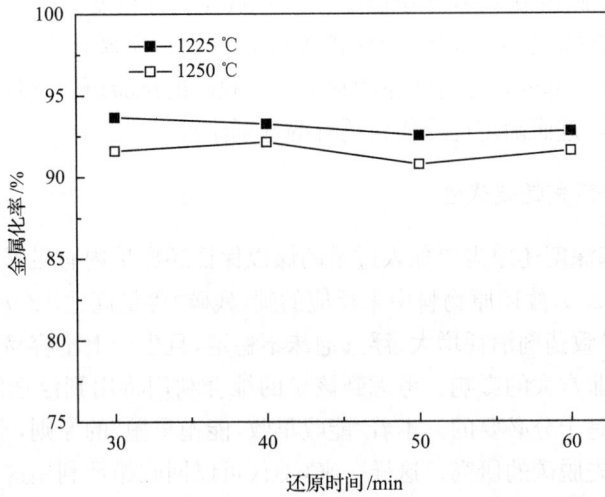

图 6.58 还原时间对还原物料金属化率的影响

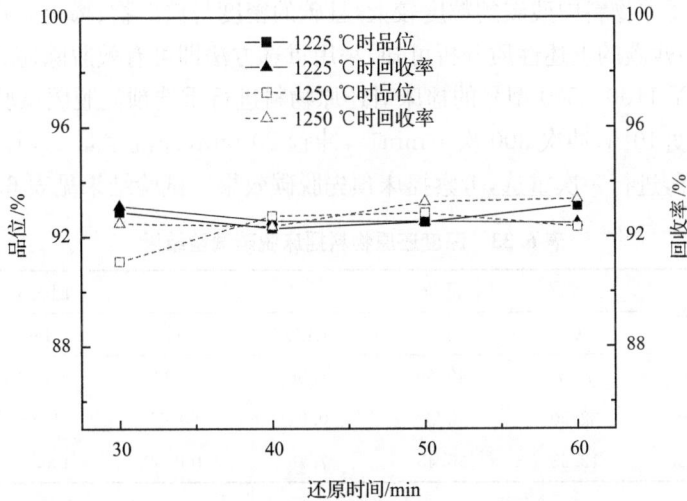

图 6.59 还原时间对铁粉指标的影响

得到品位 92.90％,回收率 93.12％的铁粉。这一结果也与同条件下单因素试验结果相差无几。综合分析,单向加热炉的扩大验证试验结果与马弗炉单因素条件试验的结果基本吻合。

通过上述试验,分别考察了主要因素对深度还原指标的影响,最终确定适宜的还原条件为:还原温度 1225 ℃、还原时间 30 min、配碳系数 2.0、煤粉粒度 −1.5 mm、矿石粒度 −2.0 mm,在此条件下得到的还原产品金属化率为 93.63％。

三、白云鄂博氧化矿石深度还原物料分选试验研究

根据白云鄂博氧化矿石深度还原试验结果,最终确定适宜条件为:还原温度 1225 ℃,

还原时间 30 min,配碳系数 2.0,煤粉粒度－1.5 mm,矿石粒度－2.0 mm。在此条件下制备出的还原物料铁品位 35.30％,金属铁含量 33.05％,金属化率 93.63％。为得到符合指标的最终铁粉,本部分首先对还原物料进行了脱碳的试验研究,然后对脱碳后的产品进行磨矿、磁选试验,进而确定还原物料适宜的选别流程。

(一)还原物料预先脱碳试验

如前所述,煤基深度还原需要加入过量的煤以保证还原炉内有足够的还原气氛,本试验选择配碳系数为 2.0,故还原物料中未反应的碳(残碳)含量高达 12.79％。在矿物浮选时,含碳量过高将导致药剂消耗增大、浮选泡沫不稳定,且生产上不容易实现稳定操作,从而对浮选指标具有非常大的影响。考虑到该矿的综合利用将用到浮选的方法,因此还原物料预先脱除残碳是十分必要的。本着"能收早收,能抛早抛"的原则,本部分在选铁前进行深度还原物料预先脱碳的研究。这样一来,不仅可以回收循环利用这部分残碳,节能降耗,还能减少磨选的处理量,提高生产效率。

1. 重选脱碳试验

观察表明,还原物料中残碳的粒度较大,且碳的密度与铁矿物、稀土矿物的差距较大。根据还原物料中残碳的上述性质分析可知,采用重选方法即可有效脱除还原物料中残碳。本部分采用 XZY-1100×500 型号的摇床对还原物料进行重选预先脱碳试验,取还原物料 5 kg,在给矿浓度 10％,冲次 300 次·min^{-1},冲程 20 mm,冲洗水量 2.5L·min^{-1},床面倾角 3°的条件下,进行一次重选,考察摇床预先脱碳效果。试验结果见表 6.33。

表 6.33 深度还原物料摇床脱碳试验结果 单位:％

产品	产率	品位			回收率		
		C	Fe	REO	C	Fe	REO
重精矿	86.11	1.37	40.65	8.86	9.33	98.74	98.32
重尾矿	13.89	82.50	3.22	0.94	90.67	1.26	1.68
给矿	100.00	12.63	35.45	7.76	100.00	100.00	100.00

由表 6.49 可知,采用单一摇床预先脱碳,最终获得重精矿指标为:铁品位 40.65％,铁回收率 98.74％,REO 品位 8.86％,REO 回收率 98.32％,C 含量 1.37％,C 回收率 9.33％。重尾矿中固定碳量为 82.50％,回收率 90.67％,远高于配煤中的固定碳量(56.10％),是良好的还原剂。

由上述试验结果可知,采用摇床预先脱碳,可以获得脱碳率 90.67％,铁、稀土回收率都大于 98％的良好分选指标。但在实际生产中,虽然摇床分选效率较高,但受处理能力小,占地面积大等所限制。

2. 磁选脱碳试验

还原物料的金属化率高达 93.63％,因此对还原物料不进行磨矿处理,而直接采用磁选的方法进行脱除残碳研究。取还原物料 10 kg,采用 ϕ240 mm×120 mm 鼓形湿式弱磁选机进行一次磁选试验,考察磁选预先脱碳效果。试验结果见表 6.34。

表 6.34　深度还原物料磁选脱碳试验结果　　　　　　单位：%

产品	产率	品位			回收率		
		C	Fe	REO	C	Fe	REO
磁精矿	63.46	1.42	53.26	7.00	7.04	95.75	55.95
磁尾矿	36.54	32.54	4.11	9.59	92.96	4.25	44.05
给矿	100.00	12.79	35.30	7.95	100.00	100.00	100.00

由表 6.34 可知，采用磁选预先脱碳，最终获得磁精矿指标为：铁品位 53.26%，铁回收率 95.75%，REO 品位 7.00%，REO 回收率 55.95%，C 含量 1.42%，C 回收率 7.04%。磁尾矿中固定碳量为 32.54%，回收率 92.96%。由上述试验结果可知，尽管磁选脱碳率高达 92.96%，铁回收率也较高达 95.75%，但是 REO 的回收率仅为 55.95%，不利于该矿的综合利用。同时磁选尾矿中固定碳含量仅为 32.54%，无法作为还原剂返回循环利用。

3. 磁重联合脱碳试验

本部分针对摇床脱碳处理能力小和磁选脱碳稀土回收率低的问题，提出采用重磁联合流程对深度还原物料进行预先脱碳研究。具体方法为：先采用 $\phi240$ mm×120 mm 鼓形湿式弱磁选机对深度还原物料进行了弱磁选脱碳，然后磁选尾矿再经摇床处理回收稀土矿物，试验结果见表 6.35。图 6.60 为磁重联合脱碳的数质量流程图。

表 6.35　深度还原物料磁重联合工艺流程脱碳试验结果

产品	产率/%	品位/%			回收率/%		
		C	Fe	REO	C	Fe	REO
磁精矿	63.46	1.42	53.26	7.00	7.04	95.75	55.95
重精矿	22.16	1.10	5.55	15.26	1.91	3.48	42.50
重尾矿	14.38	81.00	1.90	0.86	91.05	0.77	1.55
给矿	100.00	12.79	35.30	7.95	100.00	100.00	100.00

由图 6.60 可知，采用弱磁-摇床磁重联合工艺流程，最终获得精矿的指标为：铁品位 40.91%，铁回收率 99.23%，REO 品位 9.15%，REO 回收率 98.45%，C 含量 1.34%，C 回收率 8.95%。尾矿中 C 含量 81.00%，回收率 91.05%。

对比表 6.33～表 6.35 可以看出，采用弱磁-摇床磁重联合流程与单一的摇床重选流程相比，铁、稀土回收率及脱碳率均略有提高，更为重要的是摇床的给矿量大幅下降至 36.54%，可有效提高生产效率；弱磁-摇床磁重联合流程与单一的弱磁选流程相比，稀土和碳的回收率大幅提高，精矿中稀土回收率由原来的 55.93% 提高至 98.45%，尾矿中 C 含量也由原来的 32.34% 提高至 81.00%，是良好的还原剂，可返回深度还原流程循环利用。由此可见，采用弱磁-摇床磁重联合工艺流程脱碳是合理有效的。因此，弱磁-摇床磁重联合流程是还原物料预先脱碳的适宜方法。

产率(%) $\dfrac{\text{C; Fe; REO品位(\%)}}{\text{C; Fe; REO回收率(\%)}}$

还原物料

100.00 $\dfrac{12.79;\ 35.30;\ 7.95}{100.00;\ 100.00;\ 100.00}$

弱磁选

63.46 $\dfrac{1.42;\ 53.26;\ 7.00}{7.04;\ 95.75;\ 55.95}$　　　　36.54 $\dfrac{32.54;\ 4.11;\ 9.59}{92.96;\ 4.25;\ 44.05}$

摇床

22.16 $\dfrac{1.10;\ 5.55;\ 15.26}{1.91;\ 3.48;\ 42.50}$　　　　14.38 $\dfrac{81.00;\ 1.90;\ 0.86}{91.05;\ 0.77;\ 1.55}$

85.62 $\dfrac{1.34;\ 40.91;\ 9.15}{8.95;\ 99.23;\ 98.45}$

深度还原铁粉　　　　尾矿

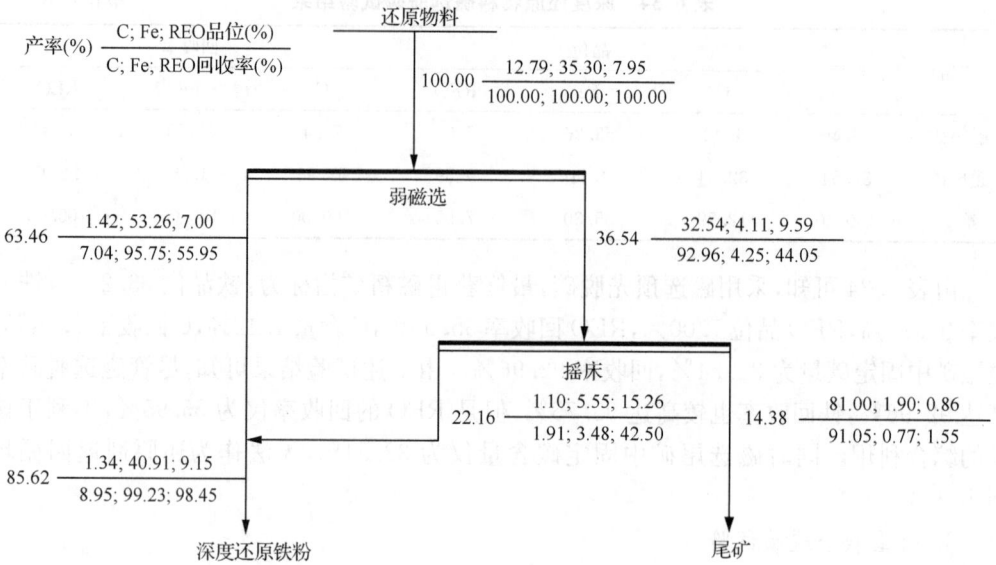

图 6.60　磁重联合工艺流程脱碳数质量流程图

（二）还原物料选铁试验

白云鄂博氧化矿石深度还原物料经弱磁-摇床磁重联合预先脱碳后，铁、稀土等元素均在脱碳还原物料中得到富集，其中铁品位为 40.91%，REO 品位为 9.15%。为进一步得到合格的深度还原铁粉，对脱碳还原物料进行磨矿、磁选试验研究，分别考察磨矿细度及磁场强度对选别效果的影响。

1. 磨矿时间试验

为考察磨矿时间与磨矿细度之间的关系，取预先脱碳的还原物料 300 g，采用 ϕ200 mm×200 mm 筒形球磨机分别磨矿，磨矿浓度 70%，考察了在不同磨矿时间下还原物料的细度。不同磨矿时间下产品的粒度见表 6.36，磨矿时间与磨矿细度的关系曲线如图 6.61 所示。

表 6.36　不同磨矿时间时磨矿产品的粒度

磨矿时间/min	2	5	10	15	20	25
−0.074 mm 含量/%	14.90	38.87	57.18	70.52	77.57	80.73

由图 6.61 可见，总体上随着磨矿时间的增加，−0.074 mm 含量逐渐增加。当磨矿时间由 2 min 增加到 15 min 时，−0.074 mm 含量由 14.90% 增加到 70.52%，但当磨矿时间进一步增加时，−0.074 mm 含量增加非常缓慢，尤其是 20 min 至 25 min 之间，−0.074 mm 含量仅增加了 3.16%。可以推测，25 min 后时间延长对提高还原物料的细度意义并不大，且磨矿成本增加。由此可知，白云鄂博氧化矿石深度还原物料的可磨性较差，这是因为还原物料中铁相主要以金属铁颗粒的形式存在，这些金属铁颗粒的硬度较大且延展性较好，致使短时间内筒式球磨机不可能将其磨碎变细。根据粒度曲线，确定

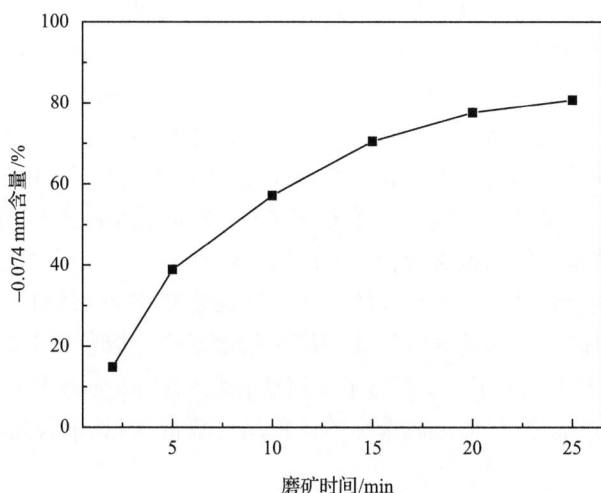

图 6.61　磨矿时间与磨矿细度的关系

－0.074 mm 含量达到 20%、40%、60%、70%、80%时分别需要 2 分 38 秒、5 分 19 秒、11 分 3 秒、14 分 3 秒和 23 分 51 秒。

2. 磨矿细度试验

取预先脱碳的还原物料 300 g，根据图 6.61 中确定的磨矿时间分别磨矿，固定磁场强度为 71.67 kA·m^{-1}。经一次粗选，考察磨矿细度对磁选产品指标的影响。试验结果如图 6.62 所示。

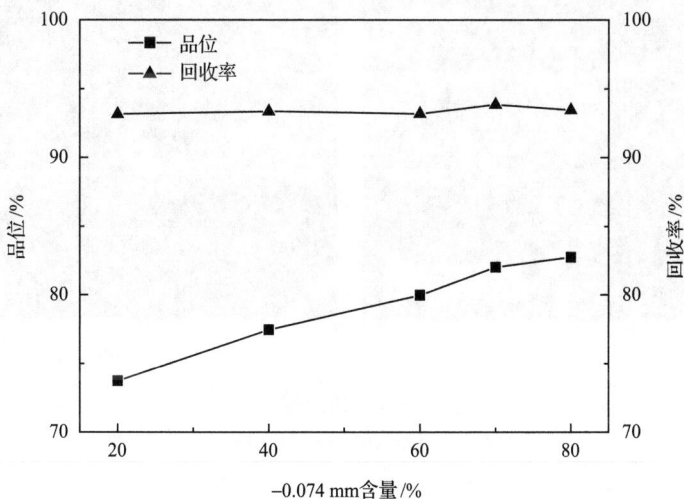

图 6.62　磨矿细度对铁粉指标的影响

由图 6.62 可见，随着－0.074 mm 含量由 20%增加到 80%，铁粉品位由 73.72%提高到 82.73%，而铁的回收率（相对于脱碳后还原物料）较高且无明显变化。因此，磨矿细度对精矿品位有很大影响，而对回收率影响很小。同时，与之前深度还原条件试验中的磁选效果相比较,所获得铁粉回收率基本一致,但品位下降了近 10%。

这可能是因为高温下铁颗粒表面不可避免地黏结细粒脉石杂质,在磨矿过程中,如果不使这些杂质从铁颗粒上解离下来就不能得到较高品位的铁精矿。采用振动研磨机磨矿时,由于其磨矿效率较高,能轻易粉碎还原物料中较大的铁颗粒,从而大大降低了还原物料的细度,使金属铁的单体解离度较高,所以采用振动研磨机磨矿可以获得较好的分选指标;而采用 $\phi200$ mm×200 mm 筒形球磨机磨矿时,其研磨和冲击作用力较前者差距较大,因此在处理这些金属铁颗粒含量较高的还原物料时,一方面由于金属铁颗粒延展性较强,筒形球磨机不能有效地将这些较大的金属铁颗粒破碎,这些大颗粒的存在也影响细粒级金属铁颗粒的单体解离,从而导致筒式球磨机的磨矿效率降低,很难获得 -0.074 mm含量大于 80% 的还原物料;另一方面由于金属铁颗粒磁性很强,所以磁选时夹杂着脉石矿物全部进入精矿产品中,从而造成选出的铁粉品位较低,回收率较高,且回收率受磨矿细度的影响不大。

其他条件相同时,分别采用振动研磨机磨矿 2 min 和筒式球磨机磨矿 10 min,得到的铁粉 SEM 图像如图 6.63 所示,从图 6.63(a)中可以看出,铁颗粒较细,且几乎没有完整的较大的铁颗粒存在,这说明振动研磨机能完全将大颗粒碾细,从而消除其对细粒级铁颗粒的影响。由图 6.63(b)中可见,较大完整的圆形颗粒依然存在,这些较大的金属铁颗粒影响了细粒级铁颗粒的单体解离,从而影响铁粉品位的提高。但该还原物料通过粗细分级和优化选别流程有可能获得品位更高的铁粉。经综合考虑,选择磨矿细度为 -0.074 mm含量占 70% 进行磁场强度试验。

(a)　　　　　　　　　　(b)

图 6.63　铁粉的 SEM 图像
(a) 振动研磨机获得的铁粉;(b) 筒式球磨机获得的铁粉

3. 磁场强度试验

当磨矿细度为 -0.074 mm 占 70% 时,经一次粗选,考察磁场强度对磁选产品指标的影响。试验结果如图 6.64 所示。由图 6.64 可知,当磁场强度由 39.79 kA·m^{-1} 增加到 71.67 kA·m^{-1} 时,产品铁品位由 87.16% 降低到 82.50%,铁的回收率由 48.00% 迅速提高到 93.45%,磁场强度再增加时,产品铁品位及回收率变化不大,因此,确定适宜的磁场强度为 71.67 kA·m^{-1}。

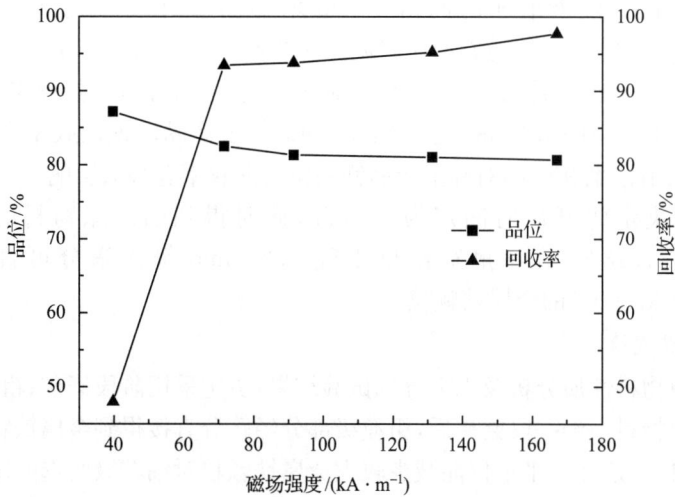

图 6.64　磁场强度对铁粉指标的影响

4. 细筛分选试验

由以上还原物料的磁选试验可知,还原物料中的金属铁颗粒致使其可磨性差,因此采用一段磨矿,一段磁选得到的精矿产品品位较低,达不到预期指标。根据对还原物料性质的分析,单体的金属铁颗粒的杂质含量低,品位较高,因此决定在一段磨矿后,采用细筛的方法将较大金属铁颗粒先分离出来,减少其对细粒级金属铁磨矿的影响。

取预先脱碳的还原物料 300 g,在不同磨矿时间下分别磨矿,将不同磨矿时间下的还原物料用 0.28 mm 筛子筛分,考查磨矿时间对筛上产品指标的影响。试验结果如图 6.65 所示。

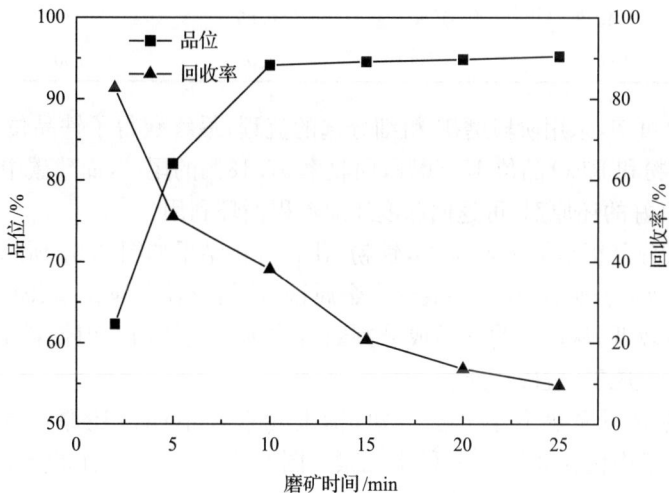

图 6.65　磨矿时间对筛上产品指标的影响

由图 6.65 可见,随着磨矿时间由 2 min 增加到 10 min,筛上产品的铁品位由
62.30%快速提高至 94.15%,随着磨矿时间进一步延长至 25 min,筛上产品的铁品位略
有升高,至 95.22%。由此看见,在一定磨矿细度下,经过筛分可直接获得高品位的金属
铁颗粒。而随着磨矿时间由 2 min 增加到 25 min,筛上产品的铁回收率由 82.69%快速
下降至 9.52%,因此,磨矿时间对筛上产品铁品位及回收率有很大影响。

综合考虑,决定将磨矿时间定为 10 min,此时得到的还原物料的磨矿细度为
—0.074 mm 占 57.18%,在该磨矿细度下经 0.28 mm 筛子筛分可直接得到品位
94.15%、回收率 37.90%的金属铁颗粒。

5. 开路流程试验

根据对还原物料性质分析及以上分选试验结果,决定采用阶段磨矿、粗细分选的工艺
流程分选该还原物料。经一段磨矿后,粗粒级部分经筛分直接得到金属铁颗粒,筛下的细
粒级进行再磨再选,这样一来不仅能减少较大金属铁颗粒对细粒级磨选的影响,还能减少
二次磨矿的负荷,节约磨矿能耗,使选矿过程更趋合理,更有利于流程中技术指标的提高。
根据提出的"阶段磨矿、粗细分选"流程又进行了数次优化试验,确定一段磨矿粒度
—0.074 mm 占 57.18%,二段磨矿粒度—0.074 mm 占 85.66%。

根据上述试验中确定的脱碳及分选流程,取深度还原物料 10 kg,对其进行了开路试
验,试验结果见表 6.37,试验数质量流程图如图 6.66 所示。

表 6.37　开路试验结果

产品	产率/%	品位/%		回收率/%	
		Fe	REO	Fe	REO
铁粉	35.78	92.02	0.28	93.27	1.26
尾矿	49.84	4.22	15.50	5.96	97.18
残碳	14.38	1.90	0.86	0.77	1.55
给矿	100.00	35.30	7.95	100.00	100.00

由试验结果可知,采用阶段磨矿-粗细分选的流程,最终获得了铁品位 92.02%,回收
率 93.27%的铁粉和 REO 品位 15.50%,回收率 97.18%的尾矿,而残碳中固定碳含量高
达 81.00%,是良好的还原剂,可返回深度还原流程循环利用。

铁粉化学成分分析结果见表 6.38,铁粉 XRD 分析结果如图 6.67 所示。化学成分分
析及 XRD 分析结果表明,铁粉主要成分为金属铁,铁品位及金属化率(94.18%)较高,碳
和二氧化硅含量较低,从产品的化学成分判断可作为炼钢原料。但铁粉 P、S 含量偏高,
在炼钢过程需加强脱磷、脱硫作业。

由稀土矿物的还原热力学分析可知,稀土元素并不能被还原进入铁粉中,但从
表 6.38 可见,铁粉中仍含 0.28%的稀土元素。图 6.68 为铁粉表面的 SEM 图像及 EDS
能谱分析,由图 6.68 分析可知,铁粉表面白色物质的主要成分是 RE、O、Ca、Si 等元素,参
考图 6.69 中尾矿 XRD 的分析结果,可以判断稀土矿物以含稀土相($CaO \cdot 2RE_2O_3 \cdot 3SiO_2$)的形式存在,并黏附在金属铁颗粒的表面,从而导致少量的稀土元素最终进入铁
粉中。

产品(%); 品位(%)
回收率(%)

还原物料

100.00; 35.30
100.00

弱磁选

63.46; 53.26
95.75

36.54; 4.11
4.25

22.16; 5.55
3.48

摇床

14.38; 1.90
0.77

85.62; 40.91
99.23

脱煤

一段磨矿

+0.28 mm

−0.28 mm

14.21; 94.15
37.90

筛分

71.41; 30.32
61.33

二段磨矿

弱磁选

22.35; 88.87
56.27

49.06; 3.64
5.06

电磁精选

21.57; 90.62
55.37

0.78; 40.69
0.90

35.78; 92.02
93.27

49.84; 4.22
5.96

深度还原铁粉

尾矿

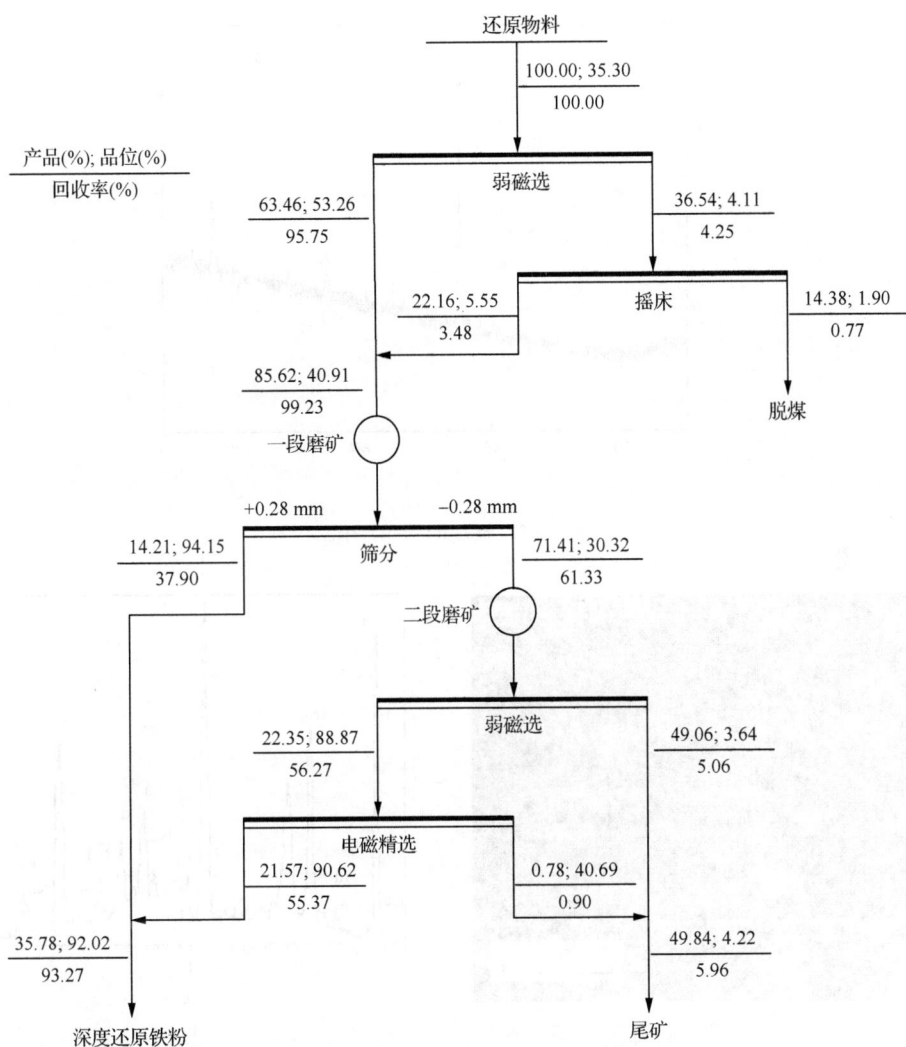

图 6.66　阶段磨矿-粗细分选数质量流程图

表 6.38　铁粉化学成分　　　　单位：%(质量分数)

TFe	MFe	REO	Nb_2O_5	F	P	S	K_2O
92.02	86.66	0.28	0.079	0.33	1.02	0.46	<0.01

Na_2O	SiO_2	CaO	MgO	BaO	Al_2O_3	MnO	C
0.13	1.88	1.36	0.25	0.19	0.15	0.47	0.78

　　尾矿化学成分分析结果见表 6.39，尾矿 XRD 分析结果如图 6.69 所示。由表 6.39 可知尾矿中主要以 CaO、SiO_2、REO 及 F 为主。XRD 分析结果表明，尾矿中矿物成分复杂，主要由萤石(CaF_2)、稀土氧化物(RE_2O_3)、含稀土相($CaO \cdot 2RE_2O_3 \cdot 3SiO_2$)以及硫化钙(CaS)等组成。

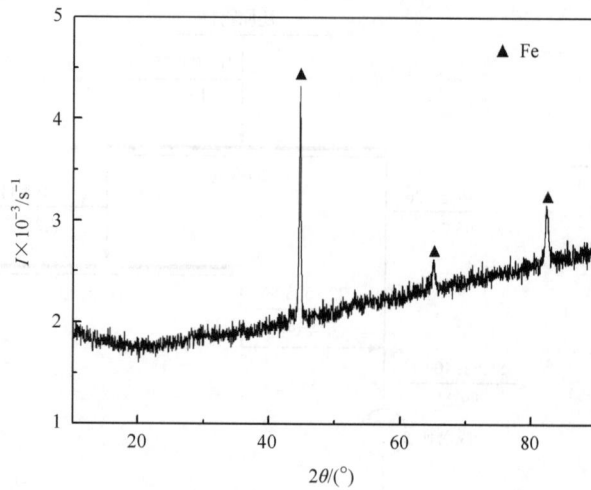

图 6.67　铁粉的 XRD 图谱

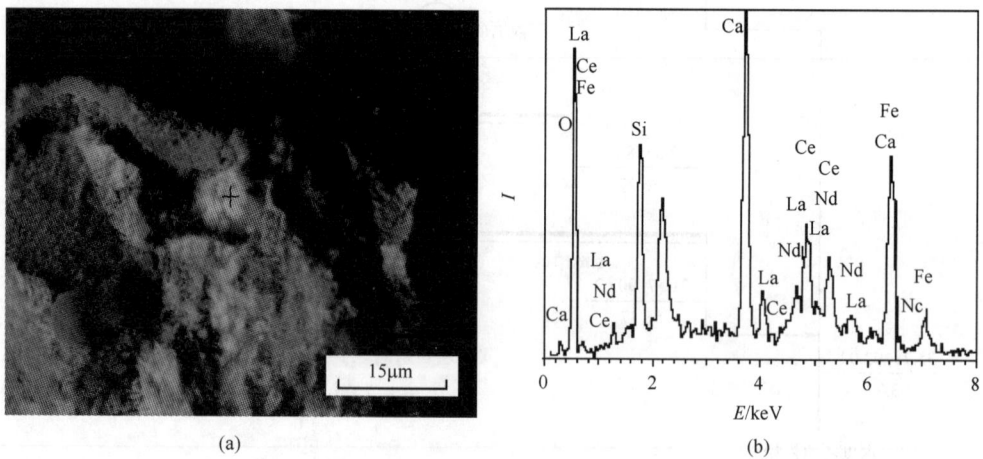

(a)　　　　　　　　　　　　　　(b)

图 6.68　铁粉的 SEM 图像(a)及 EDS 能谱分析(b)

表 6.39　尾矿化学成分　　　　　　单位：%(质量分数)

TFe	REO	Nb₂O₅	F	P	S	K₂O	Na₂O
4.22	15.50	0.203	15.73	0.48	1.34	0.64	1.21

SiO₂	CaO	MgO	BaO	Al₂O₃	MnO	C	
22.29	27.31	3.14	2.85	2.35	1.79	1.74	

　　综上所述,在现有实验室探索试验中,采用深度还原技术处理白云鄂博氧化矿石,在高效利用铁元素方面已经有了初步的成功,今后相关课题的研究重点应放在深度还原设备开发和尾矿综合利用研究方面。如尾矿中稀土的综合利用研究,尾矿中 REO 品位15.50%,回收率 97.18%,富集比为 2.11,从化学成分上讲,该深度还原尾矿可作为分选稀土的原料。由以上 XRD 分析结果表明,尾矿中的稀土元素主要以 CaO · 2RE₂O₃ ·

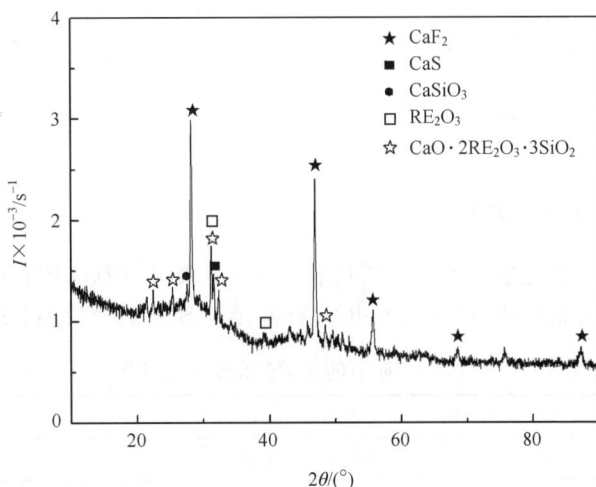

图 6.69　尾矿的 XRD 图谱

$3SiO_2$ 的形式存在,这与高炉稀土富渣类似。

　　在现有深度还原适宜条件的基础上,探索深度还原条件对稀土相工艺矿物学性质的影响,进而针对尾矿中稀土相的工艺矿物学性质,通过开发适宜的药剂、设备以及工艺流程,开展尾矿中稀土的可选性研究,以期达到综合利用尾矿中稀土的目的。

　　(三) 小结

　　(1) 深度还原物料中含碳 12.79%,采用弱磁-摇床磁重联合工艺流程预先脱碳,获得精矿指标为:C 含量 1.34%,C 回收率 8.95%,铁品位 40.91%,铁回收率 99.23%,REO 品位 9.15%,REO 回收率 98.45%;尾矿中 C 含量 81.00%,回收率 91.05%,是良好的还原剂,可返回深度还原流程循环利用。

　　(2) 脱碳后还原物料的磨矿试验表明,还原物料中铁相主要以金属铁颗粒的形式存在,这些金属铁颗粒的硬度较大、延展性较好,致使深度还原物料的可磨性较差。

　　(3) 磨矿细度及磁场强度试验表明,磨矿细度和磁场强度对铁粉的品位和回收率有重要影响,当采用一段磨矿时,适宜的磨矿细度为 -0.074 mm 含量占 70%、磁场强度为 71.67 kA·m^{-1},此时铁粉品位 82.50%,回收率 93.45%。

　　(4) 当磨矿细度为 -0.074 mm 含量占 57.18% 时,采用 0.28 mm 细筛分选,筛上可获得品位 94.15%、回收率 37.90% 的金属铁颗粒。这一结果表明,采用"阶段磨矿,粗细分选"将使该还原物料的分选更趋合理。

　　(5) 深度还原物料先经弱磁-摇床磁重联合工艺预先脱碳,再经"阶段磨矿,粗细分选"工艺流程选铁,当两段磨矿细度分别为 -0.074 mm 含量占 57.18%、85.66% 时,在开路试验中获得铁粉指标为:品位 92.02%,回收率 93.27%,金属化率 94.18%。该铁粉是一种新型的介于"直接还原铁"和"高炉铁粉"之间的铁质材料,可作为炼钢原料。同时,尾矿中 REO 品位 15.50%,回收率 97.18%,可作为分选稀土的原料。

第四节　凌源鲕状赤铁矿深度还原-磁选分离技术研究

一、工艺矿物学研究

（一）矿石的化学多元素分析

凌源鲕状赤铁矿的化学多元素分析见表6.40，由表可以看出矿石中主要有用元素为铁，含有一定量的锰；杂质成分主要为SiO_2，有害元素S、P的含量相对较低。

表6.40　矿石的化学多元素分析结果

元素 i	TFe	FeO	Mn	S	P	CaO	MgO	Al_2O_3	SiO_2
$w_i/\%$	31.88	6.92	3.26	0.022	0.044	0.47	1.16	4.67	29.02

（二）矿石的矿物组成和相对含量

原矿X射线衍射分析结果如图6.70所示，经光学显微镜、EDS能谱仪分析等鉴定、测试方法查明矿石的矿物组成见表6.41。

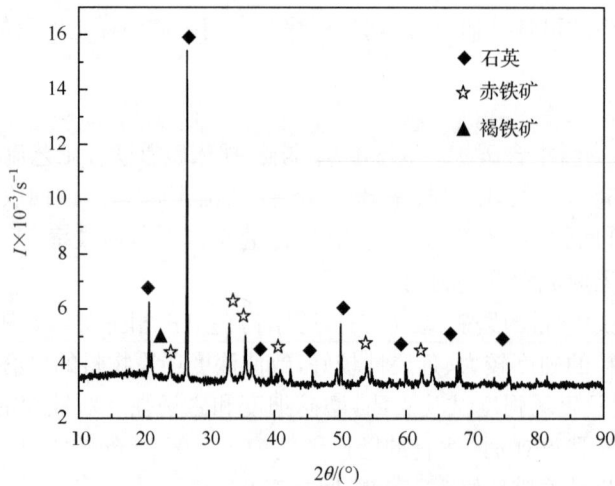

图6.70　原矿X射线衍射分析结果

表6.41　原矿矿物组成及含量

矿物	$w/\%$	矿物	$w/\%$
赤铁矿（褐铁矿）	43.05	氧化铁锰混合物	14.04
磁铁矿	6.99	长石（高岭石）	8.08
软锰矿	3.78	石英	24.06

矿石中的铁矿物主要是赤铁矿（褐铁矿），有少量磁铁矿；锰矿物中氧化锰铁混合物占多数，其次是软锰矿；此外，矿石中有少量的黄铁矿和黄铜矿，以及微量的自然铜和黄铁钾

矾等金属矿物。脉石矿物以石英为主,有少量长石、高岭石、透辉石和绢云母等。

(三) 矿石中有用元素的赋存状态和平衡分配

1. 铁

铁是原矿中最主要的元素,同时也是选矿回收的对象之一。矿石中铁的平衡分配见表6.42。矿石中的铁主要是以赤铁矿(褐铁矿)的状态存在,赤铁矿(褐铁矿)中的铁占总铁的68.21%,其次是以磁铁矿、氧化铁锰混合物的状态存在,此外还有少量的铁分布在铝硅酸盐中。

表 6.42　矿石中铁的化学物相分析结果

铁存在的相	$w(Fe)/\%$	铁占有率/%
赤铁矿(褐铁矿)	27.92	68.21
磁铁矿	5.25	12.83
氧化铁锰混合物	5.78	14.12
铝硅酸盐	1.98	4.84
总铁	40.93	100.00

2. 锰

锰也是矿石中的有用元素,也是选矿回收的对象之一,矿石中锰的平衡分配见表6.43。矿石中的锰元素主要以氧化铁锰混合物的状态存在,其次以软锰矿的状态存在。矿石中的锰主要来源于软锰矿和氧化铁锰混合物,软锰矿和氧化铁锰混合物中的锰占总锰的94%以上。

表 6.43　矿石中锰的化学物相分析结果

锰存在的相	$w(Mn)/\%$	锰占有率/%
赤铁矿(褐铁矿)	0.28	5.09
磁铁矿	0.04	0.73
软锰矿	2.18	39.64
氧化铁锰混合物	3.00	54.54
总锰	5.50	100.00

(四) 矿石的类型和结构构造

凌源鲕状赤铁矿是沉积变质型氧化矿石,由铁矿物和铝硅酸盐(长石、高岭石)胶结石英砂粒形成,沿裂隙和孔洞有褐铁矿、微细石英砂粒填充分布。矿石比较疏松,泥土质较多,氧化程度较深。矿石多为胶状、鲕状、蜂窝状、肾状等,产出形态十分复杂。矿石结构多样,赤铁矿浸染粒度以粗细粒为主,嵌布不均匀。粗粒部分多以胶状集合体产出,无结晶颗粒;细粒部分多以土状、针状、条纹状等产出。

　　铁矿物主要为赤铁矿(褐铁矿)、磁铁矿。大部分赤铁矿呈鲕状颗粒分布(图 6.71)。部分粉末状赤铁矿、褐铁矿为土状集合体混合石英砂微晶,裹挟矿石碎块填充分布于岩石的裂隙中(图 6.72)。团块状铁氧化物混合体,赤铁矿胶结土状混合物填充分布于矿石的孔隙中,呈赤红或红褐色(图 6.73)。土状物结构松散,在加工过程中流失,形成浅孔;部分致密块状赤铁矿则交代磁赤铁矿分布,或沿石英砂粒间隙呈填隙结构分布(图 6.74)。磁铁矿主要为不规则他形结晶体,沿石英砂粒间隙呈填隙结构分布(图 6.74)。

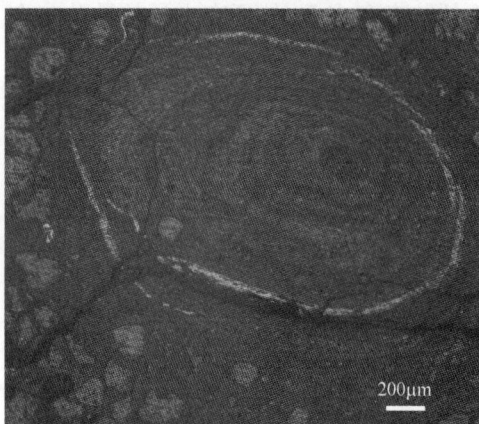

图 6.71　同心环状结构的鲕状赤铁矿
(单偏光 40×)

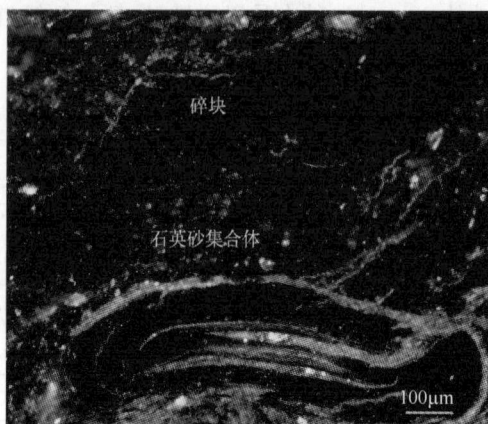

图 6.72　分布于裂隙中的赤铁矿
(正交偏光 100×)

图 6.73　团块状铁氧化物混合体
(单偏光 100×)

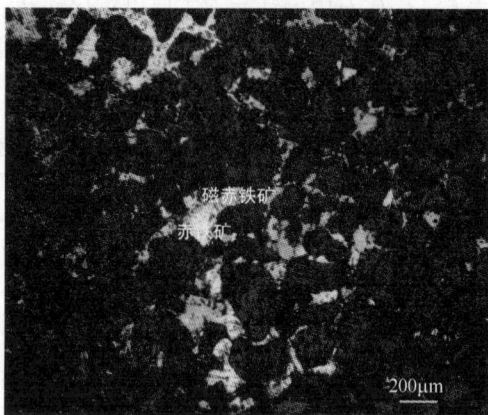

图 6.74　分布于脉石颗粒间的
铁氧化物(单偏光 40×)

(五) 主要矿物的工艺特性

1. 赤铁矿

赤铁矿是矿石中主要的富铁矿物之一,常含有微细包裹体以及类质同象杂质 Ti、Al、Mn、Ca、Mg 等,其元素能谱分析见图 6.75 与表 6.44。

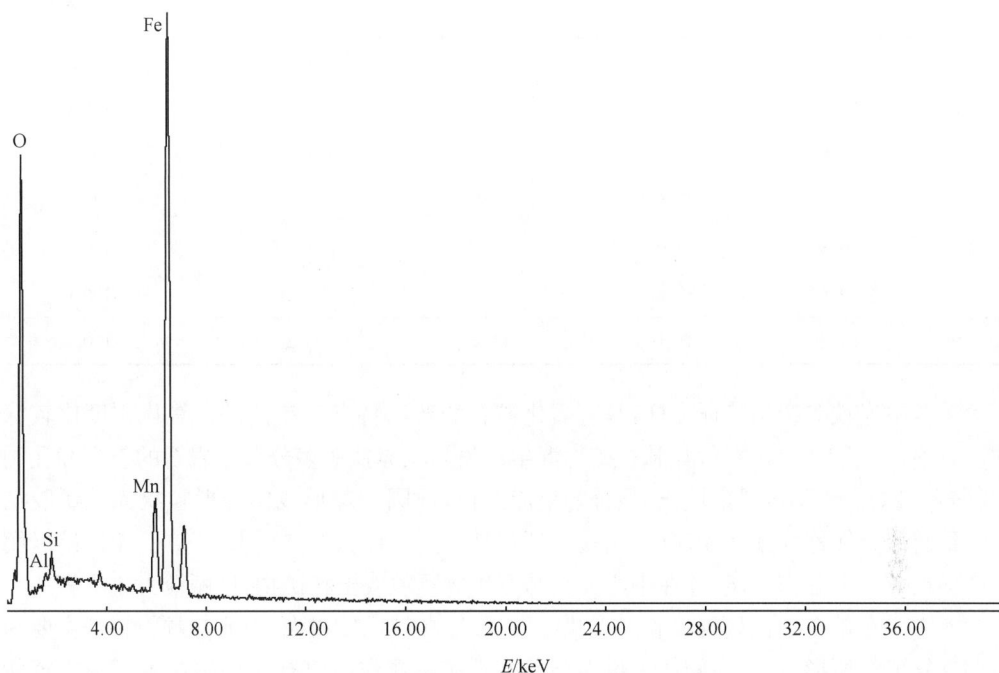

图 6.75 赤铁矿元素能谱分析结果

表 6.44 赤铁矿元素能谱分析结果

序号	$w(Fe)/\%$	$w(O)/\%$	$w(Mn)/\%$	$w(Si/Al/K/Mg\ 等)/\%$	合计/%
1	65.38	31.25	1.46	1.91	100.00
2	66.20	29.54	2.17	2.09	100.00
3	63.53	28.03	2.52	5.92	100.00
4	68.48	29.62	0	1.90	100.00
5	68.03	29.18	1.63	1.16	100.00
6	68.72	29.62	0	1.62	100.00
7	61.26	32.42	0	6.32	100.00
8	64.06	35.18	0	0.76	100.00
9	63.52	33.16	0	3.32	100.00
10	65.29	32.85	0	1.86	100.00
11	57.90	36.29	2.47	3.34	100.00
12	58.06	37.75	0	4.19	100.00
13	68.10	28.71	1.93	1.27	100.01
14	67.48	29.01	0.93	2.58	100.00
15	63.07	27.55	0	9.38	100.00

序号	$w(Fe)/\%$	$w(O)/\%$	$w(Mn)/\%$	$w(Si/Al/K/Mg等)/\%$	合计/%
16	63.50	34.82	0	1.68	100.00
17	60.08	37.94	0	1.98	100.00
18	68.28	27.86	0	3.85	99.99
19	66.80	29.04	0	4.16	100.00
20	69.45	23.99	0	6.56	100.00
平均	64.86	31.19	0.66	3.29	100.00

矿石中赤铁矿产出特征多样,具有氧化矿石的产出特点。赤铁矿在氧化程度比较深的矿石中,多以土状、粉末状与脉石矿物混生。粉末状赤铁矿多分布于岩石的裂隙和孔洞中(图6.72、图6.73),浸染填充,混合物呈赤红色,浑圆的球形或椭球形粒状赤铁矿胶结成的致密集合体称为鲕状赤铁矿,鲕粒内部常具有同心环状构造(图6.71)。赤铁矿以鲕状产出在矿石中分布普遍,并在中心夹杂脉石矿物颗粒或土状矿物,但鲕粒大小不等。

赤铁矿在矿石中也呈胶状和皮壳状产出,胶体颗粒比较粗大,但元晶颗粒特征主要为多期反复沉淀所形成,并在胶体中也夹杂着脉石矿物颗粒。也有赤铁矿在矿石中成肾状或皮壳状产出(图6.76),该皮壳较细,且在皮壳中心包有肾状的赤铁矿,但二者不是一次成矿所致。

致密块状赤铁矿多交代磁铁矿或磁赤铁矿,呈他形不规则颗粒分布于石英砂粒或鲕粒间隙中(图6.77);有的赤铁矿细粒沿脉石矿物颗粒间隙填充,并胶结脉石矿物细粒;部分致密块状赤铁矿则夹杂微细的石英砂粒填充胶结于矿石的裂隙中(图6.78)。

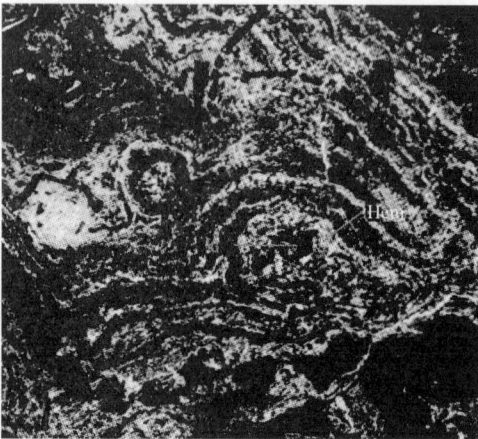

图6.76　矿石中肾状、皮壳状赤铁矿(100×)

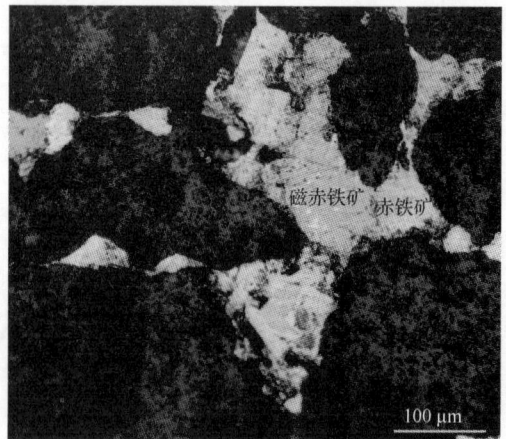

图6.77　赤铁矿交代磁赤铁矿或磁铁矿分布于石英砂粒或鲕粒的间隙中(单偏光200×)

少量致密块状赤铁矿包裹石英砂粒形成局部的网脉状构造(图6.79);赤铁矿沿脉石矿物裂缝填充,形成脉状、细脉状构造(图6.80);赤铁矿沿脉石矿物层间沉积,形成同心圆状构造(图 6.81);在矿石中见到赤铁矿沿脉石矿物角砾填充胶结,且颗粒粗细不等,形成蜂窝状构造(图 6.83)。

图 6.78　铁氧化物混合微细石英砂
形成填充脉(单偏光 40×)

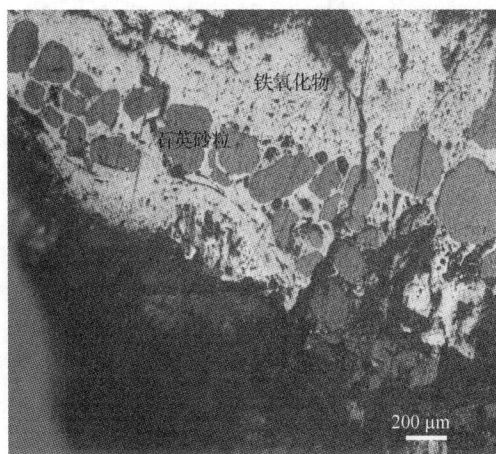

图 6.79　铁氧化物包裹石英砂粒
形成网脉状构造(单偏光 100×)

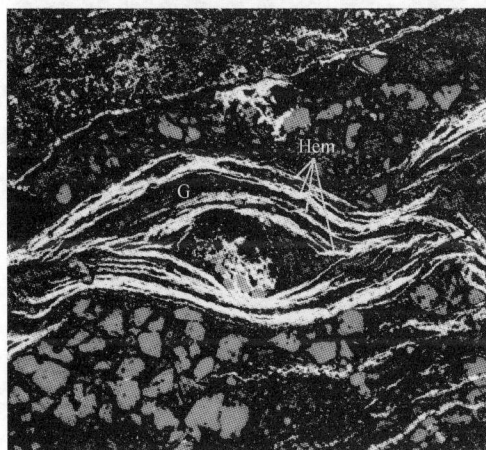

图 6.80　赤铁矿的脉状、细脉状构造

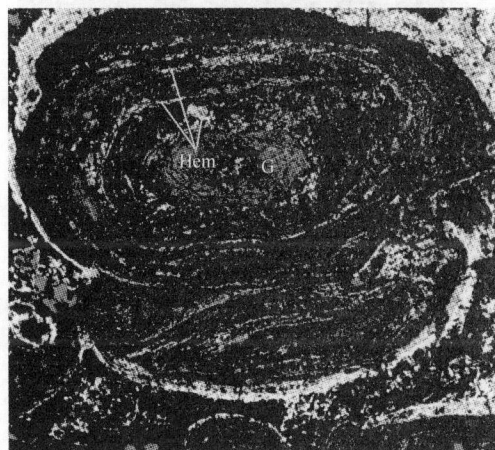

图 6.81　赤铁矿的同心圆状构造

2. 褐铁矿

褐铁矿也是矿石中主要的富铁矿物之一,多为混合物。褐铁矿主要由针铁矿、水针铁矿、纤铁矿、更富水的氢氧化铁胶凝体以及含水的氧化硅、泥质等组成,混有 Mn、Al 等杂质,其含铁量变化很大。由于检测方法限制,褐铁矿与粉末状赤铁矿难以区分,因此,将褐铁矿与赤铁矿合并定量。此矿石中褐铁矿为粉末状,常形成土状集合体分布于裂隙或孔洞中或胶结石英砂粒存在(图 6.84 和图 6.85)。

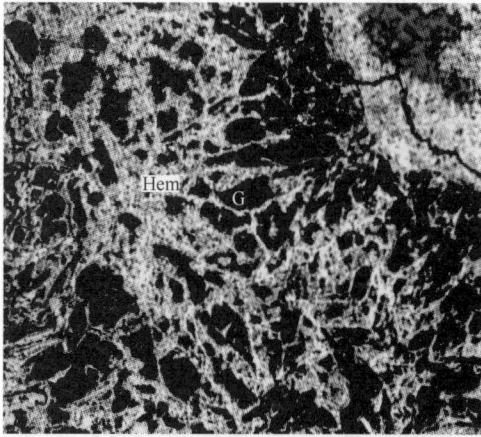

图 6.82　铁氧化物混合微细
石英砂形成的填充脉

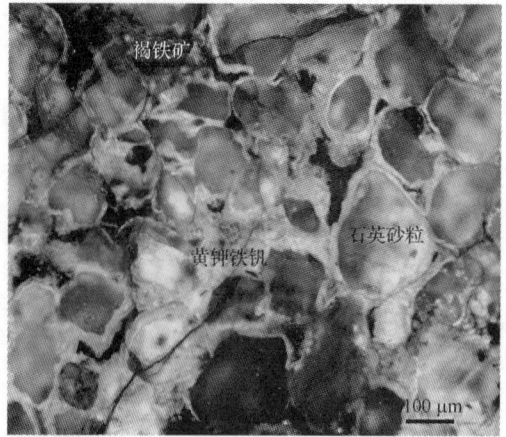

图 6.83　褐铁矿集合体胶结
石英砂粒(单偏光)

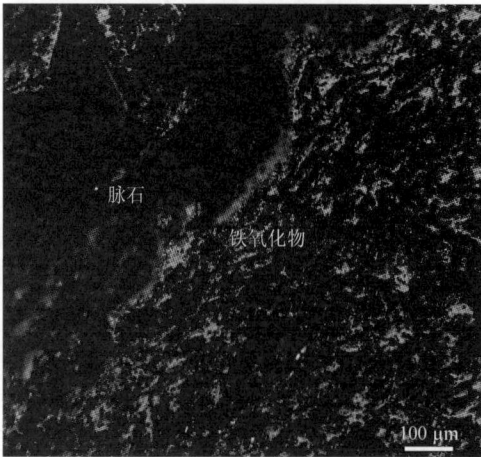

图 6.84　松散土状集合体结构流失形成浅坑

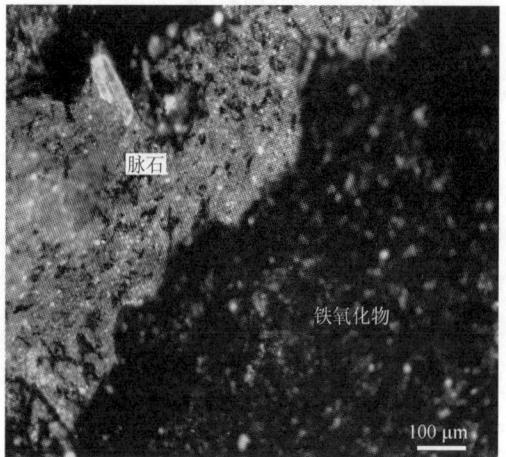

图 6.85　褐铁矿混杂脉石矿物形成
松散的集合体

3. 磁铁矿

磁铁矿是含铁高的矿物,其元素能谱分析见图 6.86 与表 6.45。矿石中的磁铁矿为不规则颗粒,沿边缘和裂隙有赤铁矿化现象,部分或全部为赤铁矿交代,形成致密块状的铁氧化物集合体,部分磁铁矿包裹石英砂粒形成镶边结构。

4. 氧化锰

矿石中的锰氧化物多为土状集合体,含有 Si、Ca、Al、Mg 等杂质,其元素能谱分析见图 6.87 与表 6.46。

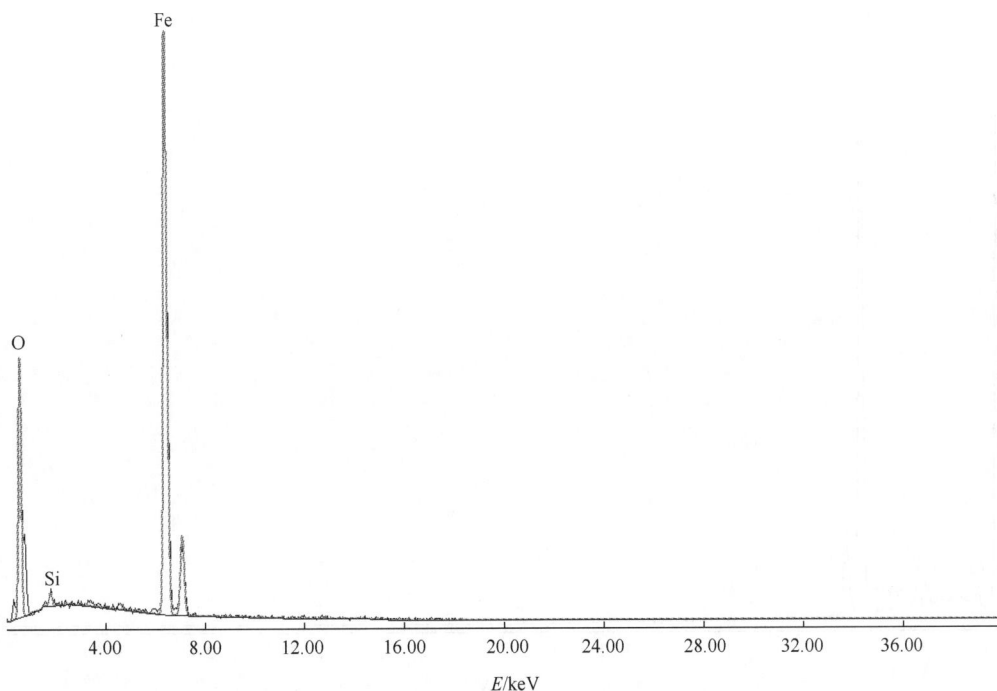

图 6.86 磁铁矿元素能谱分析结果

表 6.45 磁铁矿元素能谱分析结果

序号	$w(Fe)/\%$	$w(O)/\%$	$w(Mn)/\%$	$w(Si/Ti/Al/K/Ca)/\%$	合计/%
1	71.09	27.77	0	1.14	100.00
2	76.09	22.65	0	1.26	100.00
3	78.62	15.93	4.43	1.03	100.01
4	70.05	28.16	0	1.79	100.00
5	78.27	21.73	0	0	100.00
6	72.28	26.53	0	1.20	100.01
7	74.97	21.51	0	3.51	99.99
8	79.76	19.09	0	1.15	100.00
平均	75.14	22.92	0.55	1.39	100.00

　　由于矿石中氧化锰多为粒度大小不等的土状集合体,因此,部分氧化锰与粉末状的赤铁矿混杂在一起。图 6.88 中较暗的灰色为氧化锰矿,较亮的灰色为赤铁矿,图中间的颗粒为粉末状氧化锰和赤铁矿混合物。部分氧化锰则成微细粒集合体包裹于赤铁矿的孔隙或网格中(图 6.89 和图 6.90),能谱统计过程中,无法将其严格区分,形成氧化铁锰混合物。

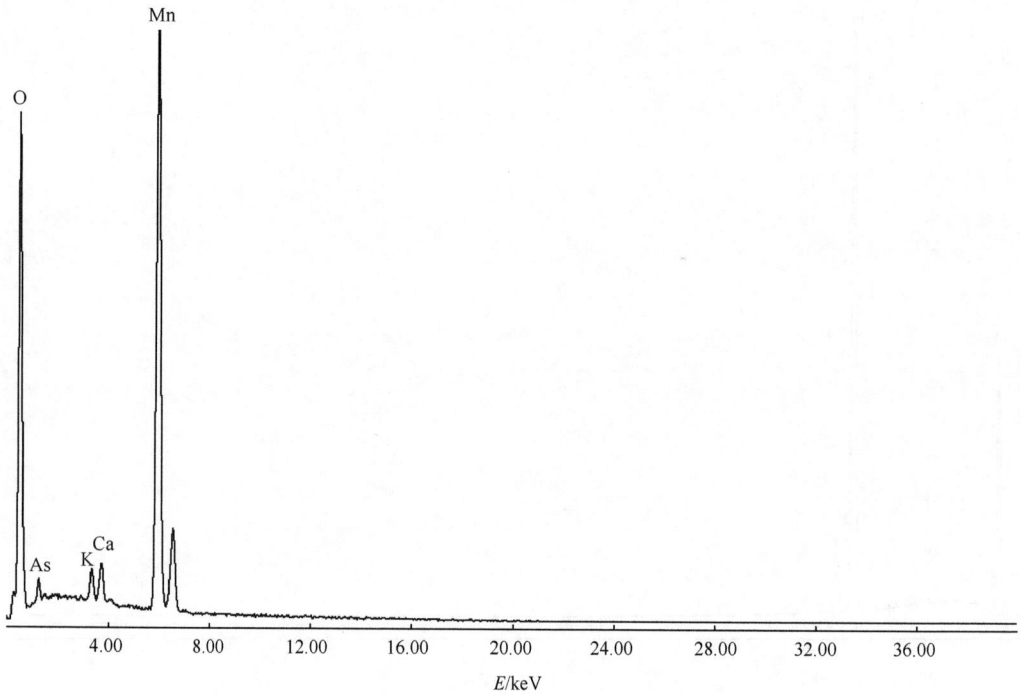

图 6.87　锰元素能谱分析结果

表 6.46　氧化锰元素能谱分析结果

	序号	$w(Fe)/\%$	$w(Mn)/\%$	$w(O)/\%$	$w(Al/Si/Ca/K/Mg 等)/\%$	合计/%
氧化铁	1	/	54.17	40.28	5.54	99.99
	2	/	56.76	37.84	5.40	100.00
	3	/	57.77	37.37	4.85	99.99
	4	/	61.85	32.54	5.61	2.64
	平均	/	57.64	37.01	5.35	100.00
氧化铁、锰混合物	1	61.75	7.95	27.61	2.68	99.99
	2	58.73	6.42	33.05	1.81	100.01
	3	54.59	7.94	35.05	2.42	100.00
	4	22.24	36.48	32.76	8.53	100.01
	5	28.91	35.10	32.13	3.86	100.00
	6	32.70	25.31	32.87	8.13	100.01
	7	32.97	26.32	36.15	4.55	99.99
	8	37.42	25.55	35.96	1.08	100.01
	平均	41.16	21.38	33.20	4.13	100.00

5. 铝硅酸盐

矿石中的铝硅酸盐主要为长石和高岭石,结晶细小,主要与粉末状赤铁矿混合形成矿石的胶结物,或形成赤铁矿鲕粒(图 6.91)。由于与赤铁矿混杂,其元素能谱分析都夹杂有铁元素,详见表 6.47。

图 6.88 氧化锰与粉末状的赤铁矿混杂

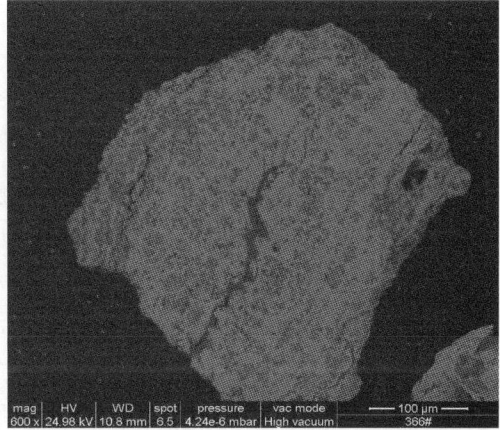

图 6.89 赤铁矿包裹氧化锰细小颗粒

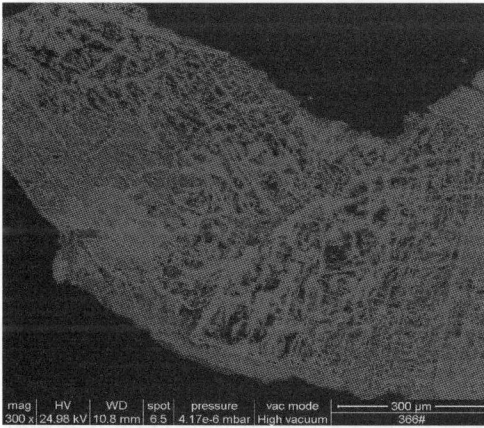

图 6.90 土状氧化锰集合体填充于赤铁矿网格中

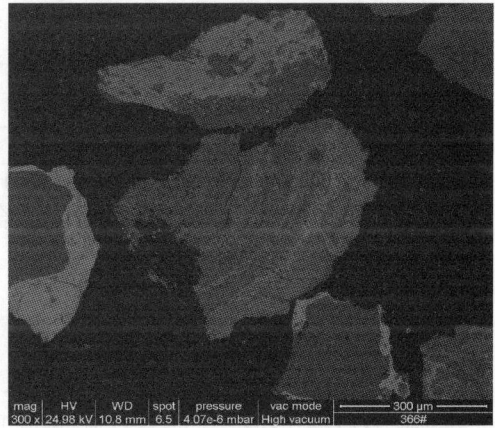

图 6.91 土状铝硅酸盐和赤铁矿形成环状鲕粒

表 6.47 铝硅酸盐元素能谱分析结果

序号	$w(Fe)/\%$	$w(Al)/\%$	$w(Si)/\%$	$w(O)/\%$	$w(Mg)/\%$	$w(K)/\%$	合计/%
1	24.34	11.36	19.29	40.60	2.16	2.25	100.00
2	27.51	11.56	18.23	36.17	2.01	4.51	100.00
3	16.18	10.57	24.25	42.13	0	6.87	100.00
4	24.82	10.53	26.81	33.25	1.46	3.13	100.00
5	29.78	9.60	15.46	41.24	2.23	1.69	100.00
平均	24.53	10.72	20.81	38.68	1.57	3.69	100.00

6. 石英

石英是矿石中主要的脉石矿物,呈砂粒状,被铁氧化物胶结形成沉积矿石,石英砂粒则形成矿石的骨架,部分微细的石英砂粒则多与粉末状赤铁矿、褐铁矿混杂形成填充脉或不规则的团块分布于裂隙或孔隙中。

（六）主要矿物的粒度特性

为了解矿石中主要矿物的粒度特性,在显微镜下对原矿中铁矿物和锰矿物的粒度进行系统的测量,各矿物的粒度检测结果见表 6.48。

表 6.48　铁、锰矿物和石英粒度检测结果

粒度范围/mm	赤铁矿（褐铁矿）		磁铁矿		软锰矿		氧化锰铁混合物		石英	
	含量/%	累计/%	含量/%	累计/%	含量/%	累计/%	含量/%	累计/%	含量/%	累计/%
+0.125	53.68	53.68	24.76	24.76	49.67	49.67	61.06	61.06	71.80	71.8
−0.125+0.090	6.94	60.62	7.02	31.78	8.62	58.29	7.68	68.74	9.69	81.49
−0.090+0.075	3.40	64.02	3.74	35.52	4.83	63.12	3.56	72.3	3.89	85.38
−0.075+0.053	4.41	68.43	5.52	41.04	6.95	70.07	4.26	76.56	4.34	89.72
−0.053+0.038	2.85	71.28	5.20	46.24	5.12	75.19	2.52	79.08	1.95	91.67
−0.038+0.032	1.49	72.77	3.67	49.91	1.67	76.86	1.26	80.34	0.68	92.35
−0.032+0.011	18.14	90.91	33.64	83.55	16.23	93.09	12.03	92.37	5.03	97.38
−0.011+0	9.09	100.00	16.51	100.00	6.92	100.00	7.63	100.00	2.62	100.00

从表 6.48 可见,原矿中铁、锰矿物和石英砂粒的粒度分布不均匀,需要通过磨矿使其单体解离,但由于铁、锰氧化物多为土状集合体,磨矿中容易产生泥化和流失问题。

（七）小结

凌源鲕状赤铁矿石为铁氧化矿石,铁矿物主要是赤铁矿（褐铁矿）、磁铁矿,锰矿物主要是软锰矿;脉石矿物主要有长石、高岭石。

该矿石以鲕状构造为主,具有典型的同心环带结构。铁、锰物主要以粉末状和致密块状两种状态存在。粉末状赤铁矿、褐铁矿、软锰矿多形成松散的土状集合体,致密块状的赤铁矿则分布于石英砂粒周围;磁铁矿也多包裹石英砂粒存在。集合体中的矿物难以单体解离,并易于泥化,这是该矿石难选的重要原因。

二、深度还原试验研究

（一）还原温度对试验结果的影响

深度还原过程中还原温度对还原产品金属化率影响较大,因此试验过程中首先考察当配碳系数为 3.0、还原时间为 50 min、煤粒度−2.0 mm 时不同温度对不同粒度矿石还原产品金属化率的影响,还原产品金属化率与还原温度关系如图 6.92 所示;为考察不同还原温度下还原产品在后续选矿作业中的可选性,试验中还对不同还原温度下还原产品

进行初步磁选试验,磁选试验在磁选管中进行,磁场强度为 56 kA·m⁻¹,磁选精矿金属化率与深度还原时间关系如图 6.93 所示,磁选精矿品位、回收率与深度还原温度关系如图 6.94 所示:

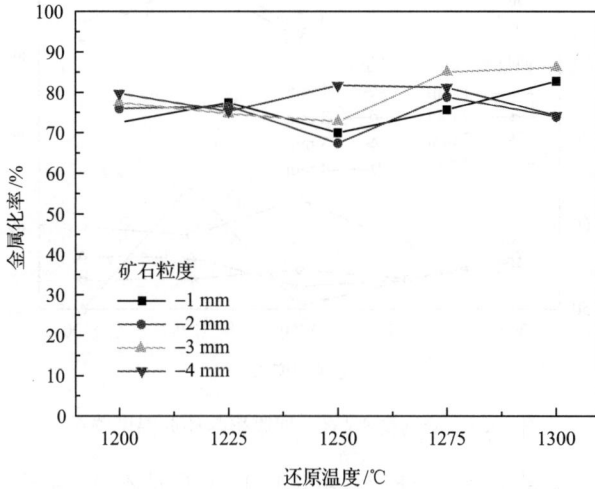

图 6.92　还原温度对金属化率的影响

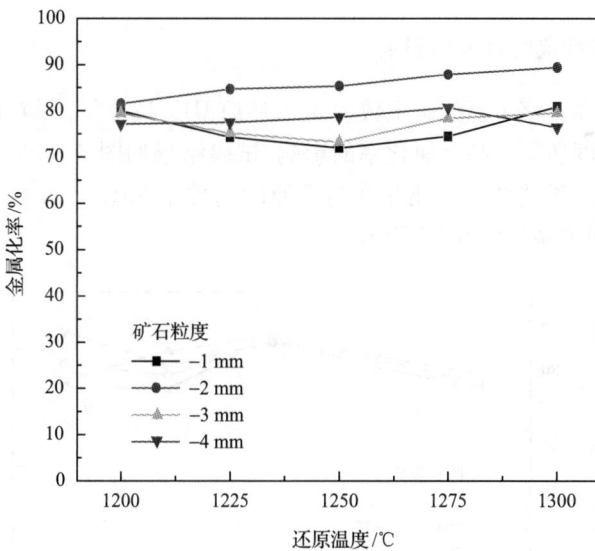

图 6.93　磁选精矿金属化率与深度还原时间关系

由图 6.92 可以看出,随着还原温度的增加,还原产品金属化率先降低后升高,在 1250 ℃出现拐点,在 1275 ℃时金属化率较高,故选定该温度为后续还原温度。

由图 6.93、图 6.94 可以看出,不同还原温度的还原产品金属化率相差虽然较大,但是经过一次磁选后精矿产品金属化率都有一定程度的提高,但除−2 mm 还原矿石外其他各粒级还原产品磁选精矿金属化率低于 80%,当还原温度高于 1250 ℃时,−2 mm 矿

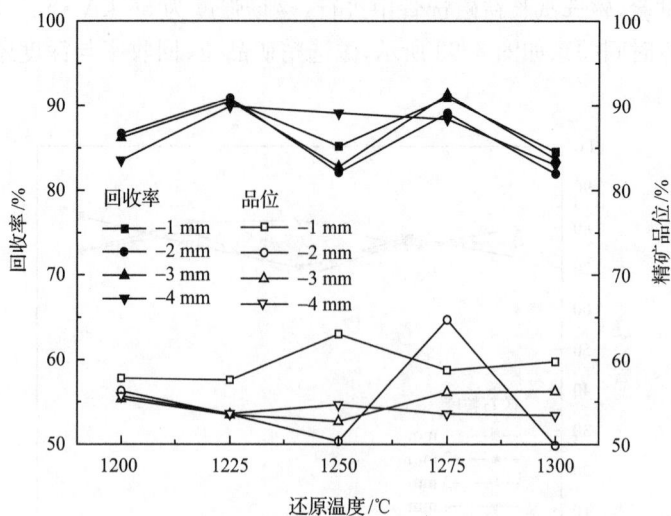

图 6.94　磁选精矿品位、回收率与还原温度关系

石还原产品磁选精矿金属化率大于85%,由于在1250℃时还原产品金属化率要低于其他温度,在磁选中此处回收率要有所降低,经过简单磁选后各还原产品精矿回收率均在80%以上,精矿品位则大部分在54%~60%范围内变化。

（二）还原时间对试验结果的影响

　　试验过程中同样考察了当配碳系数为3.0、还原温度1275℃、煤粒度-2.0 mm时不同的还原时间对深度还原产品金属化率的影响,试验结果如图6.95所示;不同还原时间各粒度还原产品一次磁选精矿金属化率与还原时间关系如图6.96所示,磁选精矿回收率、品位与还原时间关系如图6.97所示。

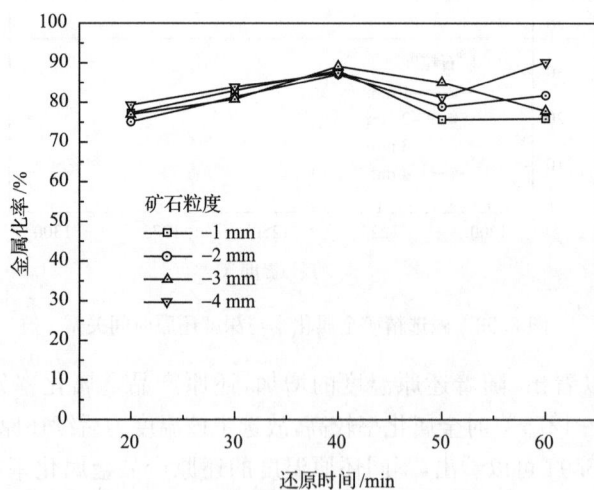

图 6.95　还原时间与还原产品金属化率的关系

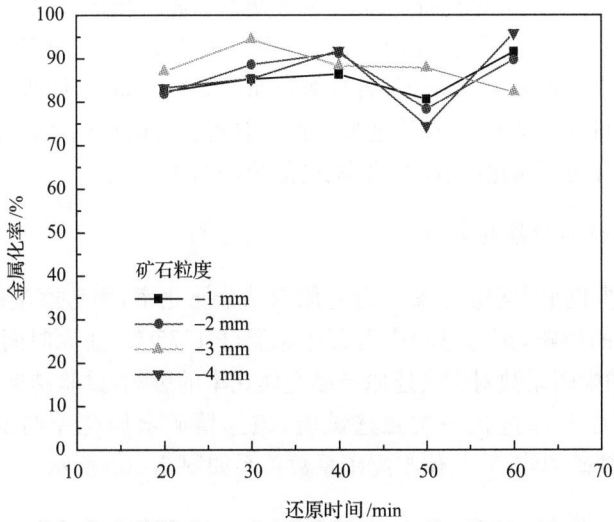

图 6.96　还原时间与磁选精矿金属化率关系

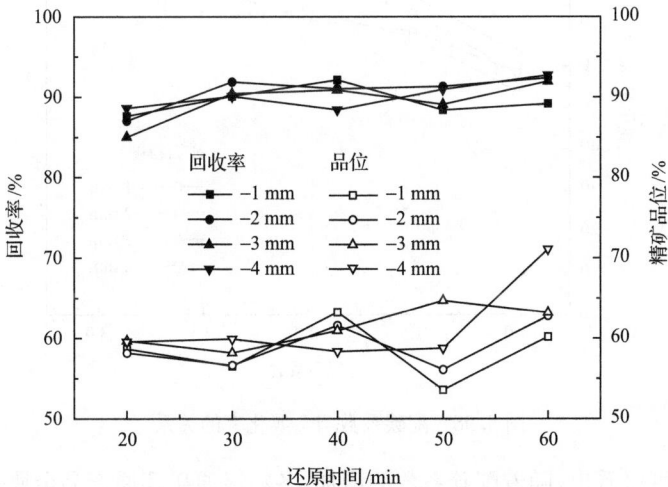

图 6.97　还原时间对磁选结果影响

　　由图 6.95 可以看出,在还原时间从 20 min 增加到 40 min 时,各粒级矿石还原产品的金属化率随还原时间的增加而迅速增加,对于－1 mm 矿石,还原产品金属化率从 77.33％上升到 88.09％,－2 mm 矿石还原产品金属化率则从 75.13％上升到 87.12％,－3 mm 矿石还原产品金属化率从 76.99％上升到 86.19％,－4 mm 矿石还原产品金属化率从 79.35％升高到 87.50％;还原时间超过 40 min 后,还原产品金属化率增加缓慢,甚至有随着还原时间增加反而有下降的趋势。因为在还原时间为 40 min 时各粒级矿石还原产品的金属化率都达到 85％以上,故选定 40 min 为后续还原时间。

　　由图 6.96、图 6.97 可以看出,不同还原时间的还原产品金属化率相差虽然较大,但是经过一次磁选后各还原产品磁选精矿金属化率均高于 80％,精矿产品金属化率都有一定程度的提高,随着还原时间的增加,还原产品经磁选后磁选精矿回收率随之增加且不同粒级原矿对应产品回收率都可达到87%以上,高者可达92%,一次磁选精矿品位可达56%~63%。在还原时间为40 min时,各粒级还原产品磁选品位、回收率、金属化率指标均优于其他还原时间对应结果,经深度还原后产品具有较好的可选性,如经过系统的选矿试验则可以得到具有高金属化率、高回收率、高品位的精矿。

（三）配碳系数试验结果的影响

配碳系数的多少也很大程度上影响着还原产品金属化率,为考察配碳系数的多少对还原产品金属化率的影响,试验过程中考察还原温度1275℃、还原时间40 min、煤粒度−2.0 mm时不同的配碳系数对深度还原产品金属化率的影响,试验结果如图6.98所示。试验中同时对各还原产品进行一次磁选试验,磁选精矿金属化率与配碳系数关系如图6.99所示,磁选精矿回收率、品位与配碳系数关系如图6.100所示。

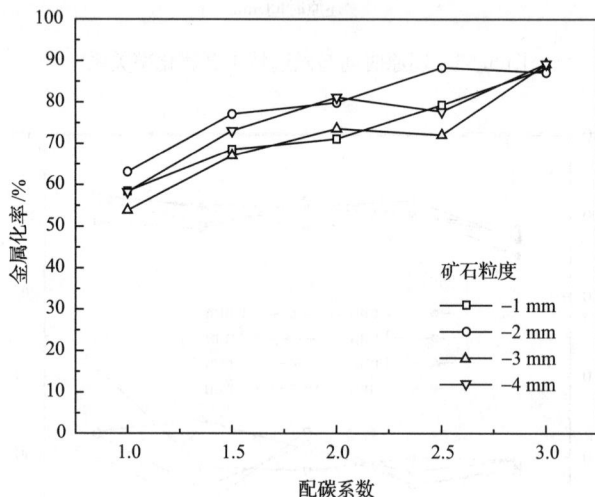

图6.98　配碳系数与金属化率的关系

由图6.98可以看出,随着配碳系数的增加,各粒级原矿还原产品金属化率迅速增加:在配碳系数从1.0增加到3.0时,−1 mm粒级原矿还原产品金属化率从58.47%增加到88.09%,金属化率增加了29.62%;−2 mm粒级原矿还原产品金属化率从63.16%增加到87.12%,金属化率增加了大约23.96%;−3 mm粒级原矿还原产品金属化率从58.32%增加到89.19%,金属化率增加了35.37%;−4 mm粒级原矿还原产品金属化率从58.26%增加到89.30%,金属化率增加了31.04%。在配碳系数较低时,原矿粒度越粗,还原产品金属化率越低;随着配碳系数的增加,在配碳系数为3.0时各粒级原矿还原产品金属化率差距已不大,仅相差2%左右,因此选择配碳系数为3.0。

由图6.99、图6.100可以看出,不同配碳系数的还原产品经过一次磁选后各还原产品磁选精矿金属化率、回收率变化趋势明显:配碳系数低时磁选精矿金属化率低,较低的还原产品金属化率使得矿石中大部分Fe矿物仍然呈Fe_2O_3状态存在于矿石中,因而在磁选过程中难以回收,使得精矿回收率偏低;随着配碳系数的增加,还原产品金属化率上

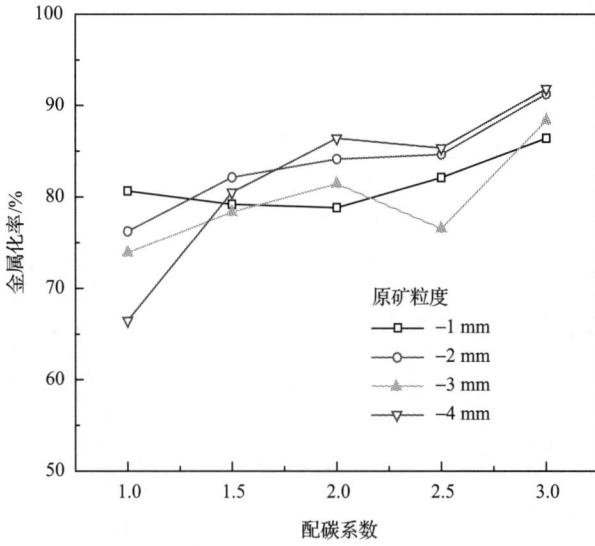

图 6.99　配碳系数与磁选精矿金属化率的关系

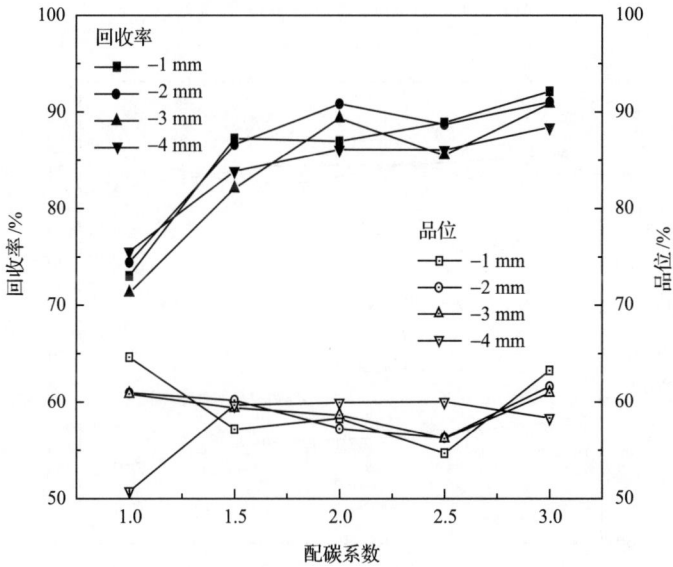

图 6.100　配碳系数对磁选结果的影响

升,矿物中的 Fe_2O_3 逐渐转化为金属 Fe,因而在磁选过程中被逐渐回收进入精矿使精矿回收率逐渐升高。

（四）矿石粒度对试验结果的影响

入炉矿石粒度的大小也一定程度的影响着还原产品金属化率,入炉矿石粒度小,还原速率快,还原比较彻底,相同的还原时间下比粒度大的矿石具有较高的金属化率,试验考察还原温度 1275℃、还原时间 40 min、煤粒度－2.0 mm、配碳系数 3.0 时不同的矿石粒度下深度还原产品的金属化率,试验结果如图 6.101 所示,一次磁选精矿金属化率、回收率及品位与矿石粒度关系如图 6.102 所示。

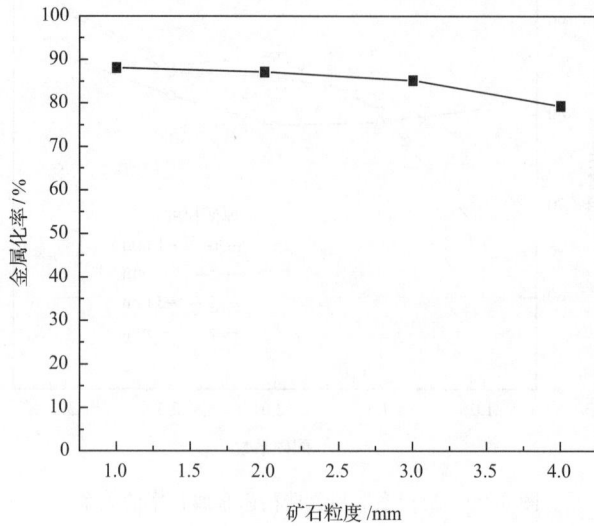

图 6.101　矿石粒度与金属化率的关系

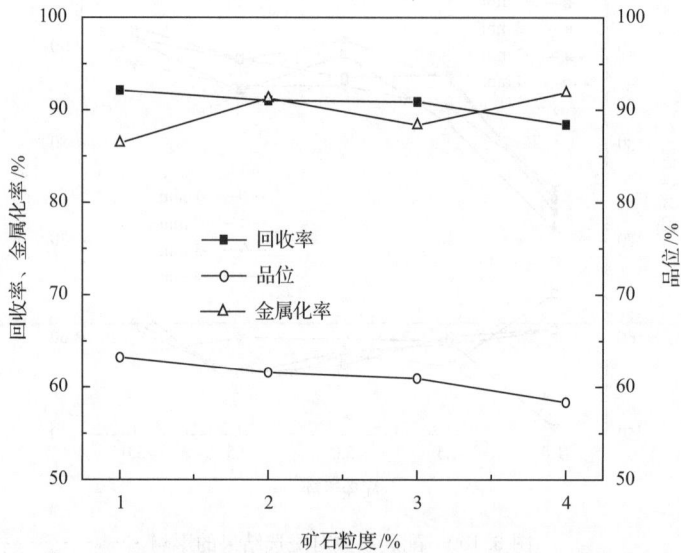

图 6.102　矿石粒度对磁选结果的影响

由图 6.101 可以看出,还原产品金属化率随矿石粒度的增加而降低,在矿石粒度由 1.0 增加到 4.0 时,还原产品金属化率由 88.09% 迅速下降到 79.30%,粒度小的矿石经深度还原后具有较高的金属化率,但是入炉矿石粒度的减小需要在破碎环节增加能耗,考虑到还原后产品金属化率,经比较选择 -2 mm 作为入炉矿石粒度。

（五）配煤粒度对试验结果的影响

配煤粒度的大小也一定程度上影响着还原产品金属化率,试验考察还原温度1275 ℃、还原时间 40 min、配碳系数 3.0 时不同的煤粒度下粒度为−2.0 mm 与−4.0 mm 矿石深度还原产品的金属化率,试验结果如图 6.103 所示。试验中同时对各还原产品进行了一次磁选试验,磁选精矿金属化率与配煤粒度关系如图 6.104 所示,磁选精矿回收率、品位与配煤粒度关系如图 6.105 所示。

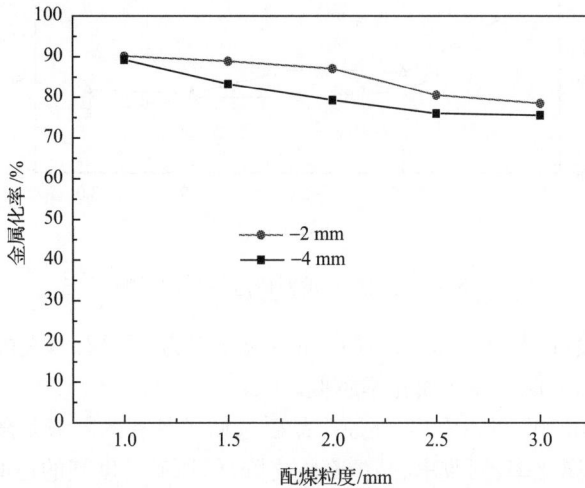

图 6.103　配煤粒度与金属化率的关系

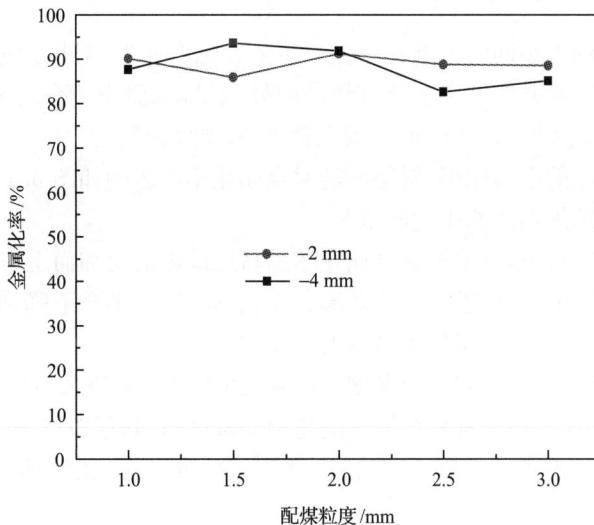

图 6.104　配煤粒度对磁选结果的影响

由图 6.103 可以看出,还原产品金属化率随配煤粒度增加而降低,当配煤粒度为−2 mm 时,在配煤粒度由 1.0 增加到 3.0 时,还原产品金属化率由 87.12% 迅速下降到

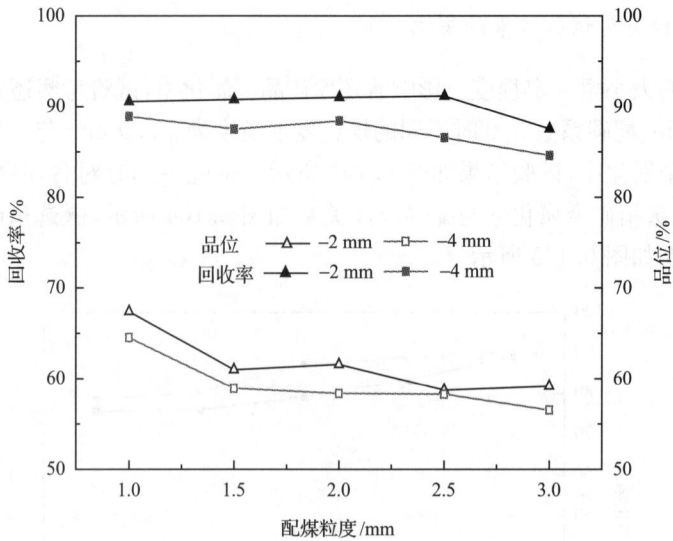

图 6.105　配煤粒度对磁选结果的影响

78.47%,当配煤粒度在-2 mm 时,还原产品金属化率为 87.12%,在配煤粒度相同的条件下,原矿粒度越粗,还原产品金属化率越低。

由图 6.104、图 6.105 可以看出,还原产品磁选精矿具有的趋势是随着配煤粒度的增加,磁选精矿产品金属化率、回收率、品位都随之降低,原矿粒度细的还原产品磁选指标优于原矿粒度粗的产品指标。

（六）料层厚度对试验结果的影响

入炉料层厚度的大小同时影响着还原产品金属化率和处理量,为考察料层厚度对还原产品金属化率的影响并使该工艺具有较高的处理量,试验中考察还原温度 1275 ℃、还原时间 40 min、矿石粒度-2.0 mm、配碳系数 3.0、配煤粒度为-2.0 mm 时不同的料层厚度下深度还原产品的金属化率,料层厚度对金属化率的影响如图 6.106 所示,不同料层厚度还原产品磁选结果如图 6.107 所示。

由图 6.106 可以看出,还原产品金属化率随料层厚度的增加而迅速降低,在料层厚度由 20 mm 增加到 60 mm 时,还原产品金属化率由 87.12% 迅速下降到 62.65%,在料层厚度为 30 mm 时还原产品金属化率仍然大于 85%。

由图 6.107 可以看出,随着料层厚度的增加,还原产品经磁选后所得精矿回收、金属化率迅速降低,精矿品位也随料层厚度的增加而降低,在料层厚度为 30 mm 时,还原产品磁选精矿金属化率仍然大于 80%,考虑到该工艺的处理量,在后续试验中料层厚度采用 30 mm。

（七）渣相碱度对试验结果的影响

高炉生产过程不仅要从铁矿石中还原出金属铁,而且还原出的铁与未还原的氧化物和其他杂质都能熔化成液态,最后以铁水和渣液的形态顺利流出炉外。渣数量及其性能

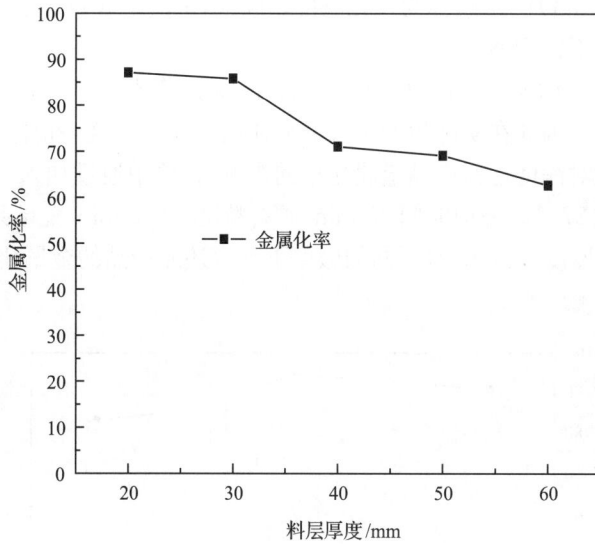

图 6.106　料层厚度与金属化率的关系

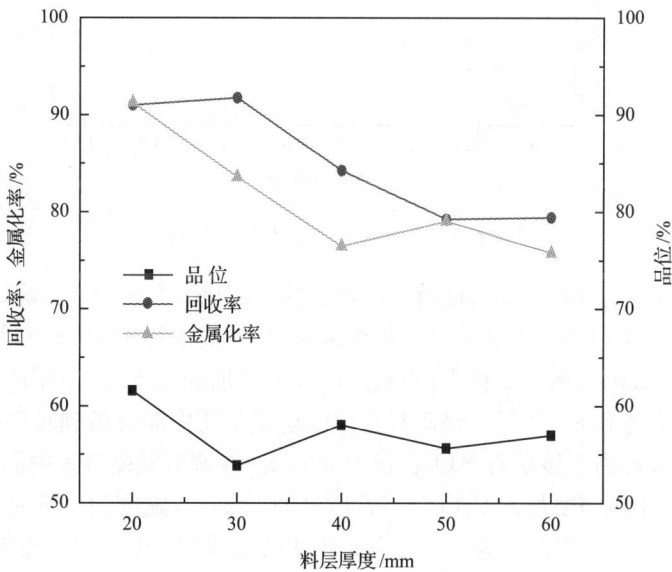

图 6.107　料层厚度对磁选结果的影响

直接影响高炉的顺行,以及生铁的产量、质量及其焦比。高炉冶炼中炉渣成分的来源主要是铁矿石中的脉石以及焦炭(或其他燃料)燃烧后剩余的灰分,一般的高炉渣主要由 SiO_2、Al_2O_3、CaO、MgO 四种氧化物组成。表示炉渣酸碱性指数的称为炉渣的碱度(R)。通常以炉渣中的碱性氧化物与酸性氧化物的质量百分数之比来表示碱度,有以下三种表示:

(1) $R=(CaO+MgO)/(SiO_2+Al_2O_3)$ 称四元碱度,又称全碱度。在一定的冶炼条件下,渣中 Al_2O_3 含量比较固定,生产过程中也难以调整。

（2）$R = (CaO + MgO)/SiO_2$ 称为三元碱度。同样，炉渣中 MgO 也常是比较固定的，一般情况下生产中也不常调整。

（3）$R = CaO/SiO_2$ 称为二元碱度。由于二元碱度计算比较简单，调整方便，又能满足一般生产工艺需要。因此在实际生产中大部分使用二元碱度这一指标。

为考察渣相碱度对深度还原产品金属化率的影响，试验中通过加入 CaO 调整渣相碱度，考察了还原温度 1275℃、还原时间 40 min、矿石粒度−2.0 mm、配碳系数 3.0、配煤粒度为−2.0 mm、料层厚度 30 mm 时不同的碱度下深度还原产品的金属化率，试验结果如图 6.108 所示。

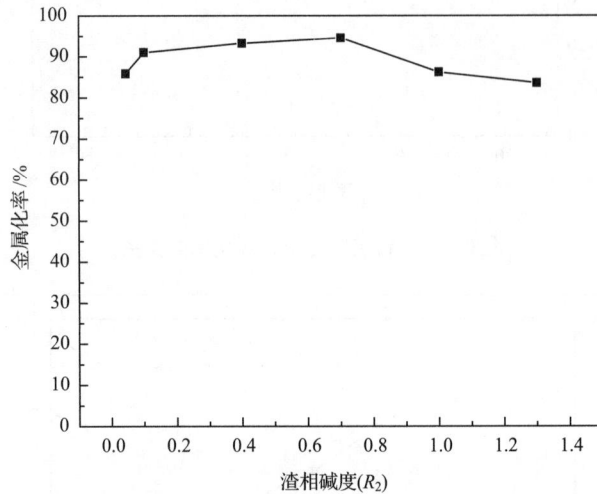

图 6.108　渣相碱度与金属化率的关系

由图 6.108 可以看出，渣相碱度对还原产品的金属化率有很大的影响，当碱度由原矿的 0.045 增加到 0.7 时还原产品的金属化率由 85.85% 迅速增加到 94.56%，碱度调节到 0.1 时即可得到 91.01% 的金属化率；当碱度由 0.7 增加到 1.4 时，还原产品金属化率则由 94.56% 迅速下降到 83.57%。该矿石在深度还原工艺中能够得到较高金属化率的适宜碱度为 0.1～0.7，由于该矿石 SiO_2 含量为 29.02% 在调节碱度过程中需要加入大量的 CaO，当碱度为 0.1 时需要加入 CaO 为矿石质量的 2.74%，碱度为 0.7 时需要加入 CaO 为矿石质量的 22.02%，当碱度为 0.1 时金属化率已达到 91.01%。因此综合考虑在深度还原过程中调节渣相碱度为 0.1。

三、还原产品磁选试验研究

通过上述试验最终确定了深度还原所需条件，在此条件下还原得到了金属化率为 93.64% 的还原产品，该产品粒度为−2.0 mm，为得到符合指标的最终精矿首先对还原产品进行一段磁选用以脱除过量的煤，然后对磁选后的产品进行磨矿、磁选试验，首先考察不同的磨矿细度对磁选结果的影响。

（一）磨矿时间与磨矿细度关系

试验中一段磨矿使用的球磨机是 XMQ-ϕ240×90 锥形球磨机，球磨机容积 6.25 L，二段磨矿球磨机为 XMQ-150×50 锥形球磨机，球磨机容积 1.0 L，磨矿浓度为 70%。试验所得一段磨矿细度与磨矿时间关系如图 6.109 所示。根据图 6.109 确定了磨矿细度至 −0.074 mm 含量分别占 50%、75%、85%、95% 时所需要的磨矿时间分别为 6 分、10 分 30 秒、14 分 10 秒、28 分 40 秒。

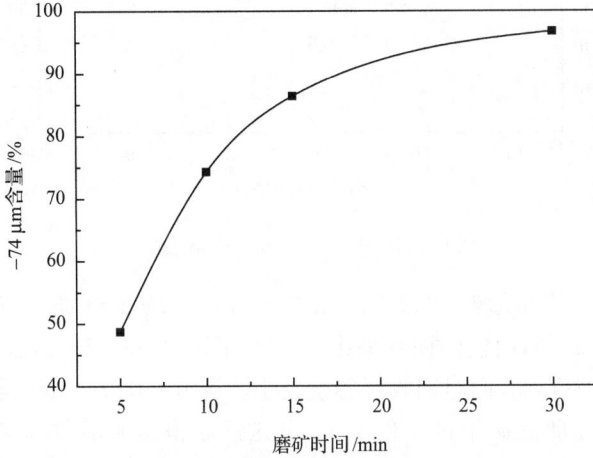

图 6.109　磨矿时间与磨矿细度关系

（二）磨矿细度对二段磁选结果影响

试验中考察了磨矿细度为 −0.074 mm 含量分别占 50%、75%、85%、95% 时二段磁选结果的影响，试验流程如图 6.110 所示，试验结果如图 6.111 所示。

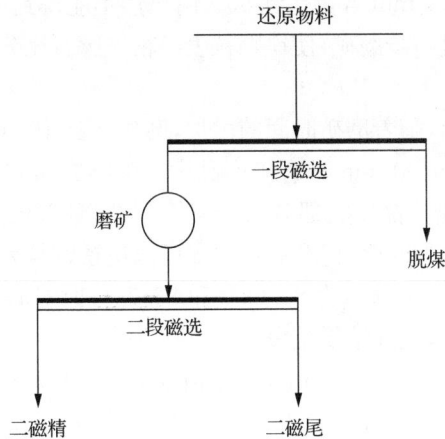

图 6.110　磁选试验流程图

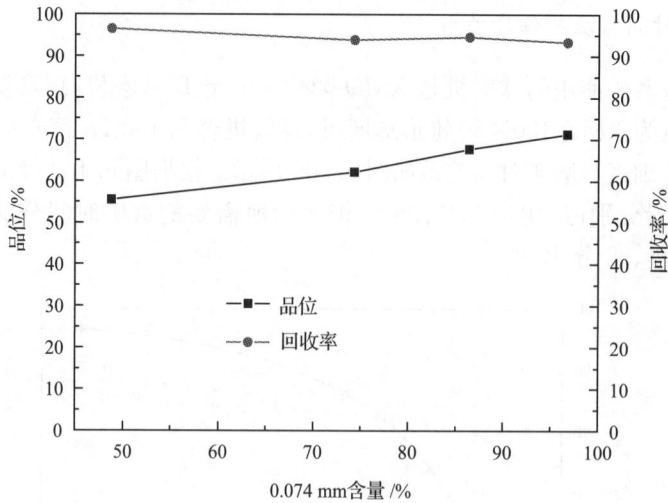

图 6.111　磨矿细度对磁选结果影响

由图 6.111 可以看出随着－0.074 mm 含量由 50％增加到 95％,磁选精矿铁品位由 55.49％提高到 71.23％,而铁的回收率由 96.5％下降到 93.35。因此可以看出,磨矿细度对精矿品位有很大影响,而对回收率影响较小。选取－0.074 mm 含量占 95％作为一段磨矿磨矿细度,在此磨矿细度条件下,二段磁选获得精矿品位为 71.23％,回收率为 93.35％,金属化率为 86.41％。

（三）磨矿细度对三段磁选结果影响

该矿为鲕状赤铁矿,铁矿物嵌布粒度极细,经过深度还原后虽然还原出的铁颗粒有所增长,但是高温下在铁颗粒生长过程中不可避免地在铁颗粒表面黏连细粒脉石杂质,在磨矿过程中如果不使这些杂质从铁颗粒上解离下来就不能得到较高品位的铁精矿,使得试验中在磨矿细度为－0.074 mm 含量达到 95％时仍然不能得到较高品位精矿。因此还需要对二段磁选所得精矿进一步磨矿,使铁颗粒表面粘连脉石充分解离,磨矿时间与磨矿细度关系如图 6.112 所示。

由图 6.112 可以看出,随着磨矿时间的增加,磨矿产品中－0.043 mm 粒级产品增加缓慢。磨矿时间为 40 min、60 min 时磨矿产品中－0.043 mm 粒级含量分别为 84.63％和 86.74％,这是由于入磨产品中大部分为金属铁颗粒,具有较好的延展性,在磨矿过程中很难使其粒度发生较大的改变,但磨矿过程却可以使铁颗粒表面粘连的脉石解离下来。试验中选取磨至－0.043 mm 含量为 84.63％和 86.74％时对磨矿产品进行了三段磁选,试验流程如图 6.113 所示,磁选结果见表 6.49。

由表 6.49 可以看出,当－0.043 mm 含量由 84.63％上升到 86.74％时,磁选精矿品位由 85.15％上升到 87.50％,升高了 2.35％;而回收率仅由 97.56％下降到 96.12％,降低了 1.44％。

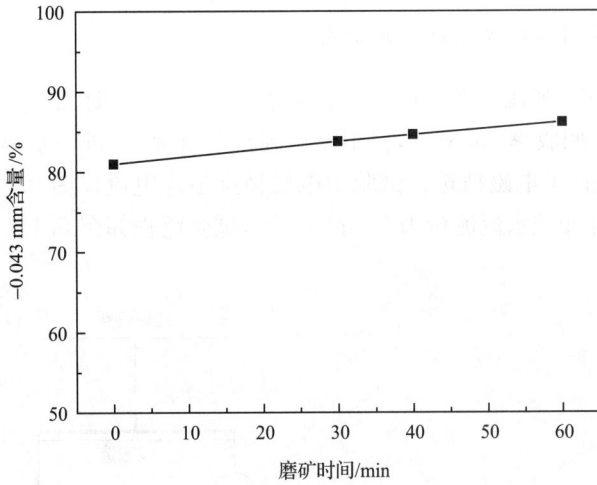

图 6.112　磨矿时间与磨矿细度关系

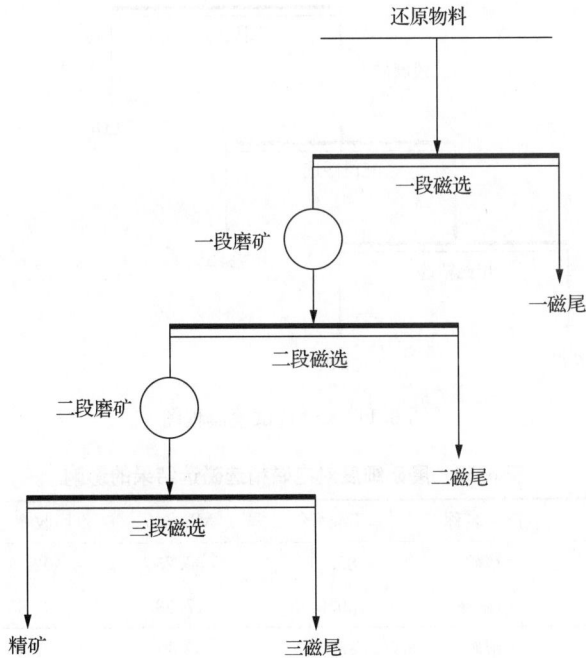

图 6.113　磁选试验流程图

表 6.49　磨矿细度对磁选结果影响

−0.043 mm 含量/%	产品名称	TFe/%	MFe/%	回收率/%	金属化率/%
86.74	三磁精	81.74	53.74	95.86	64.89
	三磁尾	16.63			
84.63	三磁精	80.70	55.09	97.43	68.27
	三磁尾	13.64			

（四）磨矿细度对电磁精选结果的影响

先前试验中,在磨矿细度为－0.043 mm 含量为 86.74％时,经过第三段磁选得到精矿品位为 81.74％,回收率 95.86％,仍不能达到预期目标,为进一步提高精矿中铁品位,对三段磁选精矿进行了电磁精选。试验中电磁精选恒定电流设为 0.7 A,脉动电流最大值设为 1.0 A,上升冲洗水流流量为 75 mL·s^{-1},试验流程如图 6.114 所示,试验结果见表 6.50。

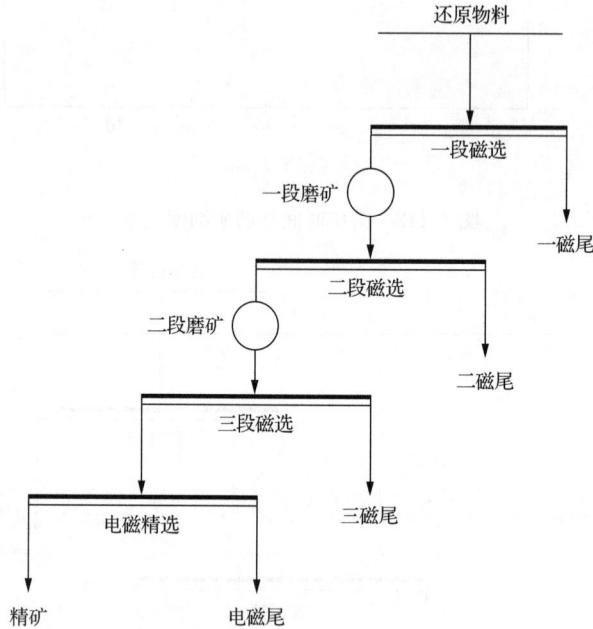

图 6.114　磁选试验流程图

表 6.50　磨矿细度对电磁精选磁选结果的影响

－0.043 mm 含量	产品名称	TFe/%	MFe/%	回收率/%	金属化率/%
86.74	精矿	85.51	56.25	92.00	65.48
	电磁尾	39.82	17.33	3.85	0.44
84.63	精矿	85.03	59.17	92.92	69.59
	电磁尾	39.34	16.16	4.50	0.41

由表 6.50 可知,经过预先磁选-两段磨矿-两段磁选-电磁精选流程,在最终可得到TFe 85.51％,回收率 92.00％的精矿,基本达到预期要求。

（五）开路试验

根据上述试验中确定的条件,对原矿进行两次还原-磁选开路试验以进行对比及验证,还原后产品先经过一段磁选抛除过量的煤,然后经过两段磨矿-两段磁选-电磁精选得到最终精矿,第一次开路试验仅考察铁元素的走向,第二次开路试验则考察铁、锰元素的走向,所开路试验结果见表 6.51～表 6.53,第二次开路试验数质量流程图如图 6.115 所示。

表 6.51　第一次开路试验结果

成分	TFe/%	回收率/%	MFe/%	Mn/%	SiO₂/%	Al₂O₃/%	CaO/%	S/%	P/%
精矿	85.51	87.14	56.25	1.34	4.01	1.13	0.39	0.081	0.060
精尾	52.93	4.85	—	—	—	—	—	—	—
三磁尾	16.63	3.92	—	—	—	—	—	—	—
二磁尾	2.49	2.54	—	—	—	—	—	—	—
一磁尾	1.80	1.55	—	—	—	—	—	—	—
合计	30.97	100.00	—	—	—	—	—	—	—

表 6.52　第二次开路试验结果

产品名称	品位				回收率		金属化率 /%
	TFe/%	MFe/%	Mn/%	C/%	Fe/%	Mn/%	
精矿	86.10	81.94	1.54	0.72	93.21	19.68	95.17
精尾	16.28	6.42	4.18	—	1.45	4.40	39.43
三磁尾	5.29	0.85	5.65	—	0.71	8.96	16.07
二磁尾	3.53	0.62	5.15	—	3.71	63.91	17.56
一磁尾	1.20	—	0.34	80.11	0.92	3.05	—
合计	32.00	30.50	2.96	—	100.00	100.00	95.33

表 6.53　第二次开路试验精矿多元素分析　　　　　　单位:%

成分	TFe	MFe	FeO	Mn	SiO₂	Al₂O₃	CaO	MgO	S	P	固定碳
精矿	86.10	81.94	4.75	1.54	6.75	1.84	0.698	1.19	0.082	0.087	0.72

由开路试验结果看出,在试验制定的深度还原条件及选别流程条件下,开路试验最终获得铁品位 86.10%、回收率 93.21%、锰品位 1.54%、回收率 19.68%的精矿,精矿品位指标达到预期要求,一次磁选尾矿固定碳含量为 80.11%,可返回还原流程继续使用。

四、深度还原煤耗及与其他工艺铁回收率比较

(一)深度还原过程煤耗计算

在深度还原过程中,铁氧化物的还原是逐级进行的,在每个阶段直接还原和间接还原都可能同时发生,这与高炉冶炼过程中在高炉下部低价铁氧化物(FeO)直接还原产生的 CO 到高炉上部进行间接还原是不相同的。为分析直接还原和间接还原的程度,按逐级还原规律重新定义直接还原度如下(汪琦,2005):

(1) Fe₃O₄ 的直接还原度:Fe₂O₃ 被直接还原至 Fe₃O₄ 的质量与其被全部还原至 Fe₃O₄ 的质量之比,称为 Fe₃O₄ 的直接还原度,用 r_{d1} 表示。

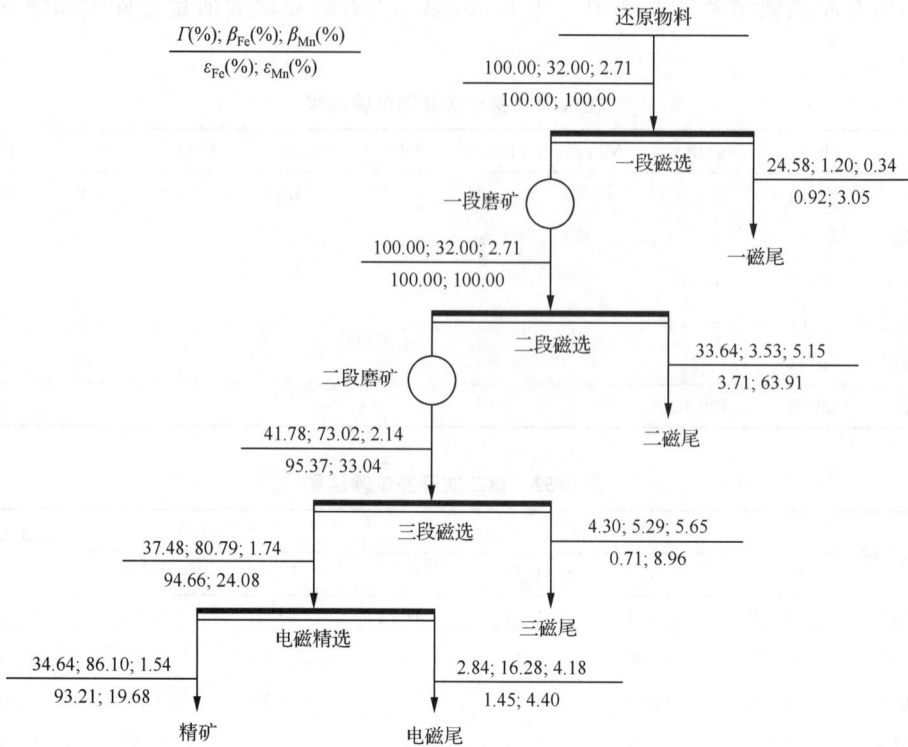

$$\frac{\varGamma(\%);\ \beta_{Fe}(\%);\ \beta_{Mn}(\%)}{\varepsilon_{Fe}(\%);\ \varepsilon_{Mn}(\%)}$$

还原物料

100.00; 32.00; 2.71
100.00; 100.00

一段磁选

24.58; 1.20; 0.34
0.92; 3.05

一段磨矿

一磁尾

100.00; 32.00; 2.71
100.00; 100.00

二段磁选

33.64; 3.53; 5.15
3.71; 63.91

二段磨矿

二磁尾

41.78; 73.02; 2.14
95.37; 33.04

三段磁选

4.30; 5.29; 5.65
0.71; 8.96

37.48; 80.79; 1.74
94.66; 24.08

电磁精选

三磁尾

34.64; 86.10; 1.54
93.21; 19.68

2.84; 16.28; 4.18
1.45; 4.40

精矿

电磁尾

图 6.115　第二次开路试验数质量流程图

$$r_{d1} = \frac{w(\mathrm{Fe}_{d1})}{w(\mathrm{Fe}_{\sum})}$$

式中，$w(\mathrm{Fe}_{d1})$——$\mathrm{Fe_2O_3}$ 被直接还原至 $\mathrm{Fe_3O_4}$ 的质量，$\mathrm{kg \cdot kg^{-1}}$；

　　$w(\mathrm{Fe}_{\sum})$——$\mathrm{Fe_2O_3}$ 被全部还原至 $\mathrm{Fe_3O_4}$ 的质量，$\mathrm{kg \cdot kg^{-1}}$。

（2）FeO 的直接还原度：$\mathrm{Fe_3O_4}$ 被直接还原至 FeO 的质量与其被全部还原至 FeO 的质量之比，称为 FeO 的直接还原度，用 r_{d2} 表示。

$$r_{d2} = \frac{w(\mathrm{Fe}_{d2})}{w(\mathrm{Fe}_{\sum})}$$

式中，$w(\mathrm{Fe}_{d2})$——$\mathrm{Fe_3O_4}$ 被直接还原至 FeO 的质量，$\mathrm{kg \cdot kg^{-1}}$；

　　$w(\mathrm{Fe}_{\sum})$——$\mathrm{Fe_3O_4}$ 被全部还原至 FeO 的质量，$\mathrm{kg \cdot kg^{-1}}$。

（3）Fe 的直接还原度：FeO 被直接还原至 Fe 的质量与其被全部还原至 Fe 的质量之比，称为 Fe 的直接还原度，用 r_{d3} 表示。

$$r_{d3} = \frac{w(\mathrm{Fe}_{d3})}{w(\mathrm{Fe}_{\sum})}$$

式中，$w(\mathrm{Fe}_{d3})$——FeO 被直接还原至 Fe 的质量，$\mathrm{kg \cdot kg^{-1}}$；

　　$w(\mathrm{Fe}_{\sum})$——FeO 被全部还原至 Fe 的质量，$\mathrm{kg \cdot kg^{-1}}$。

（4）矿石的直接还原度：矿石中铁氧化物被直接还原的铁质量与全部还原的铁质量

之比,称为矿石的直接还原度,用 r_d 表示。

$$r_d = \frac{w(\mathrm{Fe_d})}{w(\mathrm{Fe_\sum})} = \frac{1}{9}r_{d1} + \frac{2}{9}r_{d2} + \frac{6}{9}r_{d3}$$

式中, $w(\mathrm{Fe_d})$——从原矿铁氧化物中直接还原的铁质量,$\mathrm{kg \cdot kg^{-1}}$;

　　$w(\mathrm{Fe_\sum})$——原矿中的总铁质量,$\mathrm{kg \cdot kg^{-1}}$。

如原矿中的铁氧化物为 $\mathrm{Fe_2O_3}$ 还原剂为碳。在铁氧化物逐级还原的各个阶段,直接还原和间接还原的碳素消耗量如下:

(1) 从 $\mathrm{Fe_2O_3}$ 到 $\mathrm{Fe_3O_4}$ 还原阶段:

直接还原的碳消耗:

$$3\mathrm{Fe_2O_3} + \mathrm{C} =\!=\!= 2\mathrm{Fe_3O_4} + \mathrm{CO}$$

$$w(\mathrm{C_{d1}}) = \frac{12}{2 \times 232}r_{d1} = 0.0259r_{d1}, \mathrm{kg \cdot kg^{-1}}$$

间接还原的碳消耗:

$$3\mathrm{Fe_2O_3} + n_1\mathrm{C} =\!=\!= 2\mathrm{Fe_3O_4} + (n_1-1)\mathrm{CO} + \mathrm{CO_2}$$

$$w(\mathrm{C_{d1}}) = 0.0259n_1(1-r_{d1}), \mathrm{kg \cdot kg^{-1}}$$

(2) 从 $\mathrm{Fe_3O_4}$ 到 FeO 还原阶段:

直接还原的碳消耗:

$$\mathrm{Fe_3O_4} + \mathrm{C} =\!=\!= 3\mathrm{FeO} + \mathrm{CO}$$

$$w(\mathrm{C_{d2}}) = \frac{12}{2 \times 72}r_{d2} = 0.0556_{d2}, \mathrm{kg \cdot kg^{-1}}$$

间接还原的碳消耗:

$$\mathrm{Fe_2O_3} + n_2\mathrm{C} =\!=\!= 2\mathrm{FeO} + (n_2-1)\mathrm{CO} + \mathrm{CO_2}$$

$$w(\mathrm{C_{d2}}) = 0.0556n_2(1-r_{d2}), \mathrm{kg \cdot kg^{-1}}$$

(3) 从 FeO 到 Fe 还原阶段:

直接还原的碳消耗:

$$\mathrm{FeO} + \mathrm{C} =\!=\!= \mathrm{Fe} + \mathrm{CO}$$

$$w(\mathrm{C_{d3}}) = \frac{12}{56}r_{d3} = 0.2143_{d3}, \mathrm{kg \cdot kg^{-1}}$$

间接还原的碳消耗:

$$\mathrm{FeO} + n_3\mathrm{C} =\!=\!= \mathrm{Fe} + (n_3-1)\mathrm{CO} + \mathrm{CO_2}$$

$$w(\mathrm{C_{d3}}) = 0.2143n_3(1-r_{d3}), \mathrm{kg \cdot kg^{-1}}$$

将不同还原阶段的直接还原和间接还原的碳消耗量与直接还原度的关系方程联立求解,可以求得不同温度下达到最低碳消耗时的直接还原度,称为适宜的直接还原度。由适宜的直接还原度可以计算得到还原 $\mathrm{Fe_2O_3}$ 至 Fe 的最低碳消耗为 $0.218 \; \mathrm{kg(C) \cdot kg(Fe)^{-1}}$,最高碳消耗为 $0.321 \; \mathrm{kg(C) \cdot kg(Fe)^{-1}}$,直接还原度越低,碳消耗量越低。另外,煤中还含有部分氢元素,其具有极强的还原能力,也可使实际碳耗量下降。

根据开路试验数据得到的碳耗量计算如下：

开路试验中三段卧式焙烧炉入炉料组成为：铁矿石 2449.9 g，煤 1105.40 g，CaO 67.20 g，还原后物料预先磁选即可得到可回收利用的煤 575.11 g，其固定碳含量为 80.11%，折算为与还原用煤相同固定碳含量时质量为

$$m_{C回收} = 575.11 \text{ g} \times 80.11\% / 70.27\% = 655.64 \text{ g}$$

回收率为 655.64 g/1105.40 g×100.000%＝59.31%

则不考虑还原炉气回收利用，试验耗煤量为

$$m_C = 1105.40 \text{ g} - 655.64 \text{ g} = 449.76 \text{ g}$$

铁精矿中含碳量为 0.72%，折算为还原用煤质量为

$$m_{C铁} = 810.52 \text{ g} \times 0.72\% / 70.27\% = 8.30 \text{ g}$$

则扣除最终铁精矿中含有的 C 之后消耗的煤质量为

$$m_{消耗} = m_C - m_{C铁} = 449.76 \text{ g} - 8.30 \text{ g} = 441.46 \text{ g}$$

产出的最终精矿中含铁量：

$$m_{Fe} = 810.52 \text{ g} \times 86.10\% = 697.86 \text{ g}$$

则 $m_C/m_{Fe} = 441.46$ g/697.86 g＝0.63，即生产 1 kg 深度还原铁的实际煤耗量为 0.63 kg，折算为碳耗量为 0.443 kg。

钢铁企业为能量密集型企业，其能耗占世界总能耗的 5%，温室气体排放量占世界总排放量的 3%～4%。如何降低钢铁冶金产业能耗及温室气体排放已成为一个世界性的问题。在传统的钢铁生产工艺中冶金反应重复（图 6.116），高炉炼铁过程中相当数量的

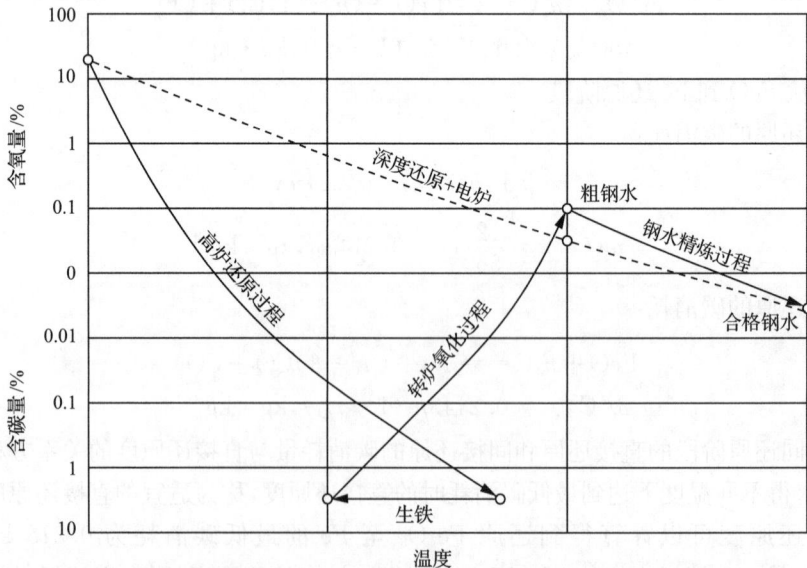

图 6.116　钢铁生产中 O、C 含量变化

碳(约 4%)进入生铁,高炉生铁必须在转炉中进行精炼脱碳,在脱碳的同时又使含氧量升高到 0.1% 左右因而还需进一步脱氧,最终所得一定含碳量的钢水进入轧制环节轧钢。

转炉是中国最主要的炼钢方法,2008 年转炉钢产量为 4.518 亿 t,转炉钢比例为 90% 左右,首钢 30 t 氧气顶吹转炉每得 1 t 含碳量 0.4% 的钢水需耗含碳量 4.4% 铁水 995.54 kg,则依上述数据作为全国平均数据,计算 2009 年我国转炉钢产量为

$$m_{转炉钢} = 56\,784\ 万\ t \times 90\% = 51\,105.6\ 万\ t$$

需消耗生铁

$$m_{生铁} = 51\,105.6\ 万\ t \times 995.54\ kg \cdot t^{-1} = 50\,877.67\ 万\ t$$

炼钢过程中脱碳量

$$m_C = 50\,877.67\ 万\ t \times (4.4\% - 0.4\%) = 2035.11\ 万\ t$$

若高炉炼铁工艺中焦比:油比:煤比=10:1:1.67,则炼钢过程中脱除的碳元素约 80% 来自焦炭,则我国 2009 年在炼钢过程中燃烧的焦炭量为

炼钢中间接消耗焦炭

$$m_C = 2035.11\ 万\ t \times 80\% = 1628.09\ 万\ t$$

我国 2009 年钢铁工业焦炭消耗中有 1628.09 万 t 焦炭进入生铁在转炉中燃烧,虽然在转炉中碳燃烧热量可以综合回收但这燃烧的是我国宝贵的焦煤资源,加上炼焦过程的能耗,这对我国的焦煤资源是一个极大的浪费。而深度还原工艺中使用的是普通的动力煤,因而在煤耗上比高炉流程更具有优势。

(二) 铁矿物的回收率比较

传统选矿-球团-炼铁-炼钢流程中,2006 年选矿环节部分铁选厂指标见表 6.54。

表 6.54　部分铁选厂指标

选厂名称	TFe/%		回收率/%
	原矿	精矿	
鞍钢集团矿业公司齐大山选厂	28.55	67.56	78.92
鞍钢集团矿业公司弓长岭矿业公司选矿厂	31.90	69.15	81.41
本钢矿业公司南芬选矿厂	29.41	68.43	82.50
首钢矿业公司大石河铁矿选矿厂	26.23	67.15	81.08
太钢矿业公司峨口铁矿选矿厂	28.64	66.61	66.13
上海梅山矿业有限公司选矿厂	40.65	57.14	76.92

由表 6.54 可以看出,国内大型钢铁集团铁矿选矿厂给矿品位差别较大,受原矿影响最终精矿品位回收率变化很大,为比较计算,取本钢矿业公司南芬选矿厂铁矿物回收率 82.50% 作为与本部分深度还原工艺铁回收率计算比较的数据。在球团、焙烧过程中,不考虑铁矿物的损耗,在高炉炼铁过程中假定有 99.5% 的铁被收回进入生铁,则高炉流程

中以原矿计的进入转炉前铁矿物的回收率为

$$\varepsilon_{Fe} = 82.50\% \times 99.5\% = 82.09\%$$

由表 6.52 开路试验可以看出,经过深度还原-磁选工艺处理后,最终得到全铁品位 86.10%,回收率 93.21%的精矿。可以看出,使用深度还原工艺处理铁矿石进入炼钢环节的铁回收率要远高于选矿-球团焙烧-高炉炼铁-转炉炼钢流程中进入炼钢环节的铁回收率。

(三) 小结

(1) 试验中考察了还原温度、还原时间、配碳系数、矿石粒度、配煤粒度、料层厚度、渣相碱度等因素对深度还原产品金属化率的影响,最终确定适宜的还原条件为:还原温度 1275℃、还原时间 40 min、配碳系数 3.0、矿石粒度-2.0 mm、配煤粒度-2.0 mm、料层厚度 30 mm、渣相碱度 0.1,在此条件下得到的还原产品金属化率大于 91.01%。

(2) 根据还原产品性质进行了磁选试验,最终确定了适宜的磁选流程及各段磨矿细度,磁选流程为:预先磁选-两段磨矿-两段磁选-电磁精选,在此条件下对还原产品进行开路试验,最终得到了铁品位 86.10%、回收率 93.21%,锰品位 1.54%、回收率 19.68%的精矿。

(3) 经计算,深度还原过程中实际煤耗为 0.443 kg(煤)/1 kg(Fe),入炉料中过量的煤可在还原后预先磁选进行回收再用;深度还原工艺中铁矿物回收率明显高于高炉长流程中铁矿物的回收率。

参 考 文 献

曹福利,刘秉裕.2006.磁铁矿的高效精选设备——裕丰磁选柱结构和生产实践.金属矿山,增刊:393-397.

朝鲜粒铁生产技术考察组.1972.朝鲜粒铁生产.沈阳:东北大学出版社.

陈雯.2003.絮凝-强磁选回收易泥化褐铁矿的试验研究.金属矿山,(6):32-34.

董干国,刘桂芝,刘林.2005.BF-T型浮选机在铁精矿提铁降杂工艺中的应用.矿冶,14(4):20-22.

段希祥,肖庆飞.2012.破碎与磨矿.北京:冶金工业出版社.

樊丽琴,姚刚.2005.白云鄂博氧化矿采用反浮-正浮新工艺试验研究.包钢科技,31(4):6-9.

高鹏.2010.白云鄂博氧化矿石深度还原-高效分选基础研究.沈阳:东北大学.

高文义.2010.吉林临江羚羊铁矿石分选基础研究.沈阳:东北大学.

韩跃新,李艳军,刘杰,等.2011.难选铁矿石深度还原-高效分选技术.金属矿山,(11):1-4.

洪家凯.1998.云南落雪矿难选铁矿石综合利用研究与应用.矿产综合利用,(2):1-3.

李胜荣.2008.结晶学与矿物学.北京:地质出版社.

李艳军,韩跃新,朱一民,等.2012.临江羚羊铁矿石深度还原试验研究.东北大学学报(自然科学版),33(1):137-140.

李永聪,孙福印.2002.新疆某褐铁矿的选矿工艺研究.金属矿山,(6):29-30.

刘宁斌,杨杰康,雷云,等.2005.王家滩菱铁矿开发利用.中国过程科学,9:331-339.

刘亚川.2012.我国鲕状赤铁矿资源特性及其利用潜力.http://www.mlr.gov.cn/tdzt/zxgz/kczyjyyzhly/gzdt_6995/201206/t20120601_1105463.htm.2012-06-01.

罗立群,张泾生,高远扬,等.2004.菱铁矿干式冷却磁化焙烧技术研究.金属矿山,10:28-31.

罗立群.2006.菱铁矿的选矿开发研究与发展前景.金属矿山,(1):68-72.

吕振福.2010.辽宁凌源鲕状赤铁矿选矿关键技术研究.沈阳:东北大学.

马自飞,陈国荣,栾玲,等.2001.BF-T型浮选机在赤铁矿反浮选作业中的应用.金属矿山,(1):83-85.

秦煜民,张强,王化军.2006.应用低磁场自重介跳汰机生产高质量铁精矿试验研究.矿冶工程,26(1):37-39.

任建伟,王毓华.2004.铁矿反浮选脱硅的试验分析.中国矿业,13(4):70-72.

邵安林.2012.鞍山式铁矿石选矿理论与实践.北京:科学出版社.

史占彪.1990.非高炉炼铁学.沈阳:东北大学出版社.

天津大学物理化学教研室.2009.物理化学.北京:高等教育出版社.

汪琦.2005.铁矿含碳球团技术.北京:冶金工业出版社:35-38.

汪翔宇,姜鑫,等.2013.车底炉高温高料层直接还原工艺的试验研究与开发.http://www.driinfo.com/show.php?contentid=150421.2013-08-19.

王常任.2008.磁电选矿.北京:冶金工业出版社.

王文忠.1994.复合矿综合利用.沈阳:东北大学出版社.

王毓华,陈兴华,黄传兵.2005.褐铁矿反浮选脱硅新工艺试验研究.金属矿山,(7):37-39.

王毓华,任建伟.2004.阴阳离子捕收剂反浮选褐铁矿试验研究.矿产保护与利用,(8):33-35.

王运敏,田嘉印,王化军,等.2008.中国黑色金属矿选矿实践.北京:科学出版社.

魏德洲.2009.固体物料分选学.北京:冶金工业出版社.

文光远,欧阳奇,周培土.1999.威远菱铁矿选矿和烧结性能的研究.重庆大学学报(自然科学版),22(1):99-105.

伍喜庆,刘长淼,黄志华.2005.一种铁矿物与石英分离的有效浮选药剂.矿冶工程,25(2):41-43.

谢富良.1996.铁坑褐铁矿选矿新工艺研究.冶金矿山设计与建设,(5):19-25.

谢金球,张鉴,白永兰.2000.包钢选矿厂氧化矿选矿工艺流程分析与探讨.矿冶,9(3):29-33.

熊大和.2003.SLon磁选机分选东鞍山氧化铁矿石的应用.金属矿山,(6):21-24.

袁致涛,高太,印万忠,等.2007.我国难选铁矿石资源利用的现状及发展方向.金属矿山,(1):1-6.

曾文清.1997.SLon磁选机分选南非红河钛铁矿的半工业试验.金属矿山,(5):27-29.

张桂兰,李桂芹.1999.难选低品位褐铁矿石的选矿试验.河北理工学院学报,21:6-12.

张去非.2005.白云鄂博矿床铌资源矿物学基本特征的分析.有色金属,57(2):111-113.

赵庆杰,史占彪.1997.直接还原回转窑技术.北京:机械工业出版社.

周金平.2008.包头白云鄂博氧化矿选矿产品工艺矿物学研究.北京:北京矿冶研究总院.

周渝生,郭玉华,许海川,等.2010.我国转底炉工艺技术发展现状与前景浅析.攀枝花科技与信息,35(4):11-15,48.

周岳远,李小静,余兆禄,等.2002.CRIMM稀土永磁辊式强磁选机分选褐铁矿的生产实践.矿冶工程,22(2):62-64.